中文版 AutoCAD 2017
室内设计 从入门到精通

李 棣 编著

中国铁道出版社
CHINA RAILWAY PUBLISHING HOUSE

内 容 简 介

本书通过大量实例详细介绍了如何使用 AutoCAD 2017 绘制各种室内设计图纸的流程、方法和技巧。书中把重点放在各类室内设计图纸绘制的讲解上，引领读者快速掌握绘制室内设计图纸的核心技术。内容包括：室内设计理论知识，AutoCAD 2017 的基本操作，二维图形的绘制与填充，编辑与修改二维图形，设置绘图环境和辅助功能，文字及表格，图形的尺寸标注，图层，图块、设计中心和外部参照，输出与打印，绘制室内常用图例，绘制室内家具图例，绘制三居室平面图，绘制室内卫生间立面图，绘制剖面图和节点详图，绘制灯光照明图纸等。

本书配套资源中提供了书中实例的 DWG 文件和讲解实例设计过程的语音视频教学文件。

书中凝结了作者多年在实际设计和教学工作中的经验心得，实用性强，是初学者和技术人员学习 AutoCAD 室内设计的理想参考书，也可作为大中专院校和社会培训机构室内设计、环境设计及其相关专业的教材。

图书在版编目（CIP）数据

中文版 AutoCAD 2017 室内设计从入门到精通 / 李棣编著. — 北京：中国铁道出版社，2017.8
ISBN 978-7-113-23152-1

Ⅰ. ①中… Ⅱ. ①李… Ⅲ. ①室内装饰设计—计算机辅助设计—AutoCAD 软件 Ⅳ. ①TU238.2-39

中国版本图书馆 CIP 数据核字（2017）第 114234 号

书　　名：	中文版 AutoCAD 2017 室内设计从入门到精通
作　　者：	李棣　编著
责任编辑：	于先军　　　　　　读者热线电话：010-63560056
责任印制：	赵星辰　　　　　　封面设计：MXK DESIGN STUDIO
出版发行：	中国铁道出版社（北京市西城区右安门西街 8 号　邮政编码：100054）
印　　刷：	三河市华业印务有限公司
版　　次：	2017 年 8 月第 1 版　　　2017 年 8 月第 1 次印刷
开　　本：	787mm×1092mm　1/16　印张：24.25　字数：668 千
书　　号：	ISBN 978-7-113-23152-1
定　　价：	69.80 元

版权所有　侵权必究

凡购买铁道版图书，如有印制质量问题，请与本社读者服务部联系调换。电话：(010) 51873174
打击盗版举报电话：(010) 51873659

配套资源下载地址：
http://www.crphdm.com/2017/0512/13378.shtml

FOREWORD

前　言

AutoCAD 是由美国 Autodesk 公司开发的计算机辅助设计软件，是一款强大的 CAD 图形制作软件，AutoCAD 具有广泛的适应性，它可以在各种操作系统支持的计算机和工作站上运行，并支持分辨率由 320×200～2048×1024 的各种图形显示设备 40 多种、数字仪和鼠标器 30 多种，以及数十种绘图仪和打印机，这为 AutoCAD 的普及创造了条件。

AutoCAD 在国内拥有庞大的用户群，它被广泛应用在建筑、机械、电子、地理、气象、航海等行业，其高效、便捷的操作和强大的绘图功能，使它在乐谱、灯光和广告等其他领域也得到了广泛的应用。

AutoCAD 2017 与以往版本相比，在界面、新标签页功能区库、命令预览、帮助窗口、地理位置、实景计算、Exchange 应用程序、计划提要、硬件加速、底部状态栏等方面都进行了优化和增强，使其功能更加强大。

本书内容

本书以循序渐进的方式，从实用的角度出发，以够用为原则，将有限的篇幅放在讲解 AutoCAD 绘制各种室内设计图纸上。书中将软件的操作技巧融入具体实例的实现过程中，深入浅出地讲解 AutoCAD 在室内设计领域的各种应用。书中首先介绍了室内设计的必备知识和行业标准与规范，以及 AutoCAD 2017 的基本操作和功能。其次，详尽说明了各种工具的使用方法和操作技巧，具体包括二维图形的绘制与填充，编辑与修改二维图形，设置绘图环境和辅助功能，文字及表格，图形的尺寸标注，图层，图块、设计中心和外部参照，输出与打印。最后，通过具体的实例详细介绍了室内常用图例、室内家具图例、三居室平面图、室内卫生间立面图、剖面图和节点详图，以及灯光照明图纸的绘制等。

本书特色

为了方便读者快速掌握绘图的核心技术，在编写过程中，笔者将多年积累的设计经验融入每个章节中，使书中的内容更加贴近实际应用。同时笔者结合自己的授课经验，将知识点进行了合理拆分，并进行科学安排，使入门人员学习起来更加方便快捷。

编排科学，讲解细致：内容从易到难，从基础知识到行业应用，科学合理地安排内容，对常用功能和命令都进行了详细讲解，方便读者循序渐进地学习。

实例丰富，技术实用：书中不仅对命令和工具的具体操作和使用方法进行了讲解，同时还有针对性地安排了实例，让读者在实战中自己体会软件的具体应用。

视频教学，答疑解惑：配套资源中提供了书中实例设计过程的语音视频教学文件，方便读者学习，并拓展知识。

配套资源

为了方便读者学习，本书提供了配套资源，具体内容如下。
（1）书中实例的 DWG 文件及所用到的素材文件。
（2）演示书中实例设计过程的语音视频教学文件。
（3）赠送讲解 AutoCAD 基础操作及实例的语音教学视频文件。
配套资源下载地址：http://www.crphdm.com/2017/0512/13378.shtml。

本书约定

为便于阅读理解，本书遵从如下约定：
- 本书中出现的中文菜单和命令将用【】括起来，与正文文字进行区分。此外，为了使语句更简洁易懂，本书中所有的菜单和命令之间以竖线"|"分隔，例如，单击【修改】菜单，再选择【移动】命令，就用【修改】|【移动】来表示。
- 用加号"+"连接的 2 个或 3 个键表示组合键，在操作时表示同时按下这 2 个或 3 个键。例如，【Ctrl+V】是指在按【Ctrl】键的同时，按【V】字母键；【Ctrl+Alt+F10】是指在按【Ctrl】和【Alt】键的同时，按功能键【F10】。
- 在没有特殊指定时，单击、双击和拖动是指用鼠标左键单击、双击和拖动，右击是指用鼠标右键单击。

本书内容充实，结构清晰，功能讲解详细，实例分析透彻，适合 AutoCAD 的初级用户系统地学习室内设计，本书同样也可作为大中专院校和培训机构室内设计及其相关专业的教材。

本书主要由西安工程大学的李棣老师编写，在编写过程中得到了家人和朋友的大力支持与帮助，在此一并表示感谢。书中的错误和不足之处敬请广大读者批评指正。

编　者
2017 年 6 月

配套资源下载地址：
http://www.crphdm.com/2017/0512/13378.shtml

CONTENTS

目 录

第1章 室内设计理论知识 ... 1
1.1 室内设计基础 ... 1
- 1.1.1 室内设计的定义与内容 ... 1
- 1.1.2 室内设计的理念 ... 2
- 1.1.3 室内设计的分类 ... 6
- 1.1.4 室内设计分类及流派 ... 8
1.2 室内设计原理 ... 10
- 1.2.1 室内设计的作用 ... 10
- 1.2.2 室内设计主体 ... 11
- 1.2.3 室内设计构思 ... 11
- 1.2.4 创造理想室内空间 ... 12
1.3 室内设计绘图的基本知识 ... 13
- 1.3.1 专业图示表达 ... 13
- 1.3.2 绘制样板图 ... 17
- 1.3.3 绘制图框线 ... 19
- 1.3.4 绘制标题栏 ... 20
1.4 室内设计制图的要求及规范 ... 22
- 1.4.1 图幅、图标及会签栏 ... 22
- 1.4.2 线型要求 ... 23
- 1.4.3 尺寸标注 ... 24
- 1.4.4 文字说明 ... 27
- 1.4.5 常用图式标志 ... 28
- 1.4.6 常用建筑材料图样 ... 31
- 1.4.7 常用绘图比例 ... 31
1.5 室内设计方法 ... 31

第2章 AutoCAD 2017的基本操作 ... 33
2.1 AutoCAD 2017的启动与退出 ... 33
- 2.1.1 软件的启动 ... 33
- 2.1.2 软件的退出 ... 33
2.2 AutoCAD 2017的工作空间 ... 34
- 2.2.1 草图与注释 ... 34
- 2.2.2 三维基础 ... 35
- 2.2.3 三维建模 ... 35
2.3 AutoCAD 2017的工作界面 ... 36
- 2.3.1 标题栏 ... 37
- 2.3.2 菜单栏 ... 37
- 2.3.3 【功能区】选项板 ... 38
- 2.3.4 绘图区 ... 39
- 2.3.5 十字光标 ... 39
- 2.3.6 坐标系图标 ... 40
- 2.3.7 实例——使用坐标绘制正三角形 ... 41
- 2.3.8 命令行 ... 41
- 2.3.9 状态栏 ... 42
2.4 管理图形文件 ... 43
- 2.4.1 新建图形文件 ... 43
- 2.4.2 实例——新建图纸文件 ... 44
- 2.4.3 打开图形文件 ... 45
- 2.4.4 实例——打开图形文件 ... 45
- 2.4.5 保存图形文件 ... 46
- 2.4.6 实例——定时保存图形文件 ... 47
- 2.4.7 关闭图形文件 ... 48
- 2.4.8 实例——新建、保存并关闭图形文件 ... 49

第3章 二维图形的绘制与填充 ... 51
3.1 绘制直线类对象 ... 51
- 3.1.1 直线段 ... 51
- 3.1.2 实例——绘制单人床 ... 51
- 3.1.3 构造线 ... 52
3.2 绘制圆弧类对象 ... 54
- 3.2.1 圆 ... 54
- 3.2.2 实例——绘制相切圆 ... 56
- 3.2.3 圆弧 ... 56
- 3.2.4 实例——绘制椅子 ... 58

3.2.5 绘制椭圆与椭圆弧......59	图纸空间......79
3.2.6 实例——绘制洗脸盆......59	4.1.4 实例——通过拉伸来移动对象...80
3.3 绘制多边形和点......60	4.2 旋转对象......81
3.3.1 矩形......60	4.2.1 实例——旋转对象......81
3.3.2 实例——绘制餐桌......60	4.2.2 实例——将对象旋转到
3.3.3 实例——绘制正多边形......61	绝对角度......82
3.3.4 点......61	4.3 缩放和拉伸对象......83
3.3.5 实例——定数等分......62	4.3.1 实例——使用比例因子缩放
3.3.6 实例——定距等分......63	对象......83
3.4 绘制并编辑多段线......63	4.3.2 实例——使用参照距离缩放
3.4.1 实例——绘制多段线......63	对象......84
3.4.2 编辑多段线......64	4.3.3 实例——拉伸对象......85
3.4.3 实例——绘制浴缸......64	4.4 删除图形对象......85
3.5 绘制并编辑样条曲线......65	4.4.1 实例——删除图形......86
3.5.1 绘制样条曲线......65	4.4.2 恢复删除......86
3.5.2 编辑样条曲线......65	4.5 复制和镜像对象......86
3.5.3 实例——绘制雨伞......65	4.5.1 使用两点指定距离......87
3.6 定义及绘制多线......67	4.5.2 使用相对坐标指定距离......87
3.6.1 定义多线样式......67	4.5.3 创建多个副本......88
3.6.2 实例——定义多线样式......68	4.5.4 使用其他方法移动和复制对象.88
3.6.3 绘制多线......68	4.5.5 实例——镜像对象......88
3.6.4 实例——绘制窗......69	4.6 阵列对象......88
3.6.5 实例——编辑多线......69	4.6.1 实例——矩形阵列对象......89
3.7 创建填充图案......70	4.6.2 实例——环形阵列对象......90
3.7.1 选择填充区域......70	4.6.3 实例——路径阵列对象......90
3.7.2 创建填充图案......71	4.7 偏移对象......91
3.7.3 实例——利用拾取对象	4.7.1 以指定的距离偏移对象......92
填充图案......71	4.7.2 使偏移对象通过一点......93
3.8 编辑填充图案......72	4.8 修剪和延伸对象......93
3.8.1 编辑填充图案......73	4.8.1 实例——修剪对象......94
3.8.2 实例——编辑填充图案......73	4.8.2 实例——延伸对象......95
3.8.3 分解填充图案......73	4.8.3 修剪和延伸宽多段线......95
3.8.4 设置填充图案的可见性......74	4.8.4 修剪和延伸样条曲线拟合
3.8.5 实例——填充地板图案......74	多段线......95
3.8.6 修剪填充图案......75	4.9 打断与合并对象......95
3.9 综合应用——绘制马桶......76	4.9.1 实例——打断图形......97
第4章 编辑与修改二维图形......78	4.9.2 实例——合并图形......97
4.1 移动对象......78	4.10 拉长对象......98
4.1.1 实例——使用两点移动对象......78	4.10.1 实例——拉长对象......99
4.1.2 实例——使用位移移动对象......79	4.10.2 通过拖动改变对象长度......99
4.1.3 实例——将对象从模型空间移动到	4.11 倒角对象......100

| 4.11.1 实例——创建倒角 100
| 4.11.2 设置倒角距离 101
| 4.11.3 实例——为非平行线倒角 102
| 4.11.4 通过指定角度进行倒角 102
| 4.11.5 实例——倒角而不修剪 103
| 4.11.6 实例——为整个多段线倒角... 103
| 4.12 圆角对象 104
| 4.12.1 实例——创建圆角 105
| 4.12.2 实例——设置圆角半径 105
| 4.12.3 为整个多段线圆角 105
| 4.12.4 实例——圆角而不修剪 106
| 4.13 使用夹点编辑对象 106
| 4.14 综合应用——绘制餐桌 108

第 5 章 设置绘图环境和辅助功能 110

| 5.1 精确绘图辅助工具 110
| 5.1.1 使用捕捉和栅格功能 111
| 5.1.2 实例——对象捕捉 114
| 5.1.3 对象捕捉追踪 118
| 5.1.4 实例——极轴追踪 119
| 5.1.5 正交模式 120
| 5.1.6 实例——绘制吊灯 121
| 5.2 设置绘图环境 124
| 5.2.1 实例——绘图单位设置 124
| 5.2.2 图形边界设置 125
| 5.3 坐标系 125
| 5.3.1 世界坐标系 125
| 5.3.2 用户坐标系 126
| 5.3.3 坐标的输入 126
| 5.3.4 实例——使用坐标绘制
        排气扇 127
| 5.4 观察图形 128
| 5.4.1 重生成图形 128
| 5.4.2 缩放视图 129
| 5.4.3 平移视图 130
| 5.4.4 实例——命名视图 131
| 5.4.5 实例——平铺视口 132
| 5.5 帮助信息应用 133
| 5.5.1 启动帮助 133
| 5.5.2 使用帮助目录 134
| 5.5.3 在帮助中搜索信息 134
| 5.5.4 打印帮助主题 134

5.6 综合应用——绘制浴霸 134

第 6 章 文字及表格 137

6.1 设置文字样式 137
　6.1.1 实例——设置文字样式 137
　6.1.2 重命名文字样式 138
　6.1.3 实例——设置文字字体和高度 138
　6.1.4 实例——设置文字效果 139
　6.1.5 删除文字样式 139
6.2 创建单行文字 140
　6.2.1 实例——创建单行文字 141
　6.2.2 按照预设样式创建单行文字... 142
　6.2.3 实例——按照预设样式创建
　　　　单行文字 142
　6.2.4 输入特殊字符 142
6.3 编辑单行文字 142
　6.3.1 实例——修改单行文字内容... 143
　6.3.2 调整单行文字缩放比例 143
　6.3.3 设置单行文字对正方式 143
6.4 创建与编辑多行文字 143
　6.4.1 实例——创建多行文字 144
　6.4.2 实例——设置多行文字
　　　　对正方式 144
　6.4.3 设置多行文字的字符格式 145
　6.4.4 实例——设置多行文字的
　　　　缩进 145
　6.4.5 实例——设置项目符号和
　　　　编号标记 145
　6.4.6 实例——设置多行文字
　　　　行距 146
　6.4.7 实例——创建与修改堆叠
　　　　文字 146
　6.4.8 实例——查找和替换文字 147
　6.4.9 控制文本显示方式 147
6.5 创建与编辑表格样式 148
　6.5.1 实例——新建表格样式 148
　6.5.2 编辑表格样式 149
6.6 创建与编辑表格 149
　6.6.1 实例——创建表格 149
　6.6.2 实例——锁定单元格 150
　6.6.3 实例——使用【特性】选项板
　　　　修改表格 150

III

6.6.4	实例——调整表格的列宽或行高	151
6.6.5	实例——在表格中添加列或行	152
6.6.6	实例——在表格中合并单元格	152
6.6.7	实例——在表格中删除列或行	153
6.6.8	实例——调整单元格内容对齐方式	154
6.7	综合应用——绘制样板图	154

第7章 图形的尺寸标注 158

- 7.1 尺寸标注规则及设置 158
  - 7.1.1 尺寸标注的规则 158
  - 7.1.2 尺寸标注的组成 158
  - 7.1.3 创建尺寸标注的步骤 159
  - 7.1.4 实例——创建标注样式 159
  - 7.1.5 设置尺寸线 160
  - 7.1.6 设置符号和箭头格式 160
  - 7.1.7 设置文字 161
  - 7.1.8 设置调整格式 162
  - 7.1.9 设置主单位 163
  - 7.1.10 实例——创建室内标注样式 164
  - 7.1.11 设置换算单位 165
  - 7.1.12 设置公差 166
- 7.2 标注尺寸方法 167
  - 7.2.1 线性标注 167
  - 7.2.2 实例——标注线性对象 167
  - 7.2.3 实例——对齐标注 168
  - 7.2.4 实例——弧长标注 168
  - 7.2.5 实例——半径标注 169
  - 7.2.6 实例——连续标注 169
  - 7.2.7 基线标注 170
  - 7.2.8 快速标注 171
  - 7.2.9 实例——角度标注 172
  - 7.2.10 折弯尺寸标注 172
  - 7.2.11 实例——折弯标注 172
- 7.3 编辑标注尺寸 173
- 7.4 综合应用——标注餐厅包间详图 175

第8章 图层 179

- 8.1 图层的基本操作 179
  - 8.1.1 图层的概念 179
  - 8.1.2 实例——创建图层 179
  - 8.1.3 实例——设置图层颜色 180
  - 8.1.4 加载或重载线型 181
  - 8.1.5 实例——设置图层线型 182
  - 8.1.6 实例——设置线型比例 183
  - 8.1.7 设置图层线宽 183
- 8.2 保存、恢复和编辑图层状态 184
  - 8.2.1 实例——在命名图层状态中保存图层设置 185
  - 8.2.2 实例——将图层添加到图层状态 185
  - 8.2.3 输出和输入图层状态 186
  - 8.2.4 实例——重命名图层状态 187
  - 8.2.5 实例——删除图层状态 187
  - 8.2.6 控制图层状态 188
  - 8.2.7 实例——切换当前图层 190
  - 8.2.8 实例——改变对象所在的图层 190
  - 8.2.9 过滤图层 191
  - 8.2.10 转换图层 192
- 8.3 综合应用——绘制饮水机 194

第9章 图块、设计中心和外部参照 ... 202

- 9.1 图块操作 202
  - 9.1.1 定义图块 202
  - 9.1.2 实例——创建装饰画块 203
  - 9.1.3 存储图块 204
  - 9.1.4 实例——插入图块 204
- 9.2 图块属性 206
  - 9.2.1 设置图块属性 206
  - 9.2.2 实例——轴线编号属性块的创建与应用 207
  - 9.2.3 设置动态块 209
- 9.3 外部参照图形 209
  - 9.3.1 外部参照与外部块 210
  - 9.3.2 实例——通过外部参照创建办公桌 210
  - 9.3.3 附着外部参照 212
  - 9.3.4 实例——附着并管理

　　　　外部参照 212
　9.4　AutoCAD 设计中心 214
　　9.4.1　设计中心的功能 215
　　9.4.2　使用设计中心 215
　　9.4.3　在设计中心查找内容 216
　　9.4.4　通过设计中心添加内容 216
　　9.4.5　实例——通过设计中心
　　　　　　更新块定义 217
　　9.4.6　实例——将设计中心的项目
　　　　　　添加到工具选项板中 219
　9.5　综合应用——创建洗衣机图块 ...219

第 10 章　输出与打印 222

　10.1　模型空间和布局空间 222
　　10.1.1　模型空间 222
　　10.1.2　布局空间 222
　　10.1.3　模型空间与布局空间的切换 ..223
　10.2　布局的管理 223
　　10.2.1　布局 224
　　10.2.2　管理布局 224
　10.3　视口 225
　　10.3.1　创建视口 225
　　10.3.2　显示控制浮动视口 226
　　10.3.3　编辑视口 227
　10.4　输出图形文件 228
　　10.4.1　输出为其他类型的文件 228
　　10.4.2　打印输出到文件 228
　　10.4.3　实例——添加绘图仪 228
　　10.4.4　实例——设置图像尺寸 231
　　10.4.5　实例——输出图像 233
　　10.4.6　网上发布 233
　10.5　打印样式 233
　　10.5.1　创建打印样式表 233
　　10.5.2　编辑打印样式表 235
　10.6　保存与调用打印设置 237
　　10.6.1　保存打印设置 237
　　10.6.2　调用打印设置 238
　10.7　打印预览及打印 239
　10.8　综合应用——打印立面图 240

第 11 章　绘制室内常用图例 242

　11.1　门的绘制 242
　　11.1.1　绘制单开门 242
　　11.1.2　绘制双开门 244
　　11.1.3　绘制推拉门 245
　　11.1.4　绘制车库升降门 246
　11.2　窗的绘制 247
　　11.2.1　绘制平开窗 247
　　11.2.2　绘制转角窗 247
　　11.2.3　绘制百叶窗 248
　11.3　电梯和楼梯的绘制 249
　　11.3.1　绘制电梯 249
　　11.3.2　绘制楼梯 250
　11.4　符号的绘制 252
　　11.4.1　绘制立面指向符号 252
　　11.4.2　绘制剖切符号 253
　　11.4.3　绘制标高符号 254

第 12 章　绘制室内家具图例 256

　12.1　绘制餐桌和躺椅 256
　　12.1.1　绘制餐桌 256
　　12.1.2　绘制躺椅 258
　12.2　绘制床和床头柜 260
　　12.2.1　绘制床 260
　　12.2.2　绘制床头柜 262
　12.3　绘制淋浴 263
　12.4　绘制坐便器 264
　12.5　绘制洗脸盆 267
　12.6　绘制会议桌 268
　12.7　绘制家用电器立面图 269
　　12.7.1　绘制微波炉 269
　　12.7.2　绘制饮水机 272

第 13 章　绘制三居室平面图 275

　13.1　室内平面图的绘制 275
　　13.1.1　墙体绘制 275
　　13.1.2　门窗绘制 280
　　13.1.3　阳台绘制 286
　13.2　室内设计平面图的布置 287
　　13.2.1　添加家具 287
　　13.2.2　卧室平面布置 288
　　13.2.3　卫生间和厨房平面布置 288
　13.3　尺寸标注 289

第 14 章　绘制室内卫生间立面图 293

　14.1　绘图准备 293

14.2 绘制卫生间立面图 A 294
14.3 绘制卫生间立面图 B 303
14.4 绘制卫生间立面图 C 310
14.5 绘制卫生间立面图 D 318

第 15 章 绘制剖面图和节点详图 324

15.1 绘制客厅剖面图 324
    15.1.1 绘制客厅 A-A 剖面图 324
    15.1.2 绘制客厅 B-B 剖面图 328
    15.1.3 标注对象 330

15.2 绘制详图 332
    15.2.1 绘制厨房玻璃推拉门大样详图 .. 332
    15.2.2 绘制柱子详图 339
    15.2.3 绘制窗槛详图 351

第 16 章 绘制灯光照明图纸 368

16.1 绘制平面布置图 368
16.2 绘制供电平面图 371
16.3 绘制灯具布置图 373

增值服务：扫码做测试题，并可观看讲解测试题的微课程。

第 1 章 室内设计理论知识

人的一生，绝大部分时间是在室内度过的。因此，人们设计、创造的室内环境，必然会直接关系到室内生活及生产活动的质量，关系到人们的安全、健康、效率和舒适等。

1.1 室内设计基础

室内设计，顾名思义是对建筑物室内空间环境的设计，是建筑设计的延续、深化和再创作。室内环境的创造，应该把保障安全和有利于人们的身心健康作为室内设计的重要前提。人们对于室内环境除了有使用功能、冷暖光照等物质功能方面的要求之外，还要与建筑物的类型和风格相适应，符合人们精神生活的要求。

1.1.1 室内设计的定义与内容

本节首先来了解一下室内设计的定义和设计的内容。

1. 室内设计的定义

室内设计是根据建筑物的使用性质、所处环境和相应标准，运用物质技术手段和建筑美学原理，创造功能合理、舒适优美、满足人们物质和精神生活需要的室内环境。这一空间环境既具有使用价值，满足相应的功能要求，同时也反映了历史文脉、建筑风格和环境气氛等精神因素。

由于人们长时间地生活、活动于室内，因此，现代室内设计，或称为室内环境设计，是环境设计系列中与人们关系最为密切的环节。室内设计的总体（包括艺术风格），从宏观来看，往往能从一个侧面反映相应时期社会物质和精神生活的特征。随着社会的发展，历代的室内设计总是具有时代的印记，犹如一部无字的史书，这是由于室内设计从设计构思、施工工艺、装修、装饰材料到内部设施，都是与当时的社会物质生产水平、社会文化和精神生活状况联系在一起的。在室内空间组织、平面布局和装饰处理等方面，从总体来说，也与当时的哲学思想、美学观点、社会经济和民俗民风等密切相关。从微观的、单个的作品来看，室内设计水平的高低及质量的优劣又都与设计者的专业素质和文化艺术素养等联系在一起，以至于各个单项设计最终实施后，其成果的品位又与该项工程具体的施工技术、用材质量、设施配置情况，以及与建设者（即业主）的协调关系密切相关，即设计是具有决定意义的最关键的环节和前提，但最终成果的质量则有赖于设计—施工—用材（包括设施），以及与业主关系的整体协调。

上述含义中，明确地把"创造满足人们物质和精神生活需要的室内环境"作为室内设计的目的，即以人为本，一切为人们的生活、生产活动创造美好的室内环境而服务。

2. 室内设计依据因素

- 使用性质——建筑物和室内空间的功能设计要求。

- 所在场所——建筑物和室内空间的周围环境状况。
- 经济投入——相应工程项目的总投资和单方造价标准的控制。

在设计构思时，需要运用物质技术手段，即各类装修装饰材料和设施设备等，还需要遵循建筑美学原理。这是因为室内设计的艺术性，除了有与绘画、雕塑等艺术之间共同的美学法则（如对称、均衡、比例、节奏等）之外，作为"建筑美学"更需要综合考虑使用功能、结构施工、材料设备和造价标准等多种因素。建筑美学总是与实用、技术和经济等因素联系在一起，这是它有别于绘画、雕塑等纯艺术的差异所在。

现代室内设计既有很高的艺术性要求，涉及文化、人文及社会学科，其设计的内容又有很高的技术含量，并且与一些新兴学科，如人体工程学、环境心理学和环境物理学等关系极为密切。现代室内设计已经在环境设计系列中发展成为独立的新兴学科。

对室内设计含义的理解，以及它与建筑设计的关系，许多学者从不同的视角及不同的侧重点来分析，有不少见解深刻、值得人们仔细思考和借鉴的观点。例如，认为室内设计"是建筑设计的继续和深化，是室内空间和环境的再创造"；认为室内设计"是建筑的灵魂，是人与环境的联系，是人类艺术与物质文明的结合"。

我国建筑师戴念慈先生认为"建筑设计的出发点和着眼点是内涵的建筑空间，把空间效果作为建筑艺术追求的目标，而界面和门窗是构成空间必要的从属部分。从属部分是构成空间的物质基础，并对内涵空间使用的观感起决定性作用，然而毕竟是从属部分。至于外形只是构成内涵空间的必然结果"。

日本千叶工业大学的小原二郎教授提出："所谓室内，是指建筑的内部空间。"现在"室内"一词的意义应该理解为既指单纯的空间，也指从室内装饰发展而来的规划、设计的"内容"，其范围极其广泛，以住宅为首，不仅包括写字楼、学校、图书馆、医院、美术馆、旅馆和商店等各种建筑，甚至扩展到机车、汽车、飞机和船舶等领域。以上诸方面各具有不同的条件功能和技术要求。

如本节上述含义，现代室内设计是综合的室内环境设计，它既包括视觉环境和工程技术方面的问题，也包括声、光和热等物理环境，以及氛围、意境等心理环境和文化内涵等方面的内容。

3．室内设计师的工作

首先，能识别、探索和创造性地解决有关室内环境的功能和质量方面的问题。

其次，能运用室内构造、建筑体系与构成、建筑法规、设备、材料和装潢等方面的专业知识，为业主提供与室内空间相关的服务，包括立项、设计分析、空间策划与美学处理等。

最后，能提供与室内空间设计有关的图纸文件，其设计应该以提高和保护公众的健康、安全和福利为目标。

> 室内设计概念要理解清晰，设计师的工作范围需要明确。

1.1.2 室内设计的理念

现代室内设计从创造符合可持续发展，满足功能、经济和美学原则并体现时代精神的室内环境出发，需要确定以下一些基本理念。

1．环境为源，以人为本

现代室内设计，这一创造人工环境的设计、选材、施工过程，甚至延伸到后期使用、维护和更新的整个活动过程，理应充分重视环境的可持续发展、环境保护、生态平衡、资源和能源的节约等现代社会的准则，也就是室内设计以"环境为源"的理念。

可持续发展（Sustainable Development）一词最早是在 20 世纪 80 年代中期欧洲的一些发达国家提出来的。1989 年 5 月联合国环境署发表了《关于可持续发展的声明》，提出"可持续发展是指满足当前需要而不削弱子孙后代满足其需要之能力的发展"。1993 年联合国教科文组织和国际建筑师协会共同召开了"为可持续的未来进行设计"的世界大会，其主题为各类人为活动应重视有利于今后在生态、环境、能源和土地利用等方面的可持续发展。联系到现代室内环境的设计和创造，设计者绝不可急功近利，只顾眼前，而要确立节能、充分节约与利用室内空间，力求运用无污染的"绿色装饰材料"，以及创造人与环境相协调的观点。

"以人为本"的理念就是在设计中以满足人和人际活动的需要为核心。

"为人服务，这正是室内设计社会功能的基石"。室内设计的目的是通过创造室内空间环境为人服务，设计者始终需要把人对室内环境的需求，包括物质使用和精神享受两个方面放在设计的首位。由于设计的过程中矛盾错综复杂，问题千头万绪，设计者需要清醒地认识到要将以人为本、为人服务、确保人们的安全和身心健康、满足人和人际活动的需要作为设计的核心。为人服务这一真理虽平凡，但在设计时往往会有意无意地因过多局部因素的考虑而被忽视。

现代室内设计需要满足人们的生理、心理等要求，需要综合地处理人与环境、人际交往等多项关系，需要在为人服务的前提下，综合解决使用功能、经济效益、舒适美观和环境氛围等问题。设计及实施的过程中还会涉及材料、设备、定额、法规，以及与施工管理的协调等诸多问题。所以现代室内设计是一项综合性极强的系统工程，而现代室内设计的出发和归宿只能是为人和人际活动服务。

从为人服务这一"功能的基石"出发，需要设计者细致入微、设身处地地为人们创造美的室内环境。因此，现代室内设计特别重视人体工程学、环境心理学和审美心理学等方面的研究，用以科学而深入地了解人们的生理特点、行为心理和视觉感受等方面对室内环境的设计要求。

针对不同的人及不同的使用对象，相应地应该有不同的要求。例如，幼儿园室内的窗户考虑到适应幼儿的尺度，窗台高度由通常的 900mm～1 000mm 降至 450mm～550mm，楼梯踏步的高度也在 12cm 左右，并设置适应儿童和成人尺度的两档扶手；一些公共建筑应顾及残疾人的通行和活动，在室内外高差、垂直交通、卫生间和盥洗室等许多方面应做无障碍设计，如图 1-1 所示；近年来，地下空间的疏散设计，如上海的地铁车站，考虑到活动反应较迟缓的人们的安全疏散，在紧急疏散时间的计算公式中，引入了为这些人安全疏散多留 1 分钟的疏散时间余地。上面的 3 个例子，着重是从儿童、老年人和残疾人等弱势群体的行为生理特点来考虑的。

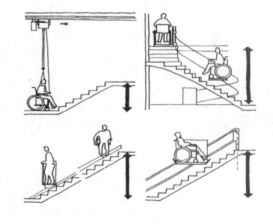

图 1-1　设计图

在室内空间的组织、色彩和照明的选用，以及相应的室内环境氛围的烘托等方面，更需要研究人们的行为心理和视觉感受方面的要求。例如，教堂高耸的室内空间有神秘感，会议厅规整的室内空间具有庄严感，而娱乐场所绚丽的色彩和缤纷闪烁的照明给人愉悦的心理感受。应该充分运用现时可行的物质技术手段和相应的经济条件，创造出满足人和人际活动所需的室内人工环境，如图 1-2 所示。

图 1-2　室内环境

遵循"环境为源，以人为本"的理念，首先强调尊重自然规律，顺应环境发展，注重人为活动与自然发展的融洽和协调。"环境为源，以人为本"正是演绎我国传统哲学"天人合一"的观念。

2．系统与整体的设计观

现代室内设计需要确定"系统与整体的设计观"。这是因为室内设计确实紧密地、有机地联系着方方面面。白俄罗斯建筑师 E．巴诺玛列娃曾提道："室内设计是一项系统，它与下列因素有关，即整体功能特点、自然气候条件、城市建设状况和所在位置，以及地区文化传统和工程建造方式等。"环境整体意识薄弱，"关起门来做设计"，容易使创作的室内设计缺乏深度，没有内涵。当然，使用性质不同、功能特点各异的设计任务，相应地对环境系列中各项内容联系的紧密程度也有所不同。但是，从人们对室内环境的物质和精神两个方面的综合感受来说，仍然应该强调对环境整体予以充分重视。

现代室内设计的立意、构思、室内风格和环境氛围的创造，需要着眼于对环境整体、文化特征，以及建筑物的功能特点等方面的考虑。现代室内设计，从整体观念上来理解，应该看成是环境设计系列的"链中一环"，如图 1-3 所示。

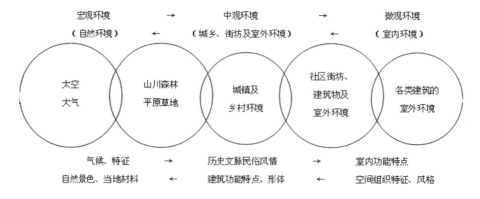

图 1-3　系统与整体的设计观

室内设计的"里"与室外环境的"外"（包括自然环境、文化特征和所在位置等），可以说是一对相辅相成、辩证统一的矛盾，正是为了更深入地做好室内设计，就更加需要对整体环境有足够的了解和分析。着手于室内，但首先要着眼于"室外"。

室内环境设计即现代室内设计,这里的"环境"着重有以下两层含义。

一是在室内设计时固然需要重视视觉环境的设计,但是对室内声、光和热等物理环境、空气质量环境,以及心理环境等因素也应极为重视。因为人们对室内环境是否舒适的感受,总是综合性的。一个闷热、背景噪声很高的室内,即使看上去很漂亮,待在其间也很难给人以愉悦的感受。

二是应把室内设计看成"自然环境—城乡环境(包括历史文脉)—社区街坊、建筑室外环境—室内环境"这一环境系列的有机组成部分,是"链中一环",是一个系统,当然,它们相互之间有许多前因后果或相互制约和提示的因素存在。

3. 科学性与艺术性相结合

现代室内设计的又一个基本理念是在创造室内环境中高度重视科学性、艺术性及其相互的结合。从建筑和室内发展的历史来看,具有创新精神的新风格的兴起,总与社会生产力的发展相适应。社会生活和科学技术的进步及人们价值观和审美观的改变,促使室内设计必须充分重视并积极运用当代科学技术的成果,包括新型材料、结构构成和施工工艺,以及为创造良好声、光和热环境的设施及设备。现代室内设计的科学性,除了在设计观念上需要进一步确立以外,在设计方法和表现手段等方面,也日益受到重视。设计者已开始用科学的方法分析和确定室内物理环境和心理环境的优劣,并已运用电子计算机技术辅助设计和绘图。贝聿铭先生早在20世纪80年代来华讲学时所展示的华盛顿艺术东馆室内透视的比较方案,就是电子计算机绘制的,这些精确绘制的非直角的形体和空间关系,极为细致、真实地表达了室内空间的视觉形象。

一方面需要充分重视科学性,另一方面又需要充分重视艺术性。在重视物质技术手段的同时,高度重视建筑美学原理,重视创造具有表现力和感染力的室内空间和形象,创造具有视觉愉悦感和文化内涵的室内环境,使生活在现代社会高科技、高节奏中的人们,在心理和精神上得到平衡,即将现代建筑和室内设计中的高科技(High-tech)和高情感(High-touch)有机结合。总之,室内设计是科学性与艺术性、生理要求与心理要求,以及物质因素与精神因素的综合。

在具体工程设计时,会遇到不同类型和功能特点的室内环境(生产性或生活性、行政办公或文化娱乐,以及居住性或纪念性等),对待上述两个方面的具体处理,可能会有所侧重,但从宏观整体的设计观念出发,仍然需要将两者结合。科学性与艺术性两者绝不是割裂的或者对立的,而是可以密切结合的。意大利设计师P.奈尔维(P. Nevi)设计的罗马小体育宫和都灵展览馆,以及尼迈亚设计的巴西利亚菲特拉教堂,其屋顶的造型既符合钢筋混凝土和钢丝网水泥的结构受力要求,结构的构成和构件本身又极具艺术表现力,如图1-4所示;荷兰鹿特丹办理工程审批的市政办公楼,室内拱形顶的走廊结合顶部采光,不做装饰的梁柱处理,在办公建筑中很好地体现了科学性与艺术性的结合,如图1-5所示。

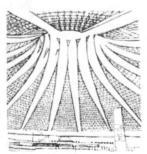

图 1-4　罗马小体育宫和都灵展览馆　　　　图 1-5　荷兰鹿特丹市政办公楼

4．时代感与历史文脉并重

从宏观整体来看，正如前述，建筑物和室内环境总是从一个侧面反映当代社会物质生活和精神生活的特征，铭刻着时代的印记，但是现代室内设计更需要强调自觉在设计中体现时代精神，主动考虑满足当代社会生产活动和行为模式的需要，分析具有时代精神的价值观和审美观，积极采用当代物质技术手段。

同时，人类社会的发展，不论是物质技术的，还是精神文化的，都具有历史延续性。在室内设计中，在生活居住、旅游休闲和文化娱乐等类型的室内环境里，都有可能因地制宜地采取具有民族特点、地方风情、乡土风味，以及充分考虑历史文化的延续和发展的设计手法。应该指出，这里所说的历史文化，并不能简单地只从形式和符号来理解，而是广义地涉及规划思想、平面布局和空间组织特征，甚至设计中的哲学思想和观点。日本著名建筑师丹下健三为东京奥运会设计的代代木国立竞技馆，是一座采用悬索结构的现代体育馆，但从建筑形体和室内空间的整体效果来看，确实可以说它既具有时代精神，又具有日本建筑风格的某些内在特征，如图 1-6 所示。

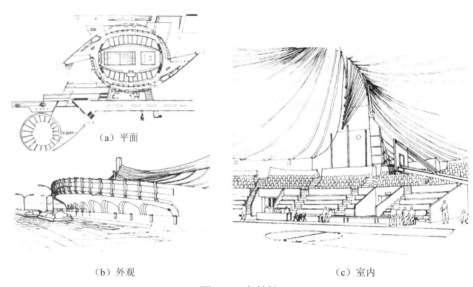

（a）平面

（b）外观　　　　　　　　　　　　　　　（c）室内

图 1-6　竞技馆

> **提　示**
>
> 室内设计的基本理念是设计的依据，是室内设计的理论基础。

1.1.3　室内设计的分类

根据建筑物的使用功能，室内设计可分为居住建筑室内设计、公共建筑室内设计、工业建筑室内设计和农业建筑室内设计。

1．居住建筑室内设计

主要涉及住宅、公寓和宿舍的室内设计。具体包括前室、起居室、餐厅、书房、工作室、卧室、厨房和浴厕设计。

2．公共建筑室内设计

旅游建筑室内设计。主要涉及宾馆、度假村、疗养院和小型旅馆等，具体包括大堂、客房、餐厅、宴会厅、酒吧、舞厅、健身房、保龄球馆和桑拿浴室等室内设计。餐厅设计平面效果如

图 1-7 所示。

- 文教建筑室内设计。主要涉及幼儿园、学校、图书馆和科研楼的室内设计,具体包括门厅、过厅、中厅、教室、活动室、阅览室、实验室和机房等室内设计。阶梯教室设计平面效果如图 1-8 所示。
- 医疗建筑室内设计。主要涉及医院、社区诊所及疗养院的建筑室内设计,具体包括门诊室、检查室、手术室和病房的室内设计。
- 办公建筑室内设计。主要涉及行政办公楼和商业办公楼内部的办公室、会议室,以及报告厅的室内设计,办公室平面效果。
- 商业建筑室内设计。主要涉及商场、便利店和餐饮建筑的室内设计,具体包括营业厅、专卖店、酒吧、茶室和餐厅的室内设计。

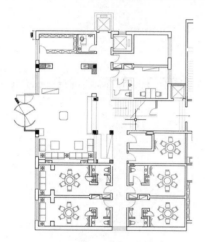

图 1-7 餐厅设计

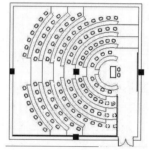

图 1-8 阶梯教室设计

- 观演建筑室内设计。主要涉及剧院、影视厅、电影院和音乐厅等建筑的室内设计,具体包括观众厅、排演厅和化妆间等的设计。
- 展览建筑室内设计。主要涉及各种美术馆、展览馆和博物馆的室内设计,具体包括展厅和展廊的室内设计。
- 娱乐建筑室内设计。主要涉及各种舞厅、歌厅、KTV 和游戏厅的建筑室内设计。
- 体育建筑室内设计。主要涉及各种类型的体育馆和游泳馆的室内设计,具体包括用于不同体育项目的比赛和训练厅,以及配套的辅助用房的设计。体育馆平面效果如图 1-9 所示。
- 交通建筑室内设计。主要涉及公路、铁路、水路、民航的车站、候机楼和码头建筑,具体包括候机厅、候车室、候船厅和售票厅等的室内设计。

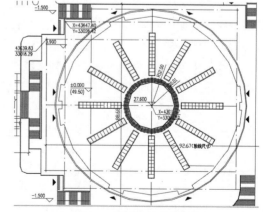

图 1-9 体育馆平面效果

3. 工业建筑室内设计

主要涉及各类厂房的车间和生活间,以及辅助用房的室内设计,厂房车间平面效果如图 1-10 所示。

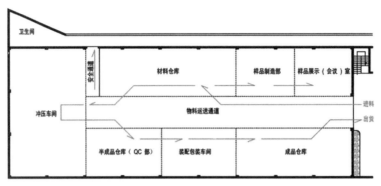

图1-10　厂房车间平面效果

4．农业建筑室内设计

主要涉及各类农业生产用房，如种植暖房、饲养房的室内设计。

> **提　示**
>
> 不同的室内设计有相应的表达方式，分清室内设计的分类是进行室内设计的基础。

1.1.4　室内设计分类及流派

下面将详细讲解室内设计分类及流派。

1．对于室内设计分类的说明

在当前的设计市场中，存在一种以艺术风格作为依据的室内设计分类方式，即业界常说的传统风格、现代风格、后现代风格、自然风格和混合型风格等，具体内容如下。

（1）传统风格

在室内布置、线型、色调，以及家具、陈设的造型等方面，吸取传统装饰"形""神"的特征。例如，吸取我国传统木构架建筑室内的藻井天棚、挂落和雀替的构成及装饰，明、清家具造型和款式特征。又如西方传统风格中仿罗马风、哥特式、文艺复兴式、巴洛克、洛可可和古典主义等，其中如仿欧洲英国维多利亚或法国路易式的室内装潢和家具款式。此外，还有日本传统风格、印度传统风格、伊斯兰传统风格和北非城堡风格等。传统风格常给人们以历史延续和地域文脉的感受，它使室内环境突出了民族文化渊源的形象特征。

（2）现代风格

现代风格起源于1919年成立的鲍豪斯学派，强调突破旧传统，创造新建筑，重视功能和空间组织，注意发挥结构构成本身的形式美，造型简洁，反对多余装饰，崇尚合理的构成工艺，尊重材料的性能，讲究材料自身的质地和色彩的配置效果，发展了非传统的以功能布局为依据的不对称构图手法。鲍豪斯学派重视实际的工艺制作，强调设计与工业生产的联系。

（3）后现代风格

"后现代主义"一词最早出现在西班牙作家德·奥尼斯1934年出版的《西班牙与西班牙语类诗选》一书中，用来描述现代主义内部发生的逆动，特别有一种现代主义纯理性的逆反心理，即为后现代风格。20世纪50年代美国在所谓现代主义衰落的情况下，也逐渐形成后现代主义的文化思潮。受20世纪60年代兴起的大众艺术的影响，后现代风格是对现代风格中纯理性主义倾向的批判，后现代风格强调建筑及室内装潢应具有历史的延续性，但又不拘泥于传统的逻辑思维方式，探索创新造型手法，讲究人情味，常在室内设置夸张、变形的柱式和断裂的拱券，或把古典构件的抽象形式以新的手法组合在一起，即采用非传统的混合、叠加、错位和裂变等手段，以及象征、隐喻等手法，以期创造一种融感性与理性、集传统与现代、揉大众与行家于一体的"亦此亦彼"的建筑形象与室内环境。关于后现代风格，不能仅以所看到的视觉形象来评价，需要我们透过形象从设计思想来分析。后现代风格的代表人物有 P．约翰逊、R．文丘里和 M．格雷夫斯等。

（4）自然风格

倡导"回归自然"，在美学上推崇自然、结合自然，这样才能在当今高科技、高节奏的社会生活中，使人们得到生理和心理的平衡，因此室内设计多用木料、织物和石材等天然材料，显示材料的纹理，清新淡雅。此外，由于其宗旨和手法的类同，也可把田园风格归入自然风格一类。田园风格在室内环境设计中力求表现悠闲、舒畅和自然的田园生活情趣，也常运用天然木、石、藤和竹等材质质朴的纹理，巧于设置室内绿化，创造自然、简朴、高雅的氛围。

（5）混合型风格

近年来，建筑设计和室内设计在总体上呈现多元化兼收并蓄的状况。室内布置中也有既趋于现代实用，又吸取传统的特征，在装潢与陈设中融古今中西于一体，例如传统的屏风、摆设和茶几，配以现代风格的墙面及门窗装修、新型的沙发；欧式古典的琉璃灯具和壁面装饰，配以东方传统的家具和埃及的陈设、小物品等。混合型风格虽然在设计中不拘一格，运用多种体例，但设计中仍然匠心独运，深入推敲形体、色彩和材质等方面的总体构图和视觉效果。

2．对于室内设计流派的说明

所谓流派，在这里是指室内设计的艺术派别。现代室内设计从所表现的艺术特点分析，也有多种流派，主要有高技派、光亮派、白色派、新洛可可派、风格派、超现实派、解构主义派和装饰艺术派等。

（1）高技派

高技派或称为重技派，突出当代工业技术成就，并在建筑形体和室内环境设计中加以炫耀，崇尚"机械美"，在室内暴露梁板、网架等结构构件，以及风管、线缆等各种设备和管道，强调工艺技术与时代感。高技派典型的实例有法国巴黎"蓬皮杜国家艺术与文化中心"、中国香港的"香港中国银行"等。

（2）光亮派

光亮派或称为银色派，室内设计中夸耀新型材料及现代加工工艺的精密细致和光亮效果，往往在室内大量采用镜面及平曲面玻璃、不锈钢、磨光的花岗石和大理石等作为装饰面材。在室内环境的照明方面，常使用漫射、折射等各类新型光源和灯具，在金属和镜面材料的烘托下，形成光彩照人、绚丽夺目的室内环境。

（3）白色派

白色派的室内设计朴实无华，室内各界面以至家具等常以白色为基调，简洁明确，例如美国建筑师 R．迈耶设计的史密斯住宅及其室内设计即属此例。R．迈耶白色派的室内设计，并不仅仅停留在简化装饰、选用白色等表面处理上，而是具有更为深层的构思内涵，设计师在室内环境设计时，综合考虑了室内活动着的人，以及透过门窗可见的变化着的室外景物。由此，从某种意义上讲，室内环境只是一种活动场所的"背景"，从而在装饰造型和用色上不做过多渲染。

（4）新洛可可派

洛可可原为 18 世纪盛行于欧洲宫廷的一种建筑装饰风格，以精细轻巧和繁复的雕饰为特征，新洛可可派继承了洛可可派繁复的装饰特点，但装饰造型的"载体"和加工技术却运用现代新型装饰材料和现代工艺手段，从而具有华丽而略显浪漫，传统中仍不失时代气息的装饰氛围。

（5）风格派

风格派起始于20世纪20年代的荷兰，以画家P．蒙德里安等为代表的艺术流派，强调"纯造型的表现"，"要从传统及个性崇拜的约束下解放艺术"。风格派认为"把生活环境抽象化，这对人们的生活就是一种真实"。他们对室内装饰和家具经常采用几何形体，以及红、黄、青三原色，间或以黑、灰、白等色彩相配置。风格派的室内设计，在色彩及造型方面都具有极为鲜明的特征与个性。建筑与室内常以几何方块为基础，对建筑室内外空间采用内部空间与外部空间穿插统一构成为一体的手法，并以屋顶、墙面的凹凸和强烈的色彩对块体进行强调。

（6）超现实派

超现实派追求所谓超越现实的艺术效果，在室内布置中常采用异常的空间组织、曲面或具有流动弧形线型的界面，浓重的色彩，变幻莫测的光影，造型奇特的家具与设备，有时还以现代绘画或雕塑来烘托超现实的室内环境气氛。超现实派的室内环境较为适应具有视觉形象特殊要求的某些展览或娱乐的室内空间。

（7）解构主义派

解构主义是20世纪60年代以法国哲学家J．德里达为代表所提出的哲学观念，是对20世纪前期欧美盛行的结构主义和理论思想传统的质疑和批判。建筑和室内设计中的解构主义派对传统古典、构图规律等均采取否定的态度，强调不受历史文化和传统理性的约束，是一种貌似结构构成解体、突破传统形式构图、用材粗放的流派。

（8）装饰艺术派

装饰艺术派或称为艺术装饰派，起源于20世纪20年代法国巴黎召开的一次装饰艺术与现代工业国际博览会，后传至美国等各地，如美国早期兴建的一些摩天大楼即采用这一流派的手法。装饰艺术派善于运用多层次的几何线型及图案，重点装饰建筑内外门窗线脚、檐口和建筑腰线，以及顶角线等部位。

 提　示

不同的室内设计有相应的表达方式，分清室内设计的分类，是进行室内设计的基础。

1.2　室内设计原理

室内设计原理是指导室内建筑师进行室内设计时最重要的理论依据，下面将分别详细介绍室内设计的作用、室内设计主体、室内设计构思和创造理想室内空间。

1.2.1　室内设计的作用

室内设计主要是指建筑所提供的室内环境设计，即运用相关的技术手段和美学原理，创造满足人们物质和精神双重需求的室内环境。

具体来说，要根据建筑内部的使用功能、艺术要求和业主的经济能力，依据相关的法规和规范等因素，进行室内空间组合、改造，进行空间界面形态、材料、色彩的构思和设计，并通过一定的物质技术手段，最终以视觉传媒的形式表达出来。

1.2.2 室内设计主体

人的活动决定了室内设计的目的和意义,人是室内环境的使用者和创造者。有了人,才区分出了室内和室外。人的活动规律之一是在动态和静态交替进行的:动态—静态—动态—静态。人的活动规律之二是个人活动—多人活动交叉进行。

人们在室内空间活动时,按照一般的活动规律,可将活动空间分为3种功能区:静态功能区、动态功能区和静动双重功能区。

根据人们的具体活动行为,又将有更加详细的划分,例如,静态功能区又将划分为睡眠区、休息区、学习区域办公区,如图1-11所示。动态功能区划分为运动区、大厅,如图1-12所示。动静兼有功能区分为会客区、车站候车室、生产车间等,如图1-13所示。

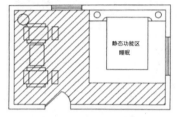
图 1-11 静态功能区

图 1-12 动态功能区

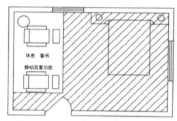
图 1-13 动静双重功能区

同时,要明确使用空间的性质,性质通常是由使用功能决定的。虽然许多空间中设置了其他使用功能的设施,但要明确其主要的使用功能,如在起居室内设置酒吧台、视听区等,其主要功能仍然是作起居室用。

空间流线分析是室内设计中的重要步骤,其目的如下。

(1)明确空间主体——人的活动规律和使用功能的参数,如数量、体积、常用位置等。

(2)明确设备、物品的运行规律、摆放位置、数量、体积等。

(3)分析各种活动因素的平行、互动、交叉关系。

(4)通过以上3部分的分析,提出初步设计思路和设想。

1.2.3 室内设计构思

下面通过初始阶段和深化阶段来介绍室内设计构思。

1. 初始阶段

室内设计的构思在设计的过程中起着举足轻重的作用。在设计初始阶段进行的构思设计能使后续工作有效、完美地进行。构思的初始阶段主要包括以下内容。

(1)空间性质和使用功能

室内设计是在建筑主体完成后的原型空间内进行的。因此,室内设计的首要工作就是要认定原型空间的使用功能,也就是原型空间的使用性质。

(2)水平流线组织

当原型空间认定以后,第一步就是进行流线分析和组织,包括水平流线和垂直流线。流线功能按需要划分,可能是单一流线也可能是多种流线。

(3)功能分区图式化

空间流线组织完成后,进行功能分区图式化布置,进一步接近平面布局设计。

（4）图式选择

选择最佳图式布局作为平面设计的最终依据。

（5）平面初步组合

经过前面几个步骤的操作，最后形成了空间平面组合的形式，有待进一步深化。

2．深化阶段

初始阶段的室内设计构成了最初构思方案后，在此基础上进行构思深化阶段的设计。深化阶段的构思内容和步骤如图1-14所示。

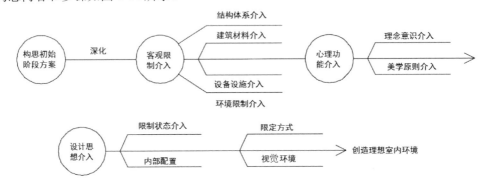

图1-14　室内设计构思深化阶段内容与步骤图解

结构技术对室内设计构思的影响，主要表现在两个方面：一是原型空间墙体结构方式，二是原型空间屋顶结构方式。

墙体结构方式关系到室内设计内部空间改造的饰面采用的方法和材料。基本的原型空间墙体结构方式有板柱墙、砌块墙、柱间墙和轻隔断墙。

原型屋顶（屋盖）结构方式关系到室内设计的顶棚做法。屋盖结构主要分为：构架结构体系、梁板结构体系、大跨度结构体系和异性结构体系。

另外，室内设计要考虑建筑所用材料对设计内涵、色彩、光影和情趣的影响，室内外露管道和布线的处理，对通风条件、采光条件、噪声、空气和温度的影响等。

随着人们对室内要求的提高，还要结合个人喜好，定好室内设计的基调。一般人们对室内的格调要求有3种类型：现代新潮观念、怀旧情调观念和随意舒适观念。

1.2.4　创造理想室内空间

经过前面两个构思阶段的设计，已形成较完美的设计方案。创建室内空间的第一个标准就是要使其具备形态、体积、质量，即形、体、质3个方向的统一协调，而第二个标准是使用功能和精神功能的统一。例如，在住宅的书房中除了布置写字台、书柜外，还布置了绿色植物等装饰物，使室内空间在满足了书房的使用功能的同时，也满足了人们的精神需求。

一个完美的室内设计作品，是经过初始构思阶段和深入构思阶段，最后又通过设计师对各种因素和功能的协调平衡创造出来的。要提高室内设计的水平，就是综合利用各个领域的知识和深入的构思设计。最终，室内设计方案形成最基本的图纸方案，一般包括：设计平面图、设计剖面图和室内透视图。

1.3 室内设计绘图的基本知识

本节将详细介绍室内设计图纸绘制的基本知识。

1.3.1 专业图示表达

下面通过概念设计与表达、方案设计与表达、透视效果图表现技法3个阶段来讲述专业图式表达。

1. 概念设计与表达

进入一个项目最初设计阶段,需要一个很好的切入点,即准确地把握项目的中心问题,系统化地展开思路,以唤起适宜的形式。一般来说,室内工程有3种目的:满足机能、创造效益和表现有利的艺术形式。由目的产生意图,设计意图是个先导因素,表达意图是整体设计进程的重要环节,这就要求设计师能提供一种最简单便捷的表达手段设计概念草图。

设计概念草图对于设计师自身起着分析、思考问题的作用。对于观者是设计意图的表达方式,宗旨在于交流。设计概念草图的信息交流包含3种层面指向,以及图面深度与设计阶段的限定。每个层面有着各自不同的表达图形:一是设计师自我体验的层面,是做设计思考所用的图像,简约而有探索性,演变而不带结论性;二是设计师行内研究的层面,所用的是抽象图形以提交讨论,从而激发和展开新思路;三是设计师与业主交流的层面,图像要求符合沟通对象在可接受程度的范围内做出相应深度的设计概念草图。强调直观性、粗线条,能多向发展,供业主选择,特别注意要把业主引到项目中的实质性问题上来讨论。

下面就设计概念草图表达的定义、作用、内容等方面进行系统表述,供室内设计专业人士参考。

(1)定义

设计概念草图是指将专业知识与视觉图形进行交织性的表达,为深刻了解项目中的实质问题提供分析、思考、讨论和沟通的图面,并具有极为简明的视觉图形和文字说明。

(2)作用

设计概念草图是作用于项目设计最初阶段的预设计和估量设计,同时又是创造性思维的发散方式,对问题产生系统的构想并使之形象化,是快捷表达设计意图的交流媒介。

(3)内容

设计概念草图的表达内容是按项目本身问题的特征划分的,针对项目中反映的各种不同问题相应产生不同内容的草图,旨在将设计方向明确化。具体内容如下。

① 反映功能方面的设计概念草图。室内设计是对建筑物内部的深化设计或二次设计,很多项目是针对原有建筑使用性质的改变而产生的功能方面的问题,因此项目设计即通过合适的形式和技术手段来解决这些问题。应用设计概念草图手段将围绕着使用功能的中心问题展开思考。其中有关平面分区、交通流线、空间使用方式、人数容量和布局特点等诸方面的问题进行研究,这一类概念草图的表达多采用较为抽象的设计符号集合,并配合文字、数据和口述等综合形式,如图1-15和图1-16所示。

② 反映空间方面的设计概念草图。室内的空间设计属于限定设计,只能结合原有建筑物的内部进行空间界面的思考,要求设计师理解建筑物的空间构成现状,结合使用要求,采用因地制宜的方式,并能努力地克服原建筑缺陷,善于化腐朽为神奇,将不利的怪异空间创造成独特的艺术空间。

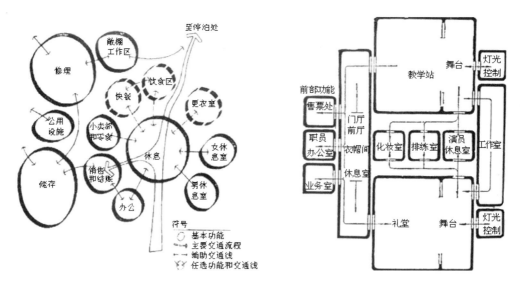

图 1-15 反映功能方面的设计概念草图 A　　图 1-16 反映功能方面的设计概念草图 B

空间创意是室内设计最主要的组成部分，它既涵盖功能因素，又具有艺术表现力。设计概念草图易于表现空间创意并可形成引人注目的画面，其表达方法非常丰富，表现原则要求明确、概括，有尺度感，直观可读，平、立、剖面与文字说明相结合，如图 1-17 所示。

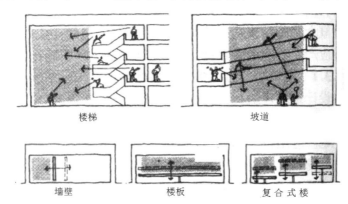

图 1-17 反映空间方面的设计概念草图

③ 反映形式方面的设计概念草图。室内环境的构成除了空间和设备要素外，立面装修构件的风格样式也是视觉艺术的语言，蕴含着设计师与业主审美观交流的中心议题。因此，要求设计概念草图表达具有准确的写实性和说服力，必要时辅助以成形的实物场景照片和背景文化进行说明，在同一项目内提供多种形式以供比较。对于美的选择往往是整个项目设计过程中关键的阶段和烦恼的阶段，有时也是最愉快的阶段。这里面因素很多，审美趣味相投或相反是一个方面，有感染力的交流技巧是一个方面，最主要还是依赖设计师自身具备的想象力与描绘能力，特别要注意对设计深度的把握，概念草图是最好的手段，如图 1-18 所示。

④ 反映技术方面的设计概念草图。目前艺术与科学同步进入了人类生活的每一个方面。室内设计也日益趋向于科学的智能化、标准化、工业化和绿色生态化。这意味着设计师要不断地学习，了解相关门类的科学概念，努力将其转化到本专业中来。要提高行业的先进程度，必须提高设计的技术含量。室内设计是为了提高人们的生活质量，室内环境的品质反映了人的文明生活程度。因此把技术因素升华为美感元素和文化因素，设计师要具有把握双重概念结合的能力。技术

方面的设计概念草图表达既要包含正确的技术依据，又要具有艺术形式的美感，如图1-19所示。

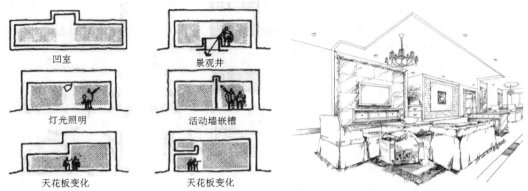

图1-18　反映形式方面的设计概念草图　　　　图1-19　反映技术方面的设计概念草图

2．方案设计与表达

（1）方案设计的目的和作用

方案设计是对设计对象的规模、生产等内容进行预想设计，目的在于对要设计的项目中存在的或可能发生的问题，事先做好全盘的计划，拟定解决这些问题的办法和方案，用图纸和文件表达出来。方案设计的作用是与业主和各工种进行深入设计或讨论施工方式，它是互相配合协作的共同依据。

（2）方案设计的程序
- 了解项目。
- 分析项目。
- 进行设计。

（3）方案设计的表达内容

方案设计的表达主要是针对设计者与业主双方一致同意的任务书而制作的，通过图纸、说明书和计划书等文件将设计、施工管理等各方面的问题全面、清晰地表达出来。其中包括画册、模型和动画。

方案图册是方案设计阶段重要的设计文件，它通过文字和图形的表达方式对设计意图做出准确的描述和计划。

方案图册所包含的基本内容如下。
- 封面：工程项目的名称和制作时间。
- 目录：清晰地反映方案图册中各内容的名称和顺序。
- 设计说明：主要说明工程项目所在位置、规模、性质、设计依据和设计原则，各项设备和附属工程的内容和数量，施工技术要求和工程兴建程序，以及技术经济指标和工程概算。
- 材料样板：主要说明工程项目中主要材料的选择和搭配效果。
- 透视图和效果图：通过绘制室内空间的环境透视图，可使人们看到实际的室内环境，它是一种将三维空间的形体转换成具有立体感的二维空间画面的绘图技法，是以透视制图为骨架、绘画技巧为血肉的表达方式，将设计师预想的方案比较真实地展现出来。
- 平面图：根据建筑物的内容和功能使用要求，结合自然条件、经济条件和技术条件（包括材料、结构、设备和施工）等，来确定房间的大小和形状，确定房间与房间之间以及室内与室外之间的分隔与联系方式和平面布局，使建筑物的平面组合满足实用、经济、美观和合理的要求。
- 立面图：根据建筑物的性质和内容，结合材料、结构、周围环境特点，以及艺术表现要求，综合地考虑建筑物内部的空间形象，外部的体形组合、立面构图，以及材料质感、色彩的处理等，使建筑物的形式与内容统一，创造良好的建筑艺术形象，以满足人们的审美要求。
- 剖面图：根据功能和使用方面对立体空间的要求，结合建筑结构和构造特点来确定房间各部分高度和空间比例；考虑垂直方向空间的组合和利用；选择适当的剖面形式，进行垂直交通和采光、通风等方面的设计，使建筑物立体空间关系符合功能、艺术、技术和经济的要求。

3．透视效果图表现技法

（1）铅笔画技法

铅笔是透视效果图技法中历史最久的一种。这种技法所用的工具容易得到，本身也容易掌握，绘制速度快，空间关系也能表现得比较充分。

绘图铅笔所绘制的黑白铅笔画类似美术作品中的素描，主要通过光影效果的表现描述室内空间，尽管没有色彩，却仍为不少人偏爱。

彩色铅笔画色彩层次细腻，易于表现丰富的空间轮廓，色块一般用排列有序的密集笔画画出，利用色块的重叠，产生更多的色彩。也可以用笔的侧锋在纸面平涂，产生有规律的色点组成的色块，不仅速度快，而且有一种特殊的效果。

铅笔画一般用于收集资料，设计草图，也可作为初步设计的表现图。它的线条流畅美观，并通过对物体的取舍和概括来表达设计师的意图。

（2）钢笔画技法

钢笔画线条坚挺，易出效果，尽管没有颜色，但画的风格较严谨，细部刻画和面的转折都能做到精细准确，并用点线的叠加来表现室内空间的层次和质感。

（3）水彩色技法

水彩色淡雅，层次分明，结构表现清晰，适合表现结构变化丰富的空间环境。水彩的明度变化范围小，图面效果不够醒目，制图较费时。水彩的渲染技法有平涂、叠加和退晕等。用色的干、湿、厚、薄能产生不同的艺术效果，适用于多种空间环境的表现。使用水粉色绘制效果图，绘画技巧性强，但是由于色彩干湿度变化大，湿时明度较低，颜色较深，干时明度较高，颜色较浅，所以掌握不好容易产生"怯"、"粉"、"生"的毛病。

（4）马克笔技法

马克笔分油性和水性两种，具有快干、不需用水调和、着色简便、绘制速度快的特点，画面风格豪放，类似于草图和速写的画法，是一种商业化的快速表现技法。马克笔色彩透明，主要通过各种线条的色彩叠加取得更加丰富的色彩变化。马克笔绘出的色彩不易修改，着色时需注意着色的顺序，一般是先浅后深。马克笔的笔头是毡制的，具有独特的笔触效果，绘制时可以尽量利用这种笔触的特点。

马克笔在吸水与不吸水的纸上会产生不同的效果，不吸水的光面纸上色彩相互渗透，吸水的毛面纸上色彩灰暗沉着，可根据不同需要进行选用。

（5）喷绘技法

喷绘技法画面细腻，变化微妙，有独特的表现力和现代感，与画笔技法完全不同。主要以气泵压力经喷笔喷射出的细微雾状颜料的轻、重、缓、急配合阻隔材料，遮盖不着色部分进行绘画。

（6）计算机效果图

日益发展得更加高级、复杂的计算机图像制作程序，为设计师提供了更多的图像表达技术和工具。

提 示

专业图是表达设计意图的有效方法，可根据具体情况选用。

1.3.2 绘制样板图

在合作制图中，创建与引用样板图形文件是统一制图标准的重要手段。样板图作为一张标准图纸，除了需要绘制图形外，还要求设置图纸大小、绘制图框线和标题栏。而对于图形本身，需要设置图层以绘制图形的不同部分，设置不同的线型和线宽表达不同的含义，设置不同的图线颜色以区分图形的不同部分等。所有这些都是绘制一幅完整图形不可或缺的程序。为了方便绘图，提高绘图效率，往往将这些绘制图形的基本制图和通用设置绘制成一张基础图形，进行初步或标准的设置，这种基础图形称为样板图。

1．设置绘图单位和精度

在绘图时，单位制都采用十进制，长度精度为小数点后 0 位，角度精度也为小数点后 0 位。在菜单栏中执行【格式】|【单位】命令，弹出【图形单位】对话框。在【长度】选项组的【类型】下拉列表中选择【小数】选项，在【精度】下拉列表中选择【0】选项；在【角度】选项组的【类型】下拉列表中选择【十进制度数】选项，在【精度】下拉列表中选择【0】选项，系统默认逆时针方向为正，设置完毕后单击【确定】按钮，如图 1-20 所示。

2．设置图形边界

国家标准对图纸的幅面大小做了严格规定，每一种图纸幅面都有唯一的尺寸。在这里，按国标 A3 图纸幅面设置图形边界。A3 图纸的幅面为 420mm×297mm，故设置图形边界如下。

在命令行中输入 LIMITS 命令。

命令行提示如下：

重新设置模型空间界限：
指定左下角点或[开(ON)/关(OFF)] <0,0>:0,0
指定右上角点<12,9>: 420,297

单击状态栏上的【栅格】按钮 ，可以在绘图窗口中显示图纸的图限范围。

3．设置图层

在绘制图形时，图层作为一个重要的辅助工具，可以用来管理图形中的不同对象。创建图层一般包括设置层名、颜色、线型和线宽。图层的多少需要根据所绘制图形的复杂程度来确定，通常对于一些比较简单的图形，只需分别为辅助线、轮廓线、标注和标题栏等对象建立图层即可。

在菜单栏中选择【格式】|【图层】命令，打开【图层特性管理器】选项板，在该对话框中新建图层，为图层设置颜色、线型和线宽，如图 1-21 所示。

4．设置文本样式

在绘制图形时，通常要设置 4 种文字样式，分别用于一般注释、标题块中名称、标题块注释和尺寸标注。

图 1-20 【图形单位】对话框

图 1-21 【图层特性管理器】选项板

在菜单栏中选择【格式】|【文字样式】命令，弹出【文字样式】对话框，单击【新建】按钮，弹出【新建文字样式】对话框，如图 1-22 所示。采用默认的样式名为【样式1】，单击【确定】按钮，返回【文字样式】对话框，在【字体名】下拉列表中选择【T 微软雅黑】选项，在【宽度因子】文本框中输入 2，将【高度】设置为 5，如图 1-23 所示。单击【应用】按钮，再单击【关闭】按钮，关闭对话框。依此类推，设置其他文字样式。

根据要求，其他设置可定为：注释文字高度为 7mm，名称为 10mm，图标栏和会签栏中其他文字高度为 5mm，尺寸文字高度为 5mm，线型比例为 1，图纸空间的线型比例为 1，单位为十进制，小数点后 0 位，角度小数点后 0 位。

图 1-22 【新建文字样式】对话框

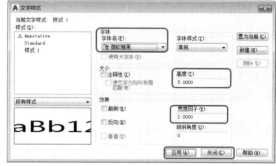

图 1-23 设置字体、字体高度和宽度因子

5．设置尺寸标注样式

尺寸标注样式主要用来标注图形中的尺寸，对于不同类型的图形，尺寸标注的要求也不一样。通常采用 ISO 标准，并设置标注文字为前面创建的【尺寸标注】。

在菜单栏中选择【格式】|【标注样式】命令，弹出【标注样式管理器】对话框，如图 1-24 所示。在【预览】显示框中显示出标注样式的预览图形。根据前面的设定，单击【修改】按钮，弹出【修改标注样式：ISO-25】对话框，在该对话框中对标注样式的选项按照需要进行修改，如图 1-25 所示。

6．绘制图框线

在使用 AutoCAD 绘图时，绘图图限不能直观地显示出来，所以在绘图时还需要通过图框来确定绘图的范围，使所有的图形绘制在图框线之内。图框通常要小于图限，但图限边界要留一定的单位。

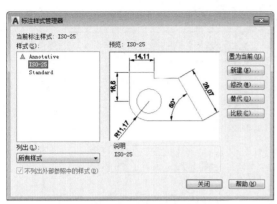
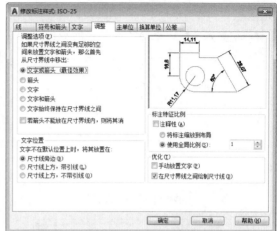

图 1-24 【标注样式管理器】对话框　　图 1-25 【修改标注样式：ISO-25】对话框

7．绘制标题栏

标题栏一般位于图框的右下角，在 AutoCAD 2017 中，可以使用【表格】命令来绘制标题栏。

8．保存成样板图文件

样板图及其环境设置完成后，应将其保存成样板图文件。选择【文件】|【保存】或【另存为】命令，弹出【图形另存为】对话框，在【文件类型】下拉列表中选择【AutoCAD 图形样板（*.dwt）】选项，输入【文件名】A3，单击【保存】按钮，如图 1-26 所示。弹出【样板选项】对话框，在【说明】文本框中输入对样板图形的描述和说明，如图 1-27 所示，单击【确定】按钮，创建一个 A3 幅面的样板文件。

图 1-26 【图形另存为】对话框　　图 1-27 【样板选项】对话框

1.3.3 绘制图框线

绘制图框线的操作步骤如下。

Step 01 使用【矩形】工具，绘制一个 420mm×297mm（A3 图纸大小）的矩形作为图纸范围。

Step 02 使用【分解】工具，把矩形分解；然后使用【偏移】工具，让左边的直线向右偏移 25mm，如图 1-28 所示。

Step 03 选择【偏移】工具，设置矩形的其他 3 条边向里偏移的距离为 10mm，如图 1-29 所示。

Step 04 使用【多段线】工具，按照偏移线绘制图 1-30 所示的多段线作为图框，设置线宽为 0.3mm。图框线绘制完成后，选择已经偏移的线段，将其删除，如图 1-31 所示。

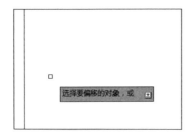
图 1-28 偏移对象

图 1-29 偏移后的效果

图 1-30 绘制多段线

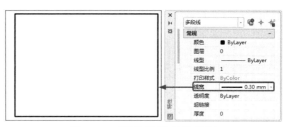
图 1-31 删除线段后的效果

1.3.4 绘制标题栏

下面讲解绘制标题栏，具体操作步骤如下。

Step 01 在命令行中输入 LA 命令，新建【标题栏】图层并设置为当前图层，如图 1-32 所示。

Step 02 在菜单栏中选择【格式】|【表格样式】命令，弹出【表格样式】对话框。单击【新建】按钮，在弹出的【创建新的表格样式】对话框中创建新表格样式名为 Table，如图 1-33 所示。

图 1-32 新建图层

图 1-33 创建新的表格样式

Step 03 单击【继续】按钮，弹出【新建表格样式：Table】对话框，在【单元样式】选项组的下拉列表中选择【数据】选项；选择【常规】选项卡，在【对齐】下拉列表中选择【正中】选项；如图 1-34 所示。

Step 04 单击【确定】按钮，返回【表格样式】对话框，在【样式】列表框中选中创建的新样式，单击【置为当前】按钮，如图 1-35 所示。设置完成后，关闭对话框。

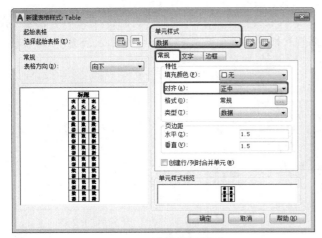

图 1-34 设置单元样式

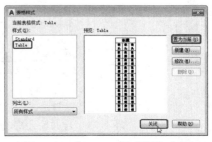

图 1-35 将 Table 样式置为当前

Step 05 单击【注释】工具栏中的【表格】按钮,弹出【插入表格】对话框,在【插入方式】选项组中选中【指定插入点】单选按钮;在【列和行设置】选项区域设置【列数】为7,【数据行数】为4,【列宽】为20,【行高】为1;在【设置单元样式】选项区域,在3个下拉列表中分别选择【标题】【表头】和【数据】选项,如图1-36所示。

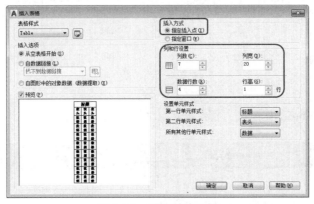

图 1-36 设置表格参数

Step 06 单击【确定】按钮,在绘图文档中插入一个6行7列的表格,如图1-37所示。

Step 07 选择第一行单元格,在【合并】组中单击【取消单元格】按钮,取消单元格的合并,如图1-38所示。

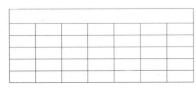

图 1-37 插入表格

图 1-38 取消合并单元格

Step 08 拖动鼠标选中表格中的前 3 行和前 3 列表格单元,右击,在弹出的快捷菜单中选择【合并】|【全部】命令,如图 1-39 所示。选中的表格单元将合并成一个表格单元,如图 1-40 所示。

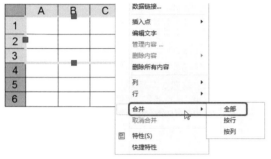

图 1-39　合并单元格

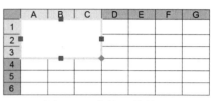

图 1-40　合并后的效果

Step 09 通过上述方法,合并其他单元格表格编辑效果如图 1-41 所示。

Step 10 选中绘制的表格,将其拖放到图框右下角,如图 1-42 所示,再标上相应的文字,设置其大小,完成标题栏的绘制。

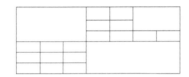

图 1-41　合并其他单元格

图 1-42　表格绘制完成后的效果

> **提　示**
>
> 绘制样板图是 AutoCAD 绘图入门的基础。

1.4　室内设计制图的要求及规范

本节主要讲解室内设计制图的要求及规范,其中包括图幅、图标及会签栏、线型要求、尺寸标注、文字说明、常用图式标志、常用绘图比例。

1.4.1　图幅、图标及会签栏

下面讲解图幅、图标及会签栏的要求与规范。

1. 图幅

- 图纸幅面及图框尺寸,应符合表 1-1 的规定。

表 1-1　幅面及图框尺寸

单位:mm

幅面代号 尺寸代号	A0	A1	A2	A3	A4
b×l	841×1189	594×841	420×594	297×420	210×297
c			10		5
a			25		

- 需要微缩复制的图纸,其中一个边上应附有一段精确的米制尺度。4 个边上均附有对中标

志，米制尺度的总长应为 100mm，分格应为 10mm。对中标志应画在图纸各边长的中点处，线宽为 0.35mm，伸入框内应为 5mm。
- 需要加长图纸的短边一般不应加长，长边可以加长，但应符合表 1-2 的规定。

表 1-2　图纸长边加长尺寸

单位：mm

幅面尺寸	边长尺寸	边长加长尺寸						
A0	1 189	1 486	1 635	1 783	1 932	2 080	2 230	2 378
A1	841	1 051	1 261	1 471	1 682	1 892	2 102	
A2	594	743	891	1 041	1 189	1 338	1 486	1 635
A3	420	630	841	1 051	1 261	1 471	1 682	1 892

- 图纸以短边为垂直边，称为横式；以短边为水平边，称为立式。一般 A0～A3 宜横式使用，必要时也可立式使用。
- 一个项目设计中，每个专业所使用的图纸一般不应多于两种幅面，不含目录及表格所采用的 A4 幅面。

2．图标

图标即图纸的图标栏。它包括设计单位名称、工程名称、签字区、图名区及图号区等内容。

一般图标格式如图 1-43 所示。如今不少设计单位采用自己个性化的图标格式，但是仍必须包括这几项内容。

3．会签栏

会签栏应按图 1-44 的格式绘制，其尺寸应为 100mm×20mm，栏内应填写会签人员所代表的专业、姓名和日期（年月日）；一个会签栏不够时，可另加一个，两个会签栏应并列；不需要会签栏的图纸可不设会签栏。

图 1-43　图标格式　　　　　　图 1-44　会签栏

1.4.2　线型要求

室内设计图主要由各种线型构成，不同的线型表示不同的对象和不同的部位，代表着不同的含义。为了图面能够清晰、准确、美观地表达设计思想，工程实践中采用了一套常用的线型，并规定了它们的使用范围。常用线型如表 1-3 所示。在 AutoCAD 中，可以通过【格式】中【线型】、【线宽】的设置来选定所需线型。

标准实线宽度 b=0.4～0.8mm

表 1-3 基本线型

名 称		线 性	线 宽	一般用途
实线	粗		b	主要可见轮廓
	中		0.5b	可见轮廓线
	细		0.25b	可见轮廓线、图例线
虚线	粗		b	见各有关专业制图标准
	中		0.5b	不可见轮廓线
	细		0.25b	不可见轮廓线、图例线
单点长画线	粗		b	见各有关专业制图标准
	中		0.5b	见各有关专业制图标准
	细		0.25b	中心线、对称线等
双点长画线	粗		b	见各有关专业制图标准
	中		0.5b	见各有关专业制图标准
	细		0.25b	假想轮廓线、成型原始轮廓线
折断线			0.25b	断开界线
波浪线			0.25b	断开界线

1.4.3 尺寸标注

（1）尺寸界线、尺寸线和尺寸起止符号

① 图样上的尺寸包括尺寸界线、尺寸线、尺寸起止符号和尺寸数字，如图 1-45 所示。

② 尺寸界线应用细实线绘制，一般应与被标注长度垂直，其一端应离开图样轮廓线不小于 2mm，另一端宜超出尺寸线 2～3mm，图样轮廓线可用作尺寸界线，如图 1-46 所示。

③ 尺寸线应用细实线绘制，应与被标注长度平行。图样本身的任何图线均不得用作尺寸线。

④ 尺寸起止符号一般用中粗斜短线绘制，其倾斜方向应与尺寸界线呈顺时针 45°角，长宜为 2～3mm。半径、直径、角度与弧长的尺寸起止符号宜用箭头表示，如图 1-47 所示。

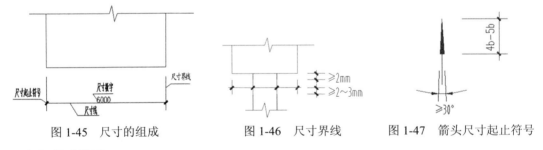

图 1-45 尺寸的组成　　　图 1-46 尺寸界线　　　图 1-47 箭头尺寸起止符号

（2）尺寸数字

① 图样上的尺寸，应以尺寸数字为准，不得从图上直接量取。

② 图样上的尺寸单位，除标高及总平面图以 m 为单位外，其他必须以 mm 为单位。

③ 尺寸数字的方向，应按图 1-48（a）所示的规定注写。若尺寸数字在 30°斜线区内，宜按图 1-48（b）所示的形式注写。

④ 尺寸数字一般应依据其方向注写在靠近尺寸线的上方中部。如没有足够的注写位置，最外边的尺寸数字可注写在尺寸界线的外侧，中间相邻的尺寸数字可错开注写，如图 1-49 所示。

（3）尺寸的排列与布置

① 尺寸宜标注在图样轮廓以外，不宜与图线、文字及符号等相交，如图 1-50 所示。

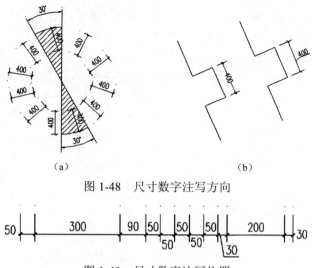

图 1-48　尺寸数字注写方向

图 1-49　尺寸数字注写位置

② 互相平行的尺寸线，应从被注写的图样轮廓线由近向远整齐排列，较小尺寸应离轮廓线较近，较大尺寸应离轮廓线较远，如图 1-50（a）所示。

③ 图样轮廓线以外的尺寸界线，距图样最外轮廓之间的距离不宜小于 10mm。平行排列的尺寸线的间距应为 7~10mm 并保持一致，如图 1-50（b）所示。

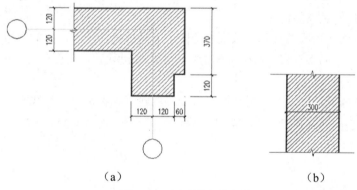

图 1-50　尺寸数字的标注

④ 总尺寸的尺寸界线应靠近所指部位，中间的分尺寸线可稍短，但其长度应相等，如图 1-51 所示。

（4）半径、直径和球的尺寸标注

① 半径的尺寸线一端应从圆心开始，另一端箭头指向圆弧。半径数字前应加注半径符号 R，如图 1-52 所示。

② 较小圆弧的半径，可按图 1-53 所示的形式标注。

③ 较大圆弧的半径，可按图 1-54 所示的形式标注。

④ 标注圆的直径尺寸时，直径数字前应加直径

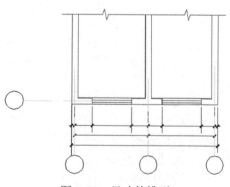

图 1-51　尺寸的排列

符号ϕ。在圆内标注的尺寸线应通过圆心，两端箭头指至圆弧，如图1-55所示。

⑤ 较小的圆的直径尺寸，标注在圆外，如图1-56所示。

⑥ 在标注球内的半径尺寸时，应在尺寸数字前加注符号SR。在标注球的直径尺寸时，应在尺寸数字前加注符号Sϕ，标注方法与圆弧半径和圆直径的尺寸标注方法相同。

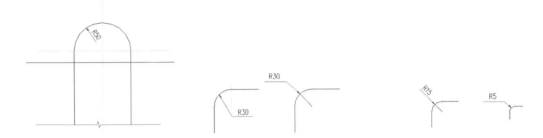

图1-52　半径的标注方法　　图1-53　小圆弧半径的标注方法　　图1-54　大圆弧半径的标注方法

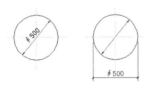 

图1-55　圆直径的标注方法　　　　图1-56　小圆直径的标注方法

（5）角度、弧度和弦长的标注

① 角度的尺寸线应以圆弧表示。该圆弧的圆心应是该角的顶点，角的两边为尺寸界线。起止符号应以箭头表示，如果没有足够位置画箭头，可用圆点代替，角度数字应按水平方向注写，如图1-57所示。

② 标注圆弧的弧长，尺寸线应以该圆弧圆心的圆弧线表示，尺寸界线垂直于该圆弧的弦，起止符号用箭头表示，弧长数字上方应加注圆弧符号"⌒"，如图1-58所示。

图1-57　角度标注方法　　　　图1-58　弧长标注方法

③ 在标注圆弧的弦长时，尺寸线应以平行于该弦的直线表示，尺寸界线垂直于该弦，起止用中粗短斜线表示，如图1-59所示。

（6）尺寸的简化标注

① 连续排列的等长尺寸，可用"等长尺寸×个数＝总长"的形式标注，如图1-60所示。

② 对称构配件采用对称省略画法时，该对称构配件的尺寸线应超过对称符号，仅在尺寸线的一端画尺寸起止符号，尺寸数字应按整体全尺寸注写，其注写位置应与对称符号对齐，

如图 1-61 所示。

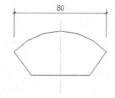
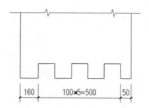

图 1-59　弦长标注方法　　　　　图 1-60　等长尺寸简化标注方法

（7）标高

① 标高符号应以等腰直角三角形表示，按图 1-62（a）所示的形式用细实线绘制，如标高位置不够，可按图 1-62（b）所示的形式绘制。标高符号的具体画法，如图 1-62（c）和图 1-62（d）所示。

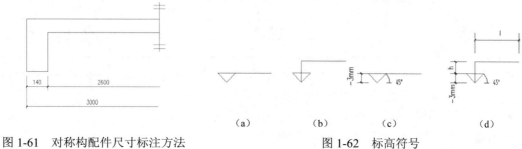

图 1-61　对称构配件尺寸标注方法　　　　　图 1-62　标高符号

② 总平面图室外地坪的标高符号，宜用涂黑三角形表示，如图 1-63（a）所示。具体画法如图 1-63（b）所示。

③ 标高符号的尖端应指至被注高度的位置。尖端一般应向下，也可向上。标高数字应标写在标高符号的左侧或右侧，如图 1-64 所示。

④ 标高数字以 m 为单位，注写到小数点后第 3 位。在总平面图中，可注写到小数点后第 2 位。

⑤ 零点标高应注写成±0.000，正数标高不注"+"，负数标高应注"-"，如 3.000、-0.600 等。

⑥ 在图样的同一位置上需表示几个不同标高时，标高数字可按图 1-65 所示的形式注写。

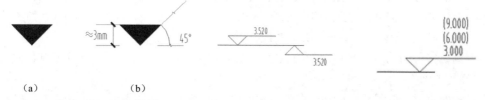

图 1-63　总平面图室外地坪的标高符号　　图 1-64　标高的指向　　图 1-65　同一位置注写多个标高数字

1.4.4　文字说明

- 图纸上所需书写的文字、数字或符号等均应笔画清晰，排列整齐，标点符号也应清楚正确。
- 文字的字高，应从如下系列中选用：3.5mm、5mm、7mm、10mm、14mm 和 20mm，如需书写更大的字，其高度应按 2 的倍数递增。
- 图样及说明中的汉字，宜采用长仿宋体，宽度与高度的关系应符合表 1-4 的规定。

表1-4 长仿宋体字高、宽关系

单位：mm

字高	20	14	10	7	5	3.5
字宽	14	10	7	5	3.5	2.5

- 汉字的简化书写，必须符合国务院公布的《汉字简化方案》和有关规定。
- 拉丁字母、阿拉伯数字与罗马数字的书写和排列，应符合表1-5的规定。

表1-5 拉丁字母、阿拉伯数字与罗马数字的书写规则

书 写 格 式	一 般 字 体	窄 字 体
大写字母高度	h	h
小写字母（上下均无延伸）	7/10h	10/14h
小写字母伸出的头部或尾部	3/10h	4/14h
笔画宽度	1/10h	1/14h
字母间距	2/10h	2/14h
上下行基准线最小间距	15/10h	21/14h
词间距	6/10h	6/14h

- 拉丁字母、阿拉伯数字与罗马数字，如需写成斜体字，其斜度应是从字的底线逆时针向上倾斜75°，斜体字的高度与宽度应与相应的直体字相等。
- 拉丁字母、阿拉伯数字与罗马数字的字高，应不小于2.5mm。
- 数量的数值注写，应采用正体阿拉伯数字。
- 分数、百分数和比例数的注写，应采用阿拉伯数字和数学符号，例如：四分之三、百分之二十五和一比五十应分别写成3/4、25%和1：50。
- 当注写的数字小于1时，必须写出个位的0，小数点应采用圆点，齐基准线书写，例如0.01。

1.4.5 常用图式标志

（1）剖切符号

① 剖视的剖切符号应符合下列规定。

a．剖视的剖切符号应由剖切位置线及投射方向线组成，均以粗实线绘制。剖切位置线长度宜为6~10mm；投射方向线垂直于剖切位置线，长度短于剖切位置线，宜为4~6mm，如图1-66所示。绘制时，剖视的剖切符号不应与其他图线接触。

b．剖视剖切符号的编号宜采用阿拉伯数字，按顺序由左至右、由上至下连续编排，并应写在剖视方向线的端部。

c．需要转折的剖切位置线，应在转角的外侧加注与该符号相同的编号。

d．建筑物剖面图的剖切符号宜标注在±0.000标高的平面上。

② 断面剖切符号应符合下列规定。

a．断面的剖切符号应只用剖切位置线表示，并应以粗实线绘制，长度宜为6~10mm。

b．断面的剖切符号的编号宜采用阿拉伯数字，按顺序连续编排，并应注写在剖切位置线的一侧；编号所在的一侧应为该断面的剖视方向，如图1-67所示。

剖面图或断面图，如与被剖切图样不在同一张图内，可在剖切位置线的另一侧注明所在图纸的编号，也可在图上集中说明。

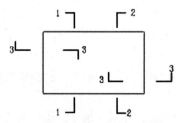
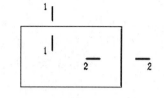

图 1-66　剖视的剖切符号　　　　　图 1-67　断面的剖切符号

（2）索引符号与详图符号

图样中的某一局部或构件如需另附详图，应以索引符号索引，如图 1-68（a）所示。索引符号是由直径为 10mm 的圆和水平直径组成的，圆及水平直径均应以细实线绘制，索引符号应按下列规定编写。

① 索引出的详图，应在索引符号的上半圆中用阿拉伯数字注明该详图编号。如被索引的详图在同一图纸中，应在下半圆中画一段水平细实线，如图 1-68（b）所示。

② 索引出的详图，如与被索引详图不在同一图纸中，应在索引符号的下半圆中用阿拉伯数字注明该详图所在图纸的编号，如图 1-68（c）所示。数字较多时，可加文字标注。

③ 索引出的详图，如采用标准图，应在索引符号水平直径的延长线上加注该标准图的编号，如图 1-68（d）所示。

图 1-68　索引符号

索引符号如用于索引剖视详图，应在被剖切的部位绘制剖切位置线，并用引出线引出索引符号，剖切位置线所在的一侧应为投射方向。索引符号的编写如图 1-69 所示。

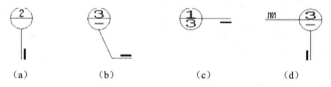

图 1-69　用于索引剖面详图的索引符号

零件、钢筋、杆件和设备等的编号，以直径为 4～6mm（同一图样应保持一致）的细实线图表示，其编号应用阿拉伯数字按顺序编写，如图 1-70 所示。

详图的位置和编号，应以详图符号表示。详图符号的圆应以直径为 14mm 的粗实线绘制。详图应按下列规定编写。

图 1-70　零件、钢筋等编号

① 详图与被索引的图样同在一张图纸中时，应在详图符号内用阿拉伯数字标明详图编号，如图 1-71 所示。

② 详图与被索引的图样不在同一张图纸中时，应用细实线在详图符号内画一水平直径，在上半圆中注明详图编号，在下半圆中注明被索引的图纸编号，如图 1-72 所示。

图 1-71　与被索引图样同在一张　　　图 1-72　与被索引图样不在一张
　　　　图纸内的详图符号图样　　　　　　　　图纸内的详图索引符号

（3）引出线

① 引出线应以细实线绘制，宜采用水平方向的直线，与水平方向呈 30°、45°、60°、90°的直线，或经上述角度再折为水平线。文字说明宜写在水平线的上方，如图 1-73（a）所示。也可注写在水平线的端部，如图 1-73（b）所示；索引详图的引出线应与水平直径相连接，如图 1-73（c）所示。

② 同时引出几个相同部分的引出线宜互相平行，如图 1-74（a）所示，也可画成集中于一点的放射线，如图 1-74（b）所示。

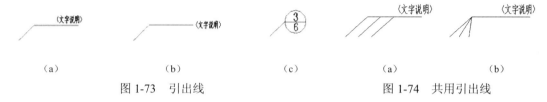

图 1-73　引出线　　　　　　　　　图 1-74　共用引出线

③ 多层构造或多层管道共用引出线应通过被引出的各层。文字说明宜注写在水平线的上方，或注写在水平线的端部，说明的顺序由上至下，并应与被说明的层相互一致；如层为横向排序，则由上至下的说明顺序应与由左至右的层相互一致，如图 1-75 所示。

（4）其他符号

① 对称符号由对称线和两端的两对平行线组成。对称线用细点画线绘制；平行线用细实线绘制，其长度宜为 6~10mm，每对的间距宜为 2~3mm；对称线垂直平分两对平行线，两端超出平行线的长度宜为 2~3mm，如图 1-76 所示。

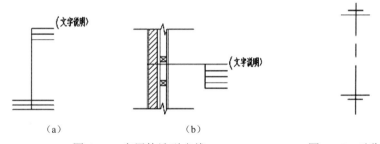

图 1-75　多层构造引出线　　　　　图 1-76　对称符号

② 连接符号应以折断表示需连接的部位。两部位相距过远时，折断线两端靠近图样一侧应标注大写拉丁字母表示连接编号。两个被连接的图样必须用相同的字母编号，如图 1-77 所示。

③ 指北针，如图 1-78 所示，其圆的直径宜为 24mm，用细实线绘制；指北针尾部宽度为 3mm，指针头部应注写"北"（涉外工程图纸使用）字。需较大直径绘制指北针时，指针尾部宽度宜为直径的 1/8。

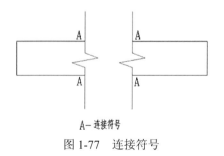 

图 1-77　连接符号　　　　　　　　图 1-78　指北针

1.4.6 常用建筑材料图样

室内设计图中经常应用材料图例来表示材料,在无法用图例表示的地方,也采用文字说明,见表1-6。

表1-6 常用材料图例

材料图例	说明	材料图例	说明
	自然土壤		饰面砖
	夯实土壤		焦渣、矿渣
	砂、灰土		混凝土
	空心砖		钢筋混凝土
	石材		多孔材料
	毛石		纤维材料
	普通砖		泡沫塑料
	耐火砖		木材

1.4.7 常用绘图比例

- 图样的比例,应为图形与字物相对应的线性尺寸比。比例的大小是指比例值的大小,如1:50大于1:100。
- 比例的符号为":",比例应以阿拉伯数字表示,如平面图为1:100、1:1和1:2等。
- 比例宜注写在图名的右侧,字的基准线应取平;比例的字宜比图名的字高小一号或两号。
- 绘图所用的比例,应根据图样的用途与被绘对象的复杂程度,从表1-7中选用常用的比例。

表1-7 绘图所用的比例

常 用 比 例	1:1、1:2、1:5、1:10、1:20、1:50、1:100、1:150、1:200、1:500
可 用 比 例	1:3、1:4、1:6、1:15、1:25、1:30、1:40、1:250

- 在一般情况下,一个图样应选用一种比例。

1.5 室内设计方法

室内设计要美化环境是毋庸置疑的,但如何达到美化的目的,则有许多不同的方法。

1. 现代室内设计方法

该方法就是在满足功能要求的情况下,利用材料、色彩、质感、光影等有序的布置并创造美感。

2. 空间分割方法

组织和划分平面与空间,这是室内设计的一个主要方法。利用该设计方法,巧妙地布置平面和利用空间,有时可以突破原有的建筑平面、空间的限制,满足室内需要。在另一种情况下,设计又能使室内空间流通、平面灵活多变。

3．民族特色方法

在表达民族特色方面，应采用设计方法，使室内充满民族韵味，而不是民族符号、语言的堆砌。

4．其他设计方法

突出主题、人流导向、制造气氛等都是室内设计的方法。

室内设计人员往往首先拿到的是一个建筑的外壳，这个外壳或许是新建筑，或许是旧建筑，设计的魅力就在于在原有建筑的各种限制下做出最理想的方案。下面将介绍一些公共空间和住宅室内装饰效果图，供读者在室内装饰设计中学习参考和借鉴。

人的一生，绝大部分时间是在室内度过的。因此，人们设计、创造的室内环境，必然会直接关系到室内生活及生产活动的质量，关系到人们的安全、健康、效率和舒适等。

增值服务：扫码做测试题，并可观看讲解测试题的微课程。

第 2 章 AutoCAD 2017 的基本操作

本章主要讲解了 AutoCAD 2017 的基本操作，包括 AutoCAD 2017 的启动与退出、AutoCAD 2017 的工作界面、AutoCAD 2017 工作空间、管理图形文件等知识。

2.1 AutoCAD 2017 的启动与退出

下面讲解 CAD 的启动与退出的操作方法。

2.1.1 软件的启动

安装 AutoCAD 2017 后，用户就可以启动该软件并进行相应的操作了。启动 AutoCAD 2017 的方法主要有以下几种。

- 在 Windows 桌面上双击 AutoCAD 2017 快捷图标 。
- 选择【开始】|【所有程序】| Autodesk | AutoCAD 2017-简体中文（Simplified Chinese）| AutoCAD 2017-简体中文（Simplified Chinese）命令，如图 2-1 所示。

图 2-1　执行【AutoCAD 2017-简体中文（Simplified Chinese）】命令

- 标准文件：双击资源管理器中已经存在的任意 AutoCAD 2017 标准图形文件 ，可以启动软件并打开该文件。

2.1.2 软件的退出

常用的退出 AutoCAD 2017 的方式主要有以下几种。

- 【菜单浏览器】：在 AutoCAD 2017 应用程序中单击 AutoCAD 2017 软件左上角的【菜单浏览器】按钮，在弹出的下拉菜单中单击【退出 Autodesk AutoCAD 2017】按钮，如图 2-2 所示。
- 【关闭】按钮：单击 AutoCAD 2017 应用程序右上角的【关闭】按钮，如图 2-3 所示。
- 【任务栏】：在系统任务栏中的 AutoCAD 2017 图标上右击，在弹出的快捷菜单中执行【关闭窗口】命令，如图 2-4 所示。
- 命令行：在菜单栏中输入【QUIT】命令，按【Enter】键确定。
- 组合键：按【Alt+F4】组合键。

图 2-2　单击【退出 Autodesk AutoCAD 2017】按钮

图 2-3　单击【关闭】按钮

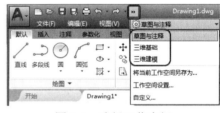

图 2-4　执行【关闭窗口】命令

2.2　AutoCAD 2017 的工作空间

用户在使用 AutoCAD 2017 之前，需要先熟悉该软件的工作空间。在 AutoCAD 2017 中为用户提供了【草图与注释】【三维基础】和【三维建模】3 种工作空间，用户可以选择任意工作空间进行操作。

切换工作空间的方法有如下几种。

- 快速访问工具栏：单击快速访问工具栏中的右三角按钮，然后单击弹出的【草图与注释】按钮，在弹出的下拉菜单中选择需要的工作空间，如图 2-5 所示。
- 菜单栏：选择菜单栏中的【工具】|【工作空间】选项，在弹出的子菜单中选择需要的工作空间，如图 2-6 所示。
- 状态栏：单击状态栏中的【切换工作空间】按钮，在弹出的列表中选择需要的工作空间，如图 2-7 所示。

图 2-5　选择工作空间

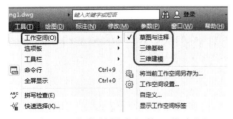

图 2-6　在菜单栏中切换工作空间

图 2-7　在状态栏中选择工作空间

下面将对 3 种工作空间分别进行简单介绍。

2.2.1 草图与注释

在系统默认情况下，启动的工作空间是【草图与注释】空间，该工作空间的界面主要由标题栏、【功能区】选项卡、快速访问工具栏、绘图区、命令行和状态栏等元素组成，如图 2-8 所示。在【草图与注释】空间中，用户可以很方便地绘制二维图形。

图 2-8 【草图与注释】工作空间

2.2.2 三维基础

【三维基础】空间和【草图与注释】工作空间的组成元素基本相同，不同的是命令和绘图工具等，在【三维基础】空间中可以绘制简单的三维图形，如长方体、圆柱体、圆锥体、球体等，并且可以对这些三维图形进行简单的操作，如拉伸、放样、旋转等。【三维基础】工作空间如图 2-9 所示。

图 2-9 【三维基础】工作空间

2.2.3 三维建模

在【三维建模】工作空间中，各种命令和工具为用户绘制三维图形、创建动画、设置光源等提供了很好的便利条件。在【三维建模】工作空间中，用户可以使用实体、曲面和网格对象创建更加复杂的图形，【三维建模】工作空间如图 2-10 所示。

提 示

单击快速访问工具栏中的右三角按钮 ，然后单击弹出的【草图与注释】按钮 右侧的 按钮，在弹出的下拉菜单中执行【显示菜单栏】命令，如图2-11所示，即可将菜单栏显示出来。

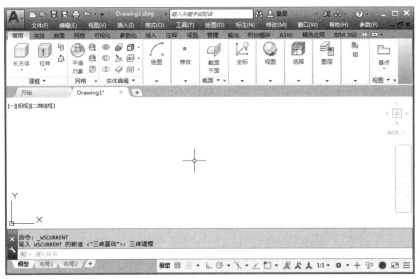

图2-10 【三维建模】工作空间

图2-11 执行【显示菜单栏】命令

2.3 AutoCAD 2017 的工作界面

成功启动 AutoCAD 2017 后，就会迅速进入其工作界面，如图2-12所示。与其他 Windows 的应用程序窗口非常相似，它主要由标题栏、菜单栏、工具栏、绘图窗口、十字光标、坐标系图标、垂直滚动条、水平滚动条、命令行和状态栏等部分组成。下面分别介绍各部分的功能及设置方法。

第 2 章　AutoCAD 2017 的基本操作

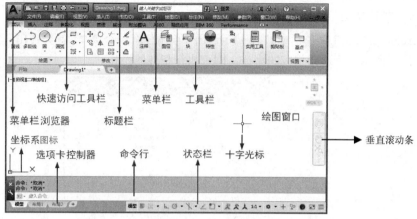

图 2-12　AutoCAD 2017 工作界面

2.3.1　标题栏

标题栏位于界面的最上面，中间用于显示 AutoCAD 2017 的程序图标及当前正在操作的图形文件的名称；右边的 3 个按钮是 AutoCAD 2017 的窗口管理按钮，即最小化、最大化（或还原）和关闭按钮，如图 2-13 所示，标题栏中各选项的解释如下。

图 2-13　标题栏

- 【菜单浏览器】按钮：单击该按钮可以打开相应的操作菜单。
- 快速访问区：默认情况下显示 7 个按钮，包括【新建】按钮、【打开】按钮、【保存】按钮、【另存为】按钮、【打印】按钮、【放弃】按钮和【重做】按钮。
- ：代表软件文件名称。
- 搜索栏：在文本框中输入要查找的内容后单击按钮即可进行搜索。
- ：单击该登录按钮，将弹出【AutoCAD 账户】对话框，用于账户登录。
- 【交换】按钮：单击该按钮将弹出【AutoCAD Exchange】对话框，用于与用户进行信息交换，默认显示该软件新增内容的相关信息。
- 【帮助】按钮：单击该按钮将弹出【AutoCAD Exchange】对话框，此时默认显示帮助主页，在页面中输入相应的帮助信息并进行搜索后，可查看到相应的帮助信息。
- 控制按钮：分别是【最小化】按钮、【最大化】按钮和【关闭】按钮。
- 【最小化】按钮：单击该按钮可将窗口最小化到 Windows 任务栏中，只显示图形文件的名称。
- 【最大化】按钮：单击该按钮可将窗口放大充满整个屏幕，即全屏显示，同时该控制按钮变为形状，即【还原】按钮，单击该按钮可将窗口还原到原有状态。
- 【关闭】按钮：单击该按钮可退出 AutoCAD 2017 应用程序。

2.3.2　菜单栏

在 AutoCAD 2017 中，菜单分为下拉菜单和快捷菜单两种，下面分别进行介绍。

1. 下拉菜单

AutoCAD 2017 菜单栏中共有 12 个菜单,单击任意一个菜单,就会弹出一个相应的下拉菜单,如图 2-14 所示,再选择相应的命令,即可执行相应的操作。

图 2-14 下拉菜单

> **注 意**
>
> 在选择下拉菜单中的命令时,应注意以下几点。
> ① 如果命令后面跟有快捷键,表示按下相应的快捷键就可以执行一条相应的 AutoCAD 命令,如图 2-15 所示。
> ② 如果命令后面带有黑三角形标记,表示单击该黑三角形标记,还可以打开下一级子菜单,并可进一步进行选择,如图 2-16 所示。

图 2-15 下拉菜单中的快捷键　　　　图 2-16 子菜单

③ 如果命令后面带有省略号标记,选择该命令就会弹出相应的对话框,在弹出的对话框中可做进一步的设置,如图 2-17 所示。
④ 命令如果呈灰色,则表示该命令在当前状态下不可用。

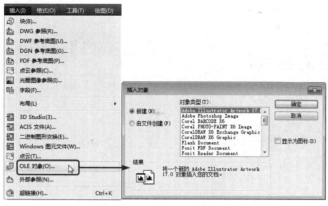

图 2-17 弹出对话框

2. 快捷菜单

在 AutoCAD 2017 中，除了可以使用下拉菜单外，还可以使用快捷菜单。如在绘图窗口中右击，AutoCAD 就会弹出一个如图 2-18 所示的快捷菜单，可方便用户操作。

2.3.3 【功能区】选项板

功能区有许多面板组成，这些面板被组织到各种任务进行标记的选项卡中。功能区面板包含的很多工具和控件与工具栏和对话框中的相同。【功能区】选项卡位于绘图窗口的上方，用于显示基于任务的工作空间关联的按钮和控件。默认状态下，在【草图和注释】空间模式中，【功能区】的选项板中有 11 个选项卡：默认、插入、注释、参数化、视图、管理、输出、附加模块、A360、精选应用和 Performance。每个选项卡包含若干个面板，每个面板又包含许多由图标表示的命令按钮，如图 2-19 所示。若想指定要显示的功能区选项卡和面板，在功能区上右击，然后在弹出的快捷菜单中单击或清除选项卡或面板的名称。

图 2-18 快捷菜单　　　　　　图 2-19 显示命令按钮

有些功能区面板会显示与该面板相关的对话框。对话框启动器由面板右下角的箭头图标表示。单击对话框启动器可以显示相关对话框，如图 2-20 所示。

2.3.4 绘图区

绘图区是用来绘制图形的区域，如图 2-21 所示。用户可以在该区域内绘制、显示与编辑各种图形，同时还可以根据需要关闭某些工具栏以增大绘图空间。如果图纸比较大，需要查看未显示的部分，可以单击窗口右边的垂直滚动条和下边的水平滚动条的箭头按钮，或拖动滚动条上的滑块来移动和显示图纸。此外，用户也可以按住鼠标中键进行拖动，得到需要显示的图形部分后释放鼠标中键即可。

图 2-20　弹出对话框

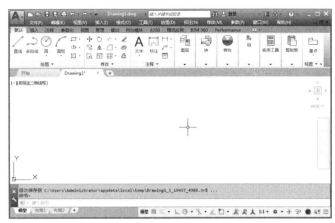

图 2-21　绘图区

2.3.5　十字光标

在绘图窗口中有一个十字光标，其交点显示了当前点在坐标系中的精确位置，十字光标与当前用户坐标系的 X、Y 坐标轴平行。使用十字光标可以绘制和选择图形。移动鼠标时，光标会因为位于界面的不同位置而改变形状，以反映不同的操作。用户可以根据自己的习惯对十字光标的大小进行设置。首先在绘图区中右击，在弹出的快捷菜单中执行【选项】命令，如图 2-22 所示，弹出【选项】对话框，选择【显示】选项卡，在右下方的【十字光标大小】选项组中更改参数即可调整十字光标的大小，如图 2-23 所示。

图 2-22　执行【选项】命令

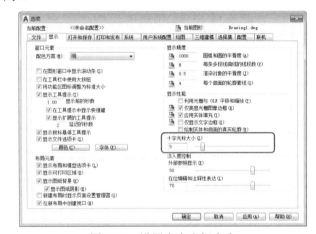

图 2-23　设置十字光标大小

2.3.6　坐标系图标

坐标系图标位于绘图区的左下角，如图 2-24 所示。AutoCAD 最大的特点在于它提供了使用坐标系统精确绘制图形的方法，用户可以准确地设计并绘制图形。AutoCAD 2017 中的坐标包括世界坐标系（WCS）、用户坐标系（UCS）等，系统默认的坐标系为世界坐标系。

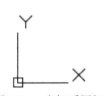

图 2-24　坐标系图标

1. 世界坐标系统

世界坐标系统（World Coordinate System，WCS）是 AutoCAD 的基本坐标系统，当开始绘制图形时，AutoCAD 自动将当前坐标系设置为世界坐标系统。在二维空间中，它是由两个垂直并相交的坐标轴 X 和 Y 组成的，在三维空间中则还有一个 Z 轴。在绘制和编辑图形的过程中，世界坐标系的原点和坐标轴方向都不会改变。

世界坐标系坐标轴的交会处有一个"口"字形标记，它的原点位于绘图窗口的左下角，所有的位移都是相对于该原点计算的。在默认情况下，X 轴正方向水平向右，Y 轴正方向垂直向上，Z 轴正方向垂直平面向外，指向用户。

2. 用户坐标系统

在 AutoCAD 中，为了能够更好地辅助绘图，系统提供了可变的用户坐标系统（User Coordinate System，UCS）。在默认情况下，用户坐标系统与世界坐标系统相重合，用户可以在绘图的过程中根据具体需要来定义。

用户坐标的 X、Y、Z 轴，以及原点方向都可以移动或者旋转，甚至可以依赖于图形中某个特定的对象。尽管用户坐标系中 3 个轴之间仍然互相垂直，但是在方向及位置上却都有更大的灵活性。另外，用户坐标系没有"口"字形标记。

3. 坐标的输入

在 AutoCAD 中，点的坐标可以用绝对直角坐标、绝对极坐标、相对直角坐标和相对极坐标来表示。在输入点的坐标时要注意以下几点。

- 绝对直角坐标是从（0,0）出发的位移，可以使用分数、小数或科学记数等形式表示点的 X、Y、Z 坐标值，坐标间用逗号隔开，如（4,5,6）。
- 绝对极坐标也是从（0,0）出发的位移，但它给定的是距离和角度。其中距离和角度用【<】分开，且规定 X 轴正向为 0°，Y 轴正向为 90°，如 10<60、25<45 等。
- 相对坐标是指相对于某一点的 X 轴和 Y 轴的位移，或距离和角度。它的表示方法是在绝对坐标表达式前加一个@号，如@5,10 和@6<30。其中，相对极坐标中的角度是新点和上一点连线与 X 轴的夹角。

在 AutoCAD 中，坐标的显示方式有 3 种，它取决于所选择的方式和程序中运行的命令。

- 【关】状态：显示上一个拾取点的绝对坐标，只有在一个新的点被拾取时，显示才会更新。但是，从键盘输入一个点并不会改变该显示方式，如图 2-25 所示。
- 绝对坐标：显示光标的绝对坐标，其值是持续更新的。该方式下的坐标显示是打开的，为默认方式，如图 2-26 所示。
- 相对坐标：当选择该方式时，如果当前处在拾取点状态，系统将显示光标所在位置相对于上一个点的距离和角度；当离开拾取点状态时，系统将恢复到绝对坐标状态。该方式显示的是一个相对极坐标，如图 2-27 所示。

83586.6695, -61084.6652, 0.0000	 83586.6695, -61084.6652, 0.0000	28915.4410<118, 0.0000
图 2-25 坐标关	图 2-26 坐标开	图 2-27 显示相对极坐标

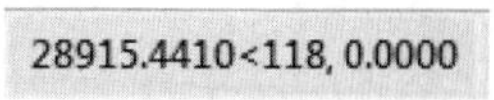

2.3.7 实例——使用坐标绘制正三角形

下面通过实例讲解如何使用坐标绘制正三角形，具体操作步骤如下。

Step 01 在命令行中执行【LINE】命令，在绘图区中的任意位置单击确定第一点位置，使用相对坐标同时按【Shift】键和【@】键，将边长设置为100，将角度设置为120°，如图2-28所示。

Step 02 设置完成后按【Enter】键确定，继续使用相对坐标将边长设置为100，将角度设置为-120，绘制效果如图2-29所示。

Step 03 根据命令行的提示输入【C】将其闭合即可完成正三角形的绘制，如图2-30所示。

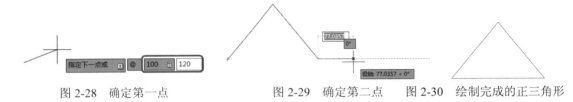

图2-28　确定第一点　　　　图2-29　确定第二点　　　图2-30　绘制完成的正三角形

2.3.8　命令行

【命令行】位于绘图窗口的底部，是AutoCAD显示用户输入的命令和提示信息的地方。用户可以根据自己的需要改变【命令】窗口的大小，也可以将其拖动为浮动窗口，如图2-31所示。

当执行不同的命令时，命令行将显示不同的提示信息。即每一个命令都有自己的一系列提示信息，而同一个命令在不同的情况下被执行时，出现的提示信息也可能不同。在默认情况下，AutoCAD只在【命令】窗口中显示最后3行所执行的命令或提示信息。用户可以根据需要改变【命令】窗口的大小，使其显示多于或少于3行的信息。用户还可以按【F2】键打开【AutoCAD文本窗口】，如图2-32所示。它是放大的【命令行】窗口，它记录了用户已经执行的所有命令，当然用户也可以输入新命令。再次按【F2】键将关闭该文本窗口。

图2-31　命令行　　　　　　　　　　　　　图2-32　文本窗口

2.3.9　状态栏

【状态栏】用于显示当前的绘图状态。左侧显示的是当前光标的坐标，右侧是辅助绘图按钮，用于在绘图时打开或关闭捕捉、栅格、正交、极轴、对象捕捉、对象追踪、线宽和模型。

状态栏位于AutoCAD操作界面的最下方，主要由当前光标的坐标值和辅助工具按钮组两部分组成，如图2-33所示。

图2-33　状态栏

- 当前光标的坐标值：位于左侧，分别显示（X,Y,Z）坐标值，方便用户快速查看当前光标的位置。移动鼠标光标,坐标值也将随之变化。单击该坐标值区域,可关闭显示该功能。
- 辅助工具按钮组:用于设置 AutoCAD 的辅助绘图功能,均属于开关型按钮,即单击某个按钮,使其呈蓝底显示时表示启用该功能,再次单击该按钮使其呈灰底显示时,则表示关闭该功能。各按钮功能如下。

> 【模型】按钮 模型 :用于转换到模型空间。

> 【快速查看布局】按钮 布局1 :用于快速转换和查看布局空间。

> 【栅格显示】按钮 :用于显示栅格,默认为启用,即绘图区中出现的小方框。

> 【捕捉模式】按钮 :用于捕捉设定间距倍数点和栅格点。

> 【推断约束】按钮 :用于推断几何约束。

> 【动态输入】按钮 :用于使用动态输入。当开启此功能并输入命令时,在十字光标附近将显示线段的长度及角度,按【Tab】键可在长度及角度值间进行切换,并可输入新的长度及角度值。

> 【正交模式】按钮 :用于绘制二维平面图形的水平和垂直线段及正等轴测图中的线段。启用该功能后,光标只能在水平或垂直方向上确定位置,从而快速绘制水平线和垂直线。

> 【极轴追踪】按钮 :用于捕捉和绘制与起点水平线成一定角度的线段。

> 【对象捕捉追踪】按钮 :该功能和对象捕捉功能一起使用,用于追踪捕捉点在线性方向上与其他对象特殊点的交点。

> 【对象捕捉】按钮 和【三维对象捕捉】按钮 :用于捕捉二维对象和三维对象中的特殊点,如圆心、中点等。

> 【显示/隐藏线宽】按钮 :用于在绘图区显示绘图对象的线宽。

> 【显示/隐藏透明度】按钮 :用于显示绘图对象的透明度。

> 【选择循环】按钮 :可以允许用户选择重叠的对象。

> 【允许/禁止动态 UCS】按钮 :用于使用或禁止动态 UCS。

> 【注释可见性】按钮 :用于显示所有比例的注释性对象。

> 【自动缩放】按钮 :在注释比例发生变化时,将比例添加到注释性对象。

> 【注释比例】按钮 1:1/100% :用于更改可注释对象的注释比例,默认为 1:1。

> 【切换工作空间】按钮 :可以快速切换和设置绘图空间。

> 【快捷特性】按钮 :用于禁止和开启快捷特性选项板。显示对象的快捷特性选项板,能帮助用户快捷地编辑对象的一般特性。

> 【隔离对象】按钮 :可通过隔离或隐藏选择集来控制对象的显示。

> 【硬件加速】按钮 :用于性能调节,检查图形卡和三维显示驱动程序,并对支持软件实现和硬件实现的功能进行选择。简而言之就是使用该功能可对当前的硬件进行加速,以优化 AutoCAD 在系统中的运行。在该按钮上右击,在弹出的快捷菜单中还可选择相应的命令并进行相应的设置。

> 【全屏显示】按钮 :用于隐藏 AutoCAD 窗口中【功能区】选项板等界面元素,使 AutoCAD 的绘图窗口全屏显示。

> 【自定义】按钮 :用于改变状态栏的相应组成部分。

2.4 管理图形文件

在 AutoCAD 2017 中，图形文件管理包括创建新的图形文件、打开已有的图形文件、关闭图形文件，以及保存图形文件等操作。

2.4.1 新建图形文件

在绘制图形之前，需要先新建一个图形文件，有以下 4 种方法。
- 在菜单栏中执行【文件】|【新建】命令。
- 在标题栏中单击【新建】按钮 ，如图 2-34 所示。
- 在命令行中输入【NEW】命令，如图 2-35 所示。

图 2-34　单击【新建】按钮　　　　图 2-35　输入【NEW】命令

- 下拉菜单：单击【菜单浏览器】按钮，在弹出的下拉菜单中执行【新建】|【图形】命令，如图 2-36 所示。

执行以上任意命令，弹出【选择样板】对话框，如图 2-37 所示。

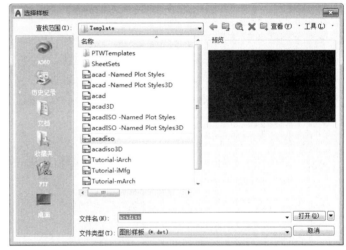

图 2-36　执行【图形】命令　　　　图 2-37　【选择样板】对话框

在该对话框中，用户可以在【名称】列表框中选择某一个样板文件，这时在右侧的【预览】窗口中将显示样板的预览图像。用户通过单击【打开】按钮，可以将选中的样板文件作为样板来新建图形。

在样板文件中通常包含与绘图相关的一些通用设置，如图层、线型和文字样式等。此外，还包括一些通用图形对象，如标题栏和图幅框等。利用样板创建新图形，可以避免绘图设置和绘制相同图形对象这样的重复操作，在提高绘图效率的同时也保证了图形的一致性。

2.4.2 实例——新建图纸文件

下面以新建【acadiso3D.dwt】样板图纸文件为例,来学习如何新建图纸文件,具体操作步骤如下。

Step 01 启动 AutoCAD 2017,在标题栏中单击【新建】按钮,弹出【选择样板】对话框,在该对话框的【名称】列表框中选择【acadiso3D.dwt】图纸文件,然后单击【打开】按钮,如图 2-38 所示。

Step 02 返回到工作界面中即可查看新建的【acadiso3D.dwt】图纸文件,如图 2-39 所示。

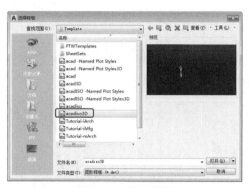
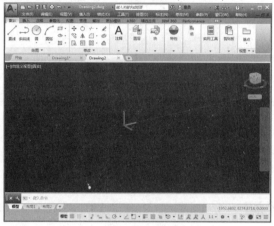

图 2-38　选择样板　　　　　　　　图 2-39　新建图纸文件

2.4.3 打开图形文件

若计算机中有保存过的 AutoCAD 图形文件,用户可以将其打开进行查看和编辑。

要打开已有图形文件,有以下 4 种方法。

- 菜单栏:在菜单栏中执行【文件】|【打开】命令,如图 2-40 所示。
- 标题栏:在标题栏中单击【打开】按钮。
- 命令行:在命令行中输入【OPEN】命令,如图 2-41 所示。
- 下拉菜单:单击【菜单浏览器】按钮,在弹出的下拉菜单中执行【打开】命令。

图 2-40　执行【打开】命令　　　　　图 2-41　输入【OPEN】命令

执行上述操作后,弹出【选择文件】对话框,如图 2-42 所示。

当在【选择文件】对话框中选择某一图形文件时,将会在对话框右侧的【预览】窗口中显示出该图形的预览效果。选择需要打开的图形文件,再单击【打开】按钮即可。

图 2-42 【选择文件】对话框

2.4.4 实例——打开图形文件

下面通过实例讲解如何打开图形文件，具体操作步骤如下。

Step 01 启动 AutoCAD 2017，在标题栏中单击【打开】按钮，弹出【选择文件】对话框，在该对话框中选择配套资源中的素材\第 2 章\【图形符号.dwg】图形文件，然后单击【打开】按钮，如图 2-43 所示。

Step 02 返回到工作界面中即可看到所选的【图形符号】图形文件已被打开，打开效果如图 2-44 所示。

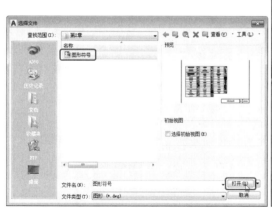
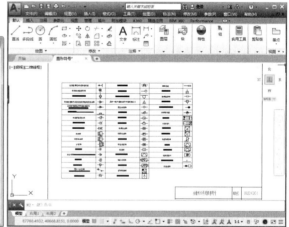

图 2-43 单击【打开】按钮　　　　图 2-44 【图形符号】图形文件

2.4.5 保存图形文件

为防止计算机出现异常情况，丢失图形文件，在绘制图形文件的过程中应随时保存。保存图形文件包括保存新图形文件、另存为其他图形文件和定时保存图形文件 3 种。

1．保存新图形文件

保存新图形文件也就是保存从未保存过的图形文件，主要有以下 4 种方法。

- 菜单栏：在菜单栏中执行【文件】|【保存】命令。
- 标题栏：在标题栏中单击【保存】按钮 。
- 命令行：在命令行中输入【SAVE】命令。
- 下拉菜单：单击【菜单浏览器】按钮，在弹出的下拉菜单中执行【保存】命令。
- 快捷键：按【Ctrl+S】组合键。

执行以上任意命令后，都将弹出【图形另存为】对话框，如图 2-45 所示。在该对话框的【保存于】下拉菜单中选择要保存到的位置，在【文件名】文本框中输入文件名，然后单击【保存】按钮即可。返回到工作界面即可看到标题栏显示文件的保存路径和名称。

图 2-45 【图形另存为】对话框

2. 另存为其他图形文件

将修改后的文件另存为一个其他名称的图形文件，以便于区别。如果要另存为图形文件，可以使用以下几种方法。

- 菜单栏：在菜单栏中执行【文件】|【另存为】命令。
- 命令行：在命令行中输入【SAVE AS】命令。
- 下拉菜单：单击【菜单浏览器】按钮，在弹出的下拉菜单中执行【另存为】命令。

执行上述操作后，AutoCAD 将会弹出【图形另存为】对话框，在该对话框中指定图形的保存位置和文件名，即可将当前编辑的图形以新的名称保存，如图 2-45 所示。

2.4.6 实例——定时保存图形文件

定时保存图形文件就是以一定的时间间隔，自动保存图形文件，免去了手动保存的麻烦，具体操作步骤如下。

Step 01 在绘图区右击，在弹出的快捷菜单中执行【选项】命令，如图 2-46 所示。

Step 02 弹出【选项】对话框，切换至【打开和保存】选项卡。在【文件安全措施】选项组中勾选【自动保存】复选框，在下面的文本框中输入所需的间隔时间，这里输入 10，如图 2-47 所示，然后单击【确定】按钮，关闭该对话框。

图 2-46　执行【选项】命令

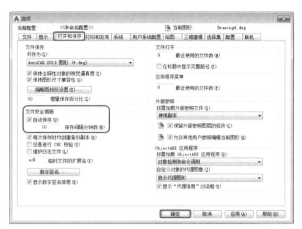

图 2-47　设置【保存】参数

注　意

AutoCAD 的【选项】对话框为用户提供了特别实用的系统设置功能，在这里可以方便地进行全方位的设置与修改，如改变窗口颜色、十字光标大小、字体大小、是否显示流动条，以及自动捕捉标记的颜色等。

选择【工具】|【选项】命令，或执行 OPTIONS 命令，都可以打开【选项】对话框。在该对话框中共包括【文件】、【显示】、【打开和保存】、【打印和发布】、【系统】、【用户系统配置】、【绘图】、【三维建模】、【选择集】、【配置】和【联机】11 个选项卡，如图 2-47 所示。

下面将对各个选项卡的功能进行简单介绍。

- 【文件】选项卡：用于确定 AutoCAD 搜索支持文件、驱动程序文件、菜单文件和其他文件时的路径，以及用户定义的一些设置。
- 【显示】选项卡：用于控制图形布局和设置系统显示，包括【窗口元素】、【布局元素】、【十字光标大小】、【显示精度】、【显示性能】和【淡入度控制】等选项组。
- 【打开和保存】选项卡：用于设置是否自动保存文件、自动保存文件的时间间隔、是否保持日志和是否加载外部参照等，包括【文件保存】、【文件安全措施】、【文件打开】和【外部参照】等选项组。
- 【打印和发布】选项卡：用于设置 AutoCAD 的输出设备。在默认情况下，输出设备为 Windows 打印机，但在很多时候，为了输出较大的图形，也可能需要使用专门的绘图仪，包括【新图形的默认打印设置】、【常规打印选项】和【打印和发布日志文件】等选项组。
- 【系统】选项卡：用于设置当前图形的显示特性，设置定点设备、是否显示 OLE 特性对话框、是否显示所有警告信息、是否显示启动对话框和是否允许长符号名等，包括【硬件加速】、【当前定点设备】、【布局重生成选项】、【数据库连接选项】、【常规选项】和【安全性】等选项组。
- 【用户系统配置】选项卡：用于优化系统，设置是否使用右键快捷菜单和对象的排序方式，包括【Windows 标准操作】、【插入比例】、【超链接】、【坐标数据输入的优先级】、【字段】和【关联标注】等选项组。
- 【绘图】选项卡：用于设置自动捕捉、自动追踪等绘图辅助工具，包括【自动捕捉设置】、

【自动捕捉标记大小】、【AutoTrack 设置】、【对齐点获取】和【靶框大小】等选项组。
- 【三维建模】选项卡：用于控制三维操作中十字光标指针显示样式的设置。
- 【选择集】选项卡：用于设置选择对象方式和控制显示工具，包括【拾取框大小】、【选择集模式】、【夹点尺寸】和【夹点】等选项组。
- 【配置】选项卡：用于实现新建系统配置、重命名系统配置和删除系统配置等操作。
- 【联机】选项卡：设置用于使用 Autodesk A360 联机工作的选项，并提供对存储在云账户中的设计文档的访问。

2.4.7 关闭图形文件

在用户编辑完当前图形文件后，如果要关闭当前图形文件，可以使用以下几种方法。
- 在菜单栏中执行【文件】|【关闭】命令。
- 在命令行中输入【CLOSE】命令。
- 在标题栏中单击【关闭】按钮 ✕ ，或者在标题栏上右击，在弹出的快捷菜单中执行【关闭】命令，如图 2-48 所示。
- 按【Ctrl+F4】组合键。

执行了上述操作后，如果当前图形文件没有存盘，AutoCAD 就会弹出图 2-49 所示的提示对话框。

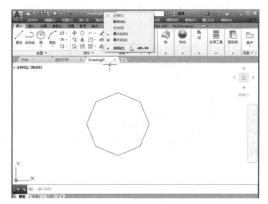

图 2-48　执行【关闭】命令　　　　图 2-49　【AutoCAD】对话框

在提示对话框中有 3 个按钮，含义分别如下。
- 【是】按钮：如果单击该按钮，将弹出【图形另存为】对话框，表示在退出之前，先要保存当前的图形文件。
- 【否】按钮：如果单击该按钮，则表示不保存当前的图形文件，直接退出。
- 【取消】按钮：单击此按钮表示不执行退出命令，返回工作界面。

2.4.8 实例——新建、保存并关闭图形文件

下面以新建一个图形文件，然后将其保存到桌面上，并命名为【正八边形】为例，来综合练习本节的知识。具体操作步骤如下。

Step 01 启动 AutoCAD 2017，查看系统自动新建的名为 Drawing1.dwg 的文件，如图 2-50 所示。

Step 02 在命令行中输入【POLYGON】命令，绘制一个外切于圆半径为 100 的正八边形，如图 2-51 所示。

图 2-50 默认图形文件

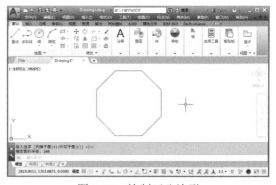
图 2-51 绘制正八边形

Step 03 绘制完成后按【Ctrl+S】组合键，弹出【图形另存为】对话框，在【保存于】下拉菜单中选择【桌面】选项，在【文件名】文本框中输入文本【正八边形】，然后单击【保存】按钮，如图 2-52 所示。

Step 04 返回工作界面，即可看到标题栏上的名称由原来的 Drawing1.dwg 变成了【正八边形.dwg】，如图 2-53 所示。

图 2-52 设置保存参数

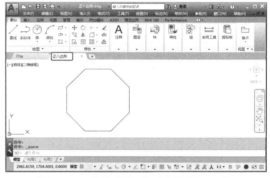
图 2-53 名称变为【正八边形.dwg】

Step 05 单击标题栏上的【关闭】按钮X，关闭 AutoCAD 2017。返回桌面即可看到刚才保存的【正八边形.dwg】图形文件的快捷方式图标，如图 2-54 所示。

图 2-54 快捷方式图标

增值服务：扫码做测试题，并可观看讲解测试题的微课程。

第 3 章 二维图形的绘制与填充

本章主要介绍线、圆、多边形、点、多段线等简单二维图形对象的绘制过程及各种编辑方法，这些图形是组成复杂图形的基本元素，也是整个 AutoCAD 绘图的基础，另外，AutoCAD 2017 提供了图案填充功能，方便灵活，可快速地完成填充操作。

3.1 绘制直线类对象

线的绘制命令主要包括绘制直线和绘制构造线等命令。在室内设计中，直线常用于绘制各种轮廓线，多段线常用于绘制需特殊表示的粗线或整体形状。

3.1.1 直线段

LINE（直线）命令用于绘制直线，它是最为常见的 AutoCAD 2017 命令，任何二维图形都可以用直线段近似构成。【直线】是各种绘图中最常用、最简单的一类图形对象，只要指定了起点和终点，即可绘制一条直线。在 AutoCAD 中，可以用二维坐标（X,Y）或三维坐标（X,Y,Z）来指定端点，也可以混合使用二维坐标和三维坐标。如果输入二维坐标，AutoCAD 将会用当前的高度作为 Z 轴坐标值，默认值为 0。

在 AutoCAD 2017 中，执行 LINE（L）命令的方法如下。

- 执行菜单栏中的【绘图】|【直线】命令。
- 在【绘图】面板中单击【直线】按钮 。
- 在命令行中输入 LINE 命令，并按【Enter】键确定。

注　意

直线命令还提供了一种附加功能，可使直线与直线连接，或直线与弧线相切连接。

3.1.2 实例——绘制单人床

下面讲解如何用 LINE 命令绘制单人床，命令执行过程如下。

Step 01 打开配套资源中的素材\第 3 章\单人床-素材.dwg 图形文件，如图 3-1 所示。

Step 02 在【绘图】面板中单击【直线】按钮 ，在床的左侧任意指定一点，向下引导鼠标输入 400，向左引导鼠标输入 400，向上引导鼠标输入 400，向右引导鼠标输入 400，按【Enter】键确定，结果如图 3-2 所示。

Step 03 使用【直线】工具，连接两个矩形之间的角点，如图 3-3 所示。

Step 04 使用【直线】工具，绘制枕头，如图 3-4 所示。

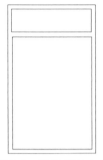  

图 3-1　打开素材文件　　图 3-2　使用【直线】工具绘制矩形　　图 3-3　绘制直线

Step 05 按空格键，再次执行【直线】命令，用鼠标指定第一点的位置，如图 3-5 所示。

Step 06 向下引导鼠标，输入 170，向右引导鼠标，指定如图 3-6 所示的位置作为直线的第二点。

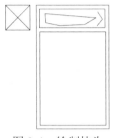 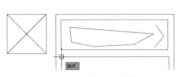 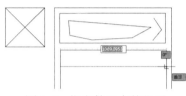

图 3-4　绘制枕头　　图 3-5　指定第一点的位置　　图 3-6　指定第二点的位置

Step 07 绘制如图 3-7 所示的对象。

Step 08 再次使用【直线】工具，完成单人床的绘制，如图 3-8 所示。

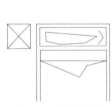 

图 3-7　绘制图形　　　　图 3-8　单人床最终效果

3.1.3　构造线

构造线为两端可以无限延伸的直线，没有起点和终点。在 AutoCAD 2017 中，构造线主要被当作辅助线来使用，单独使用 Xline（构造线）命令绘制不出任何图形。

执行 Xline 命令的常用方法有以下几种。

- 在菜单栏中执行【绘图】|【构造线】命令。
- 在【绘图】面板中单击【构造线】按钮。
- 在命令行中输入【Xline】命令，并按【Enter】键确定。

执行 Xline 命令后，命令行提示如下：
指定点或 [水平(H)/垂直(V)/角度(A)/二等分(B)/偏移(O)]：

（1）上述命令中指定点是 Xline 的默认项，可以使用鼠标直接在绘图区域单击以指定点 1，也可以通过键盘输入点的坐标来指定点。指定通过点，用户移动鼠标在绘图区域任意单击一点就给出构造线的通过点，可以绘制一条通过线上点 A 的直线。不断移动鼠标方向并在绘图区域单击，即可绘制出相交于 A 点的多条构造线，如图 3-9 所示。

（2）如果要绘制水平构造线，可在命令行的【方向】提示中输入 H，或在右键快捷菜单中选择【水平】命令，来绘制通过线上点 A 并平行于当前坐标系 X 轴的水平构造线。在该提示下，可以不断地指定水平构造线的位置来绘制多条间距不等的水平构造线，如图 3-10 所示。使用同样的方法，在命令行的【方向】提示中输入 V 命令，可以绘制多条间距不等的垂直构造线。

（3）如果要绘制带有指定角度的构造线，可在命令行提示中输入 A，或在右键快捷菜单中选择【角度】命令，来绘制与指定直线成一定角度的构造线具体操作过程如下：

① 在命令行中输入【Xline】命令，按【Enter】键确定，命令行提示如下：
[水平(H)/垂直(V)/角度(A)/二等分(B)/偏移(O)]:
然后输入 a。

② 按【Enter】键，在动态输入中输入 50，按【Enter】键确定，再单击 A 点，即可绘制构造线，如图 3-11 所示。

如果要绘制与已知直线成指定角度的构造线，则输入 R，命令行提示如下：
指定点或 [水平(H)/垂直(V)/角度(A)/二等分(B)/偏移(O)]:a↙   //选择角度方式
输入构造线的角度 （0）或 [参照(R)]：r↙   //选择第 1 种方法
选择直线对象：   //选中图 3-11 中绘制的直线
输入构造线的角度 <0>:60   //输入角度
指定通过点：   //指定一个通过点 A，创建完成构造线，如图 3-12 所示

图 3-9 绘制相交构造线　图 3-10 绘制水平构造线　图 3-11 绘制构造线　图 3-12 绘制角度构造线

（4）如果要绘制平分角度的构造线，可在命令行提示中输入 B 命令，或在右键快捷菜单中选择【二等分】命令，命令行提示如下：
　　指定角的顶点：   //鼠标选取 B 点，作为指定角的顶点
　　指定角的起点：   //鼠标选取 A 点，作为指定角的起点
　　指定角的终点：   //鼠标选取 C 点，作为指定角的终点并按【Enter】键，
　　　　　　　　　　　　//如图 3-13 所示

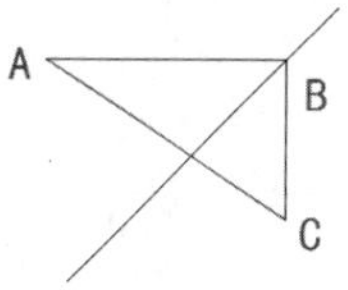

图 3-13　绘制平分角度的构造线

（5）如果要绘制平行于直线的构造线，可在命令行提示中输入 OFFSET 命令，或在右键快捷菜单中选择【偏移】命令，命令行提示如下：
　　指定点或 [水平(H)/垂直(V)/角度(A)/二等分(B)/偏移(O)]：o
　　指定偏移距离或 [通过(T)] <通过>：10
　　输入距离后，AutoCAD 2017 命令行提示：
　　选择直线对象：   //选择一条直线
　　指定向哪侧偏移：   //指定偏移的方向

给定偏移方向后，绘制出构造线并继续提示选择直线对象，直至空响应，退出 Xline 命令。

> **提 示**
> ① 构造线可以使用【修剪】命令而变成线段或射线。
> ② 构造线一般作为辅助绘图线,在绘图时可将其置于单独一层,并赋予一种特殊颜色。

3.2 绘制圆弧类对象

AutoCAD 2017 中提供了几种圆弧对象,包括圆、圆弧、椭圆和椭圆弧等。

3.2.1 圆

在 AutoCAD 2017 中,执行 Circle 命令的常用方法有以下几种。
- 在菜单栏中执行【绘图】|【圆】命令,弹出绘制圆的子菜单,如图 3-14 所示。
- 在【绘图】面板中单击【圆】按钮。
- 在命令行中输入【Circle】命令,并按【Enter】键确定。

执行 Circle 命令后,命令行提示如下:
指定圆的圆心或 [三点(3P)/两点(2P)/切点、切点、半径(T)]:　　//输入圆心坐标或者用鼠标指定一点作为圆心

各选项的作用如下。

(1) 圆心、半径(R); 圆心、直径(D)

在绘图区指定一点作为圆的圆点,再指定另外一个点,其中两点之间的距离就是圆的半径,如图 3-15 所示。

在绘图区指定一点作为圆的圆点,在命令行中根据弹出的命令输入 D 命令,并指定另外一个点,其中两点之间的距离就是圆的直径,如图 3-16 所示。

图 3-14　圆的子菜单

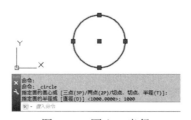
图 3-15　圆心、半径

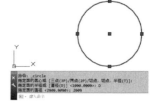
图 3-16　圆心、直径

(2) 两点(2P)

通过指定圆直径上的两个点绘制圆,所输入两点的距离为圆的直径,两点中点为圆心,两点重合则定义失败。选择该选项后,命令行提示如下:
指定圆的圆心或 [三点(3P)/两点(2P)/切点、切点、半径(T)]: _2p 指定圆直径的第一个端点:
　　　　　　　　　　　　　　　　　　　//输入坐标或者用鼠标任意指定一点 1
指定圆直径的第二个端点:　　　　　　　//输入坐标或者用鼠标任意指定一点 2
其中点 1 到点 2 之间的距离就是圆的直径,如图 3-17 所示。

(3) 三点(3P)

通过指定圆周上的任意 3 个点来绘制圆,如果所输入的 3 点共线,则定义失败。选择该选项后,命令行提示如下:
指定圆的圆心或 [三点(3P)/两点(2P)/切点、切点、半径(T)]: _3p 指定圆上的第一个点:
　　　　　　　　　　　　　　　　　　　//输入坐标或者用鼠标指定一点 1

指定圆上的第二个点：   //输入坐标或者用鼠标指定一点 2
指定圆上的第三个点：   //输入坐标或者用鼠标指定一点 3

指定圆周上 3 点画圆，如图 3-18 所示。

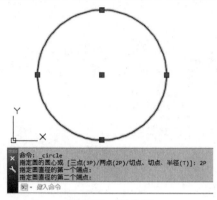

图 3-17 两点圆

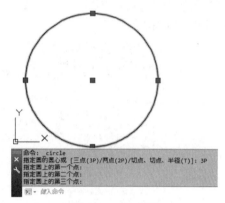

图 3-18 三点圆

（4）相切、切点、半径（T）

指定两个与所定义圆相切的对象上的点，并要求输入圆的半径，如果所输入的半径数值过小（小于两个实体最小距离的一半），则定义失败，命令行提示如下：

指定对象与圆的第一个切点：   //选择一个已经给定的圆
指定对象与圆的第二个切点：   //选择已经给定的另一个圆
指定圆的半径 <当前>：   //用鼠标在绘图区指定半径长度或输入半径长度值，或按【Enter】键，效果如图 3-19 所示

（5）相切、相切、相切（A）

这种方法只能在菜单栏中执行，在系统的提示下顺序选择 3 个与所定义的圆相切的对象，命令行提示如下：

指定圆的圆心或 [三点(3P)/两点(2P)/切点、切点、半径(T)]：_3p 指定圆上的第一个点：_tan
                                     //选择圆 A 上一点
指定圆上的第二个点：   //选择圆 B 上的一点
指定圆上的第三个点：   //选择圆 C 上的一点
                                     //按【Enter】键结束命令，效果如图 3-20 所示

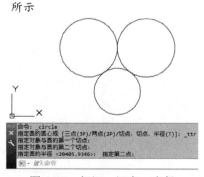

图 3-19 相切、切点、半径

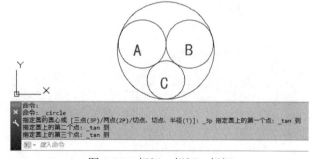

图 3-20 相切、相切、相切

注　意

采用【切点、切点、半径（T）】方式绘制圆，在指定了两个切点所在的对象和圆的半径值后，可能会有多个符合条件的圆，AutoCAD 将自动绘制已指定的半径的切点与选定点的距离最近的那个圆。

实际上，在 AutoCAD 中绘制的圆均是由正 n 边形来近似绘制的，n 越大，绘制的圆形越平滑。在菜单栏中执行【工具】|【选项】命令，弹出【选项】对话框，选择【显示】选项卡，在【显示精度】面板中的【圆弧和圆的平滑度】文本框中设置参数，该参数设置得越大，绘制的圆弧越平滑，默认为 1 000，如图 3-21 所示。

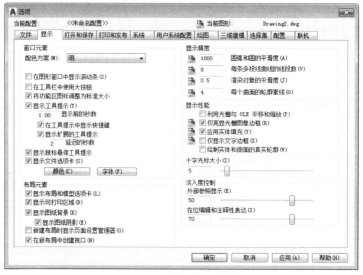

图 3-21　【显示】选项卡

3.2.2　实例——绘制相切圆

下面介绍如何绘制相切圆，其具体操作步骤如下。

Step 01 使用【圆】工具，绘制大小相同的 3 个圆，如图 3-22 所示。

Step 02 使用【相切，相切，相切】工具，分别单击 ABC 3 个点，即可得到相切后的圆，如图 3-23 所示。

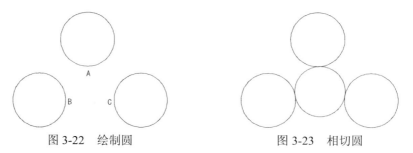

图 3-22　绘制圆　　　　　　　图 3-23　相切圆

3.2.3　圆弧

在 AutoCAD 2017 中，执行 ARC 命令的常用方法有以下几种。

- 在菜单栏中执行【绘图】|【圆弧】命令，弹出绘制圆弧的子菜单，系统提供了 11 种定义圆弧的方法，除【三点】方法外，其他方法都是从起点到端点逆时针绘制圆弧，如图 3-24 所示。
- 在【绘图】面板中单击【圆弧】按钮。
- 在命令行中输入 ARC 命令，并按【Enter】键确定。

执行 ARC 命令后，命令行提示如下：

指定圆弧的起点或 [圆心(C)]：
部分选项的作用如下。

（1）三点

通过指定圆弧的起点、弧上一点和圆弧的终点来绘制圆弧。这种方法可以定义顺时针或逆时针的圆弧，如果三点共线，则定义失败，圆弧的方向由点的输入顺序和位置决定。命令行提示如下：

指定圆弧的起点或 [圆心(C)]：   //用鼠标任意指定或者输入坐标来确定圆弧的起点（A）
指定圆弧的第二个点或 [圆心(C)/端点(E)]：_c 指定圆弧的圆心：//用鼠标任意指定或者输
                                  //入坐标来确定圆弧的第二个点（B）
指定圆弧的端点或 [角度(A)/弦长(L)]：   //用鼠标任意指定或者输入坐标来确定圆弧的终点(C)，
最终效果如图 3-25 所示

图 3-24　执行【绘图】|【圆弧】命令

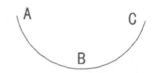

图 3-25　3 点绘制圆弧

（2）起点、圆心、端点

通过指定起点，然后指定圆心和端点绘制圆弧。这种方法默认以逆时针方向绘图，以下几种方法同样如此。【起点、圆心、端点】绘制圆弧的方法与此种方法类似，只是先指定圆弧的圆心，然后指定起点和端点。命令行提示如下：

指定圆弧的起点或 [圆心(C)]：   //用鼠标任意指定或者输入坐标来确定圆弧的起点C
指定圆弧的第二个点或 [圆心(C)/端点(E)]：c   //选择圆心画弧的方式
指定圆弧的圆心：   //用鼠标任意指定或者输入坐标来确定圆弧的圆心
指定圆弧的端点或 [角度(A)/弦长(L)]：//用鼠标任意指定或者输入坐标来确定圆弧的终点

（3）起点、圆心、角度

通过指定起点、圆心，然后指定起点和圆心之间所包含的角度来绘制圆弧，如图 3-26 所示。包含角度决定了圆弧的端点，若输入的角度值是正数，则以逆时针方向绘制，若输入的角度值是负数，则以顺时针方向绘制圆弧。【圆心、起点、角度】绘制圆弧的方法与此种方法类似，只是先指定圆弧的圆心，然后指定起点和包含角。如果已知两个端点，但不能捕捉到圆心，可以使用【起点、端点、角度】方法，命令行提示如下：

指定圆弧的起点或 [圆心(C)]：   //用鼠标任意指定或者输入坐标来确定圆弧的起点1
指定圆弧的第二个点或 [圆心(C)/端点(E)]：c   //选择圆心画弧的方式
指定圆弧的圆心：   //用鼠标任意指定或者输入坐标来确定圆弧的圆心2

```
指定圆弧的端点或 [角度(A)/弦长(L)]: a    //选择圆弧的包含角画弧的方式
指定包含角:                              //用鼠标任意指定或者输入包含角的数值,最终效果
如图 3-27 所示。
```

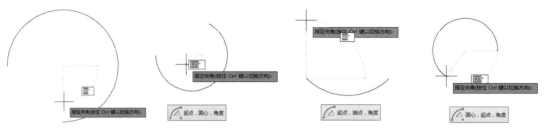

图 3-26 通过起点、圆心、角度绘制圆弧　　　图 3-27 利用包含绘制圆弧

（4）起点、圆心、长度

通过指定弧的起点、弧所在的圆心，然后指定起点和圆心之间弦的长度来绘制圆弧。如果弦长为正值，系统将从起点逆时针绘制劣弧。如果弦长为负值，系统将逆时针绘制优弧。【圆心、起点、长度】绘制圆弧的方法与此类似，只是先指定圆弧的圆心，然后指定起点和弦长度，效果如图 3-28 所示。

（5）起点、端点、方向

通过指定弧的起点、端点和方向来绘制圆弧。向起点和端点的上方移动光标将绘制上凸的圆弧，向下方移动光标将绘制上凹的圆弧。类似此种方法的【起点、端点、半径】，是通过指定起点、端点和半径绘制圆弧。可以通过输入半径长度数值，或者通过顺时针或逆时针移动鼠标并单击确定一段距离来指定半径，其命令行提示如下：

```
指定圆弧的起点或 [圆心(C)]:            //用鼠标任意指定或者输入坐标来确定圆弧的起点 1
指定圆弧的第二个点或 [圆心(C)/端点(E)]: e        //选择圆弧端点画弧的方式
指定圆弧的端点:                        //用鼠标任意指定或者输入坐标来确定圆弧的终点 2
指定圆弧的圆心或 [角度(A)/方向(D)/半径(R)]: d   //选择圆弧方向画弧的方式
指定圆弧的起点切向:                    //选择向起点和端点的上方移动光标确定弧的方向，最终
效果如图 3-29 所示
```

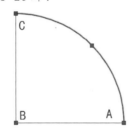 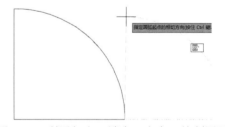

图 3-28 利用起点、圆心、长度、绘制圆弧　　　图 3-29 利用起点、端点、方向、绘制圆弧

（6）继续

如果按空格键或【Enter】键完成第一个提示，则表示所定义圆弧的起点坐标与前一个对象的终点坐标重合，圆弧起点的切线方向就是前一个对象终点的切线方向（光滑连接），系统提示输入圆弧终点位置，这种方法其实是【起点、端点、方向】方法的变形。

3.2.4 实例——绘制椅子

下面讲解如何利用圆、直线和圆弧命令绘制椅子，其具体操作步骤如下：

Step 01 使用【圆】工具，绘制一个半径为 300 的圆，如图 3-30 所示。

Step 02 使用【直线】工具，在圆的左右两侧绘制直线，如图 3-31 所示。

Step 03 使用【起点，端点，方向】工具，指定 A 点作为起点，指定 B 点作为端点，向上引导鼠标，输入数值为 60，如图 3-32 所示。

图 3-30　绘制圆

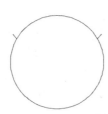
图 3-31　绘制直线

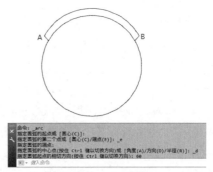
图 3-32　绘制圆弧

3.2.5　绘制椭圆与椭圆弧

椭圆和椭圆弧是一类特殊样式的曲线对象，下面将对这两种曲线对象分别进行介绍。

1．绘制椭圆

与圆相比，椭圆的半径长度不一，形状由定义其长度和宽度的两条轴决定，较长的称为长轴，较短的称为短轴。

执行 Ellipse（EL）命令的常用方法有以下几种。

- 在菜单栏中执行【绘图】|【椭圆】命令，弹出绘制椭圆的子菜单。
- 在【绘图】面板中单击【椭圆】按钮。
- 在命令行中输入 Ellipse 命令，并按【Enter】键确定。

2．绘制椭圆弧

椭圆弧是椭圆的一部分，它类似于椭圆，不同的是它的起点和终点没有闭合，绘制椭圆弧需要确定椭圆弧所在椭圆的两条轴及椭圆弧的起点和终点的两个参数角度。

调用【椭圆弧】命令的方法如下。

- 在菜单栏中执行【绘图】|【椭圆弧】命令。
- 在【默认】选项卡中，单击【绘图】面板中的【椭圆弧】按钮。

3.2.6　实例——绘制洗脸盆

下面讲解如何利用椭圆工具绘制洗脸盆。

Step 01 打开配套资源中的素材\第 3 章\【洗脸盆.dwg】图形文件，如图 3-33 所示。

Step 02 在【绘图】面板中单击按钮，指定圆的圆心作为椭圆的中心点，向右引导鼠标，输入 300，向上引导鼠标输入 270，如图 3-34 所示。

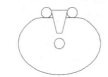
图 3-33　打开素材文件

图 3-34　绘制椭圆

3.3 绘制多边形和点

AutoCAD 提供了直接绘制矩形和正多边形的方法，其次还提供了点的绘制方法。

3.3.1 矩形

在 AutoCAD 制图中使用矩形命令绘制矩形实际上是创建了一个矩形形状的闭合多段线。不仅可以绘制一般的二维矩形，还能绘制具有一定宽度、标高和厚度等特性的矩形，并且能够控制矩形角点类型（圆角、倒角或直角）。

在 AutoCAD 2017 中，执行 Rectang 命令的常用方法有以下几种。

- 在菜单栏中执行【绘图】|【矩形】命令。
- 在【绘图】面板中单击【矩形】按钮。
- 在命令行中输入 Rectang 命令，并按【Enter】键确定。

调用 Rectang 命令后，命令行提示如下：
指定第一个角点或 [倒角(C)/标高(E)/圆角(F)/厚度(T)/宽度(W)]：
指定另一个角点或 [面积(A)/尺寸(D)/旋转(R)]：

在绘制矩形之前可以设置相关的参数，通过命令选项，可定义矩形的其他特征，具体如下。

（1）宽度(W)

指定组成矩形的轮廓线的宽度。若当前并未指定矩形轮廓线的宽度，将显示上一命令行。命令行提示如下：
指定矩形的线宽 <0.0000>：   //输入宽度数值，指定矩形各边线的宽度

（2）厚度(T)

指定矩形的三维厚度，具体画法类似宽度。

（3）圆角(F)

指定矩形 4 个直角变为圆角的距离。

（4）标高(E)

指定矩形的标高，即构造平面的 Z 坐标，系统默认值为 0。

（5）倒角(C)

指定矩形的两个倒角边长度。

若在第 2 行中选择【面积(A)】选项，则先指定矩形的面积，再确定长度或者先指定矩形的面积，然后确定宽度，最终确定矩形。选择【尺寸(D)】选项，则依次指定矩形的长和宽来确定矩形。选择【旋转(R)】选项，则指定矩形的倾斜角度。

3.3.2 实例——绘制餐桌

下面讲解如何使用矩形工具绘制餐桌，其具体操作步骤如下。

Step 01 打开配套资源中的素材\第 3 章\【餐桌-素材.dwg】图形文件，如图 3-35 所示。

Step 02 在命令行中输入 REC 命令，按【Enter】键确定，在命令行中输入（0,1200），指定第一点，输入 d，将矩形的长度和宽度设置为 1 200，在右下方单击，绘制矩形，如图 3-36 所示。

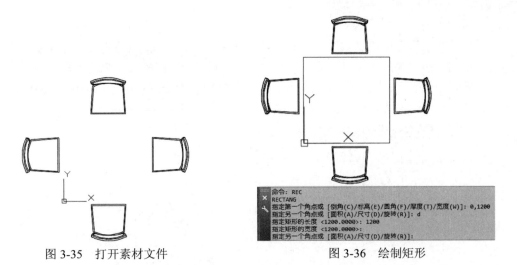

图 3-35 打开素材文件　　　　　　　图 3-36 绘制矩形

3.3.3 实例——绘制正多边形

下面讲解如何绘制正多边形,其具体操作步骤如下。

Step 01 使用【圆】工具,绘制一个半径为 500 的圆,如图 3-37 所示。

Step 02 在命令行中输入 POL 命令,输入多边形的边数为 5,用鼠标在绘图区任意指定圆的中点作为正多边形的中心点,用鼠标在绘图区任意指定内接圆的半径 2 或者输入半径的数值。命令行提示如下:

```
命令: _polygon
polygon 输入边的数目 <4>: 5          //输入多边形的边数 5
指定正多边形的中心点或 [边(E)]://用鼠标在绘图区任意指定圆的中点作为正多边形的中心点
输入选项[内接于圆(I)|外切于圆(C)]<I>:i //选择内接于圆的方式画正多边形,如图 3-38 所示
指定圆的半径:        //用鼠标在绘图区任意指定内接圆的半径 2 或者输入半径的数值,效果如图 3-39
所示
```

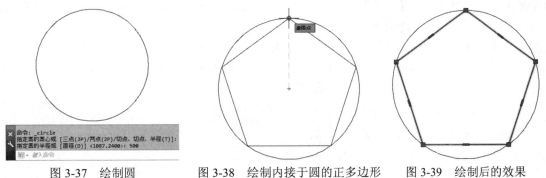

图 3-37 绘制圆　　　图 3-38 绘制内接于圆的正多边形　　　图 3-39 绘制后的效果

3.3.4 点

执行点命令,主要有以下 3 种调用方法。

- 在菜单栏中执行【绘图】|【点】命令,如图 3-40 所示。
- 在【绘图】面板中单击【点】按钮。
- 在命令行中输入 POINT 命令,并按【Enter】键确定。

执行点命令之后,将出现命令行提示,在命令行提示后输入点的坐标或使用鼠标在屏幕上单

击,即可完成点的绘制。

通过菜单方法进行操作时,【单点】命令表示只输入一个点,【多点】命令表示可输入多个点。可以单击状态栏中的【对象捕捉】开关按钮,设置点的捕捉模式,帮助用户拾取点。

点在图形中的表示样式共有 20 种,可通过 DDPTYPE 命令或在菜单栏中执行【格式】|【点样式】命令,在弹出的【点样式】对话框中设置点样式,如图 3-41 所示。

图 3-40 【点】子菜单

图 3-41 【点样式】对话框

3.3.5 实例——定数等分

AutoCAD 能够将直线、圆弧、圆、多段线和椭圆等划分为若干段相等的线段,或者对一个实体在每段间隔相同的地方放置标记。下面讲解如何定数等分。

Step 01 新建图纸文件,在【绘图】面板中单击【多边形】按钮 ⬡,将侧面数设置为 5,在绘图区中任意指定一点,在命令行中输入 C,将半径设置为 500,效果如图 3-42 所示。

Step 02 在菜单栏中执行【格式】|【点样式】命令,在弹出的对话框中设置点的样式,将【点大小】设置为 10,如图 3-43 所示。

Step 03 单击【确定】按钮,在命令行中输入 Divide 命令,并按【Enter】键确定,选择多边形作为定数等分的对象,在命令行中输入 5,意味着将等分对象分为 5 段,如图 3-44 所示。

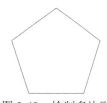

图 3-42 绘制多边形

图 3-43 设置点样式

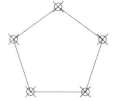

图 3-44 定数等分

> **注 意**
>
> 若以点标记来设置标记,在默认情况下,因为点标记显示为单点,可能会看不到等分后的效果。用户可通过 PDMODE 系统变量改变点标记的样式与大小。也可通过执行 Ddptype 命令

或选择【格式】|【点样式】命令,弹出【点样式】对话框,从中改变点的样式。其中点标记的大小还可以通过系统变量 PDSIZE 来控制。

3.3.6 实例——定距等分

定距等分功能是沿着所选对象的边长或周长,从起点开始按指定长度进行度量,并在每个度量点处设置定距的等分标记(点或图块),从而把对象分成各段。沿着对象的边长或周长,以指定的间隔放置标记,将对象分成各段。该命令会从选取对象处最近的端点开始放置标记。如果所给距离不能将对象等分,则末段的长度即为残留距离。下面讲解如何定距等分。

Step 01 打开配套资源中的素材\第 3 章\【椭圆.dwg】图形文件,如图 3-45 所示。

Step 02 在命令行中输入 measure 命令,选择椭圆作为要定距等分的对象,将线段的长度设置为 800,如图 3-46 所示。

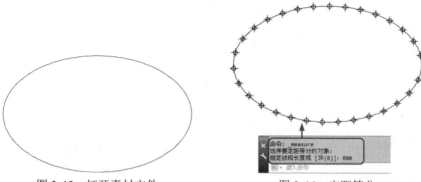

图 3-45 打开素材文件　　　　图 3-46 定距等分

提　示

对大多数对象来说,定距等分从最靠近所选对象的点的端点处开始放置标记。
定距等分或定数等分的点标记的起点随对象类型的变化而变化。一般有以下几种可能。
(1)对直线或非闭合多段线,从选取对象处最近的端点开始放置点标记或图块。
(2)对闭合的多段线,以多段线的起点为点标记的起点。
(3)对于圆,起点是以圆心为起点、当前捕捉角度为方向的捕捉路径与圆的交点。例如,如果捕捉角度为 0,那么圆等分从 3 点(时钟)的位置处开始,并沿逆时针方向进行标记。

3.4　绘制并编辑多段线

多段线是由宽窄相同或不同的线段和圆弧组合而成的,用户可以通过 PEDIT 命令(多段线编辑)对多段线进行各种编辑。

3.4.1 实例——绘制多段线

下面讲解如何绘制多段线,其具体操作步骤如下。

Step 01 打开配套资源中的素材\第 3 章\【多段线-素材.dwg】图形文件,如图 3-47 所示。

Step 02 在命令行中输入【PL】命令,指定 A 点为多段线的起点,向下引导鼠标输入 150,如图 3-48 所示。

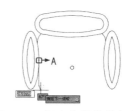

图 3-47　打开多段线素材文件　　　　图 3-48　指定多段线的起点

Step 03 在命令行中输入 A，将角度设置为 50；在命令行中输入 L，向右引导鼠标，输入 320；在命令行中输入 A，将角度设置为 53；在命令行中输入 L，将长度设置为 150，如图 3-49 所示。

Step 04 选择绘制的多段线，在多段线上右击，在弹出的快捷菜单中执行【特性】命令，在弹出的【特性】面板中，将颜色设置为蓝色，如图 3-50 所示。

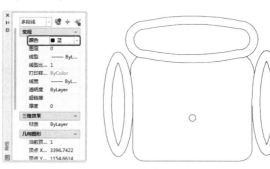

图 3-49　绘制多段线　　　　　　　　图 3-50　设置线段的颜色

3.4.2　编辑多段线

使用【编辑多段线】命令可以编辑多段线。二维和三维多段线、矩形、正多边形和三维多边形网格都是多段线的变形，均可使用该命令进行编辑。

调用【编辑多段线】命令的方法如下。

- 在菜单栏中执行【修改】|【对象】|【多段线】命令。
- 在【默认】选项卡中，单击【修改】面板中的【编辑多段线】按钮 。
- 在命令行中输入 PEDIP/PE 命令。

3.4.3　实例——绘制浴缸

下面通过实例来讲解如何绘制浴缸，其具体操作步骤如下。

Step 01 打开配套资源中的素材\第 3 章\【浴缸-素材.dwg】图形文件，如图 3-51 所示。

Step 02 单击【修改】面板中的【编辑多段线】按钮 ，编辑多段线，效果如图 3-52 所示。命令行提示如下：

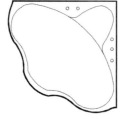
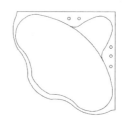

图 3-51　打开浴缸素材文件　　　　　图 3-52　编辑多段线效果

```
命令：_pedit                                          //执行【编辑多段线】命令
选择多段线或 [多条(M)]:
输入选项 [打开(O)/合并(J)/宽度(W)/编辑顶点(E)/拟合(F)/样条曲线(S)/非曲线化(D)/线型
生成(L)/反转(R)/放弃(U)]: w                           //选择【宽度(W)】选项
指定所有线段的新宽度: 0                               //输入新宽度参数
输入选项 [打开(O)/合并(J)/宽度(W)/编辑顶点(E)/拟合(F)/样条曲线(S)/非曲线化(D)/线型
生成(L)/反转(R)/放弃(U)]:                             //按【Enter】键确定
```

3.5 绘制并编辑样条曲线

本节将详细介绍绘制样条曲线的方法和操作步骤。

3.5.1 绘制样条曲线

AutoCAD 2017 可以在指定的允差（Fit Tolerance）范围内把控制点拟合成光滑的 NURBS 曲线。所谓允差，是指样条曲线与指定拟合点之间的接近程度。允差越小，样条曲线与拟合点越接近。允差为 0，样条曲线将通过拟合点。这种类型的曲线适合于标识具有规则变化曲率半径的曲线，例如，建筑基地的等高线、区域界线等的样线。样条曲线是由一组输入的拟合点生成的光滑曲线。在 AutoCAD 2017 中，执行 Spline 命令的常用方法有以下几种。

- 在菜单栏中执行【绘图】|【样条曲线】命令。
- 在【绘图】面板中单击【样条曲线拟合】按钮 。
- 在命令行中输入 Spline 命令，并按【Enter】键确定。

使用以上任意一种方法，即可绘制样条曲线，如图 3-53 所示。

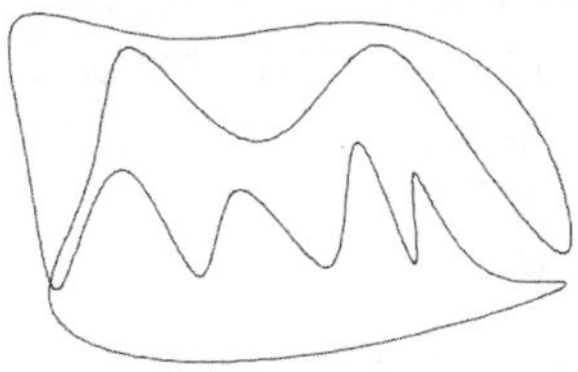

执行命令后，命令行提示如下：

图 3-53 绘制样条曲线

```
指定第一个点或[对象(O)]://用十字光标指针在绘图区域中任选一点 a，作为样条曲线的第 1 个点
指定下一点：           //用十字光标指针在绘图区域中任选一点 b，作为样条曲线的第 2 个点
指定下一点或[闭合(C)/拟合公差(F)] <起点切向>: //依次在【指定下一点或[闭合(C)/拟合公
差(F)] <起点切向>:】提示下，顺序选取对象轮廓线的各个定位点
当绘制结束时在【指定下一点或[闭合(C)/拟合公差(F)] <起点切向>:】提示下，输入 C 闭合，
完成整个轮廓的绘制。
```

3.5.2 编辑样条曲线

样条曲线编辑命令是一个单对象编辑命令，一次只能编辑一个样条曲线对象。执行该命令并选择需要编辑的样条曲线后，在曲线周围将显示控制点。在 AutoCAD 2017 中，在命令行中输入 Splinedit 命令，并按【Enter】键确定，即可执行命令。

执行编辑样条曲线的命令，主要有以下 4 种调用方法。

- 在菜单栏中执行【修改】|【对象】|【样条曲线】命令。
- 选择要编辑的样条曲线，在绘图区中右击，在弹出的快捷菜单中执行【样条曲线】命令，在弹出的子菜单中选择需要执行的命令。
- 单击【修改】面板中的【编辑样条曲线】按钮 。
- 在命令行中输入【SPLINEDIT】命令。

3.5.3 实例——绘制雨伞

本例利用圆弧与样条曲线命令绘制伞的外框与底边，再利用圆弧命令绘制伞面，最后利用多段线命令绘制伞顶与伞把。其具体操作步骤如下。

Step 01 在命令行中输入 Spl 命令,并按【Enter】键确定,在空白位置处指定任意一点,绘制如图 3-54 所示的对象。

Step 02 使用【起点,端点,方向】工具,指定 A 点作为圆弧的起点,指定 B 点作为圆弧的端点,将圆弧的角度设置为 78°,绘制的伞边如图 3-55 所示。

Step 03 使用【三点】圆弧工具,绘制伞面辐条,如图 3-56 所示。

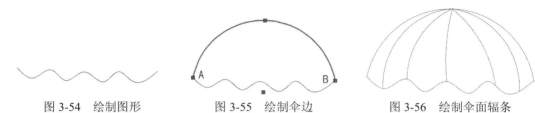

图 3-54　绘制图形　　　　图 3-55　绘制伞边　　　　图 3-56　绘制伞面辐条

Step 04 使用【多段线】工具,在 A 点的位置上单击作为多段线的起点,在命令行中输入 W,将【起点宽度】设置为 20,将【端点宽度】设置为 10,向上引导鼠标输入 100,按【Enter】键确定,绘制的伞顶如图 3-57 所示。

Step 05 按【F8】键开启正交模式,再次使用【多段线】工具,在 B 点的位置上单击作为多段线的起点,在命令行中输入 W,将【起点宽度】和【端点宽度】设置为 20,向下引导鼠标输入 400,在命令行中输入 A,向左引导鼠标输入 300,按两次【Enter】键进行确认,效果如图 3-58 所示。

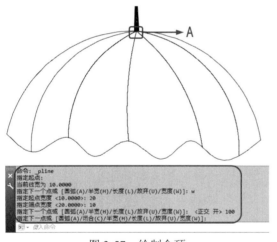

图 3-57　绘制伞顶　　　　　　　　　图 3-58　绘制伞把的效果

> **注　意**
>
> ① 在绘制样条曲线的过程中,如需将该样条曲线闭合得到图形,可以在绘制的样条曲线上双击鼠标左键,在弹出的快捷菜单中选择【闭合】命令,或者直接输入 C 以得到闭合样条曲线的图形,如图 3-59 所示。
>
> ② 当用户需要调整所绘制的样条曲线的形状时,可以将它选中并对其进行编辑,如图 3-60 所示。当样条曲线被用户选中时,在其被绘制的过程中由用户所选取的点将会以蓝色填充框的形式呈现出来,用户可以根据需要通过单击或移动的方式来调整点的位置,最终使样条曲线的形状发生变化。

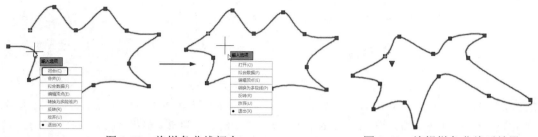

图 3-59　将样条曲线闭合　　　　　　　图 3-60　编辑样条曲线后效果

3.6　定义及绘制多线

多线是指由多条平行线构成的直线，连续绘制的多线是一个图元。多线内的直线线型可以相同，也可以不同，下面首先讲解如何定义多线样式，然后讲解如何绘制与编辑多线。

3.6.1　定义多线样式

多线最多可以包含 16 条平行直线，这些直线称为元素。多线样式可以控制元素的特性。例如数量、每个元素的特性、多线区域的背景颜色填充和末端是否封口及其封口的形状等。可以通过以下两种方法打开【多线样式】对话框。

- 选择菜单栏中的【格式】|【多线样式】命令。
- 在命令行中输入【mlstyle】命令，然后按【Enter】键确认。

执行以上命令后，在 AutoCAD 中会弹出【多线样式】对话框，如图 3-61 所示。【多线样式】对话框中的各选项功能说明如下。

图 3-61　【多线样式】对话框

- 样式：显示已加载到图形中的多线样式列表，其中可以包含外部参照的多线样式，即存在于外部参照图形中的多线样式。
- 说明：将选中的说明。说明中将包含多线样式的一些特性。
- 置为当前：将选中的多线样式设置为当前样式。用户应该注意不能将外部参照中的多线样式设置为当前样式。
- 新建：该按钮的功能是新建多线样式。单击该按钮，将打开【创建新的多线样式】对话框，如图 3-62 所示。
- 修改：将当前选中的多线样式进行修改。
- 重命名：重命名当前选中的多线样式。
- 删除：从【样式】列表中删除当前选定的多线样式。
- 加载：单击该按钮，将显示【加载多线样式】对话框，如图 3-63 所示。

图 3-62　【创建新的多线样式】对话框

图 3-63　【加载多线样式】对话框

- 保存：将新建的或修改后的多线样式保存到多线样式文件中。

3.6.2 实例——定义多线样式

下面通过实例讲解如何定义多线样式，其具体操作步骤如下。

Step 01 启动 AutoCAD 2017 后，新建图纸文件，在菜单栏中选择【格式】|【多线样式】命令，弹出【多线样式】对话框，在该对话框中单击【新建】按钮，弹出【创建新的多线样式】对话框，在该对话框中的【新样式名】文本框中输入【多线】，如图 3-64 所示。

Step 02 设置完成后单击【继续】按钮，打开【新建多线样式：多线】对话框，在【封口】选项组中勾选【外弧】右侧的【起点】、【端点】复选框，在【图元】选项组中单击【添加】按钮，将其【偏移】设置为 0，将颜色设置为【红】，如图 3-65 所示。

图 3-64 【创建新的多线样式】对话框　　图 3-65 【新建多线样式：多线】对话框

Step 03 设置完成后单击【确定】按钮，在【多线样式】对话框中单击【置为当前】按钮，如图 3-66 所示。

Step 04 单击【确定】按钮，在命令行中执行 ml 命令，即可在绘图区域中绘制设置多线样式后的多线图形，如图 3-67 所示。

图 3-66 将多线样式置为当前　　图 3-67 绘制多线图形

3.6.3 绘制多线

在 AutoCAD 2017 中，用户绘制多线的方法与绘制连续直线的方法相似，也可以闭合。一般在绘制公路、墙等由两条或多条平行线组成的对象时使用多线。多线的末端可以封口，也可以不封口，末端封口有几种类型，如直线或圆弧。

在 AutoCAD 2017 中，用户可以通过以下两种方法调用 MLINE 命令。

- 在命令行中输入 MLINE 命令，并按【Enter】键确认。
- 选择菜单中的【绘图】|【多线】命令。

选择上述命令后，命令行提示如下：
当前设置：对正=上，比例=20.00，样式=STANDARD
命令行中各选项的含义如下。

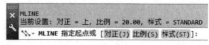

图 3-68 绘制【多线】命令

- 对正：选择可以控制绘制多线时采用何种偏移（相对于光标所在位置或基准线）。它包括零偏移、顶偏移和底偏移 3 种。
- 比例：该选项可以控制多线绘制时的比例。
- 样式：用户可以设置多线线型。

用户可以选择默认的方式绘制多线。默认方式绘制多线的步骤如下。

Step 01 选择【绘图】|【多线】命令。

Step 02 在命令行输入 MLINE，在绘图区选择一点作为多线的起点，再次选择第二点、第三点，按【Enter】键结束绘制，如图 3-69 所示。

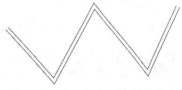

图 3-69 默认方式下绘制的多线

3.6.4 实例——绘制窗

应用创建多线命令完成建筑平面图中独立的窗的绘制，具体操作步骤如下。

Step 01 在命令行中输入 LINE 命令，然后按【Enter】键确定，在命令行中输入（100，100）设为起点，按【Enter】键确定，再输入（@300<90），按【Enter】键，得到一条直线。使用同样的方法绘制一个起点为（1100,100）、长度为 300 的另一条直线，如图 3-70 所示。

图 3-70 绘制直线

Step 02 在命令行中输入 MLINE 命令，然后按【Enter】键确定，在命令行中输入 J，将对正设置为无，将【比例】设置为 50，如图 3-71 所示。

Step 03 最终绘制出来的窗的图示可以直接复制到墙体线中，如图 3-72 所示。

图 3-71 绘制墙体 1　　　　　　　图 3-72 绘制墙体 2

3.6.5 实例——编辑多线

应用编辑多线命令完成户型图中对墙体的修改，操作步骤如下。

Step 01 打开配套资源中的素材\第 3 章\【编辑多线.dwg】图形文件，如图 3-73 所示。

Step 02 在菜单栏中执行【修改】|【对象】|【多线】命令。弹出【多线编辑工具】对话框，选择其中一种工具，这里选择【十字打开】选项，如图 3-74 所示。

Step 03 选择水平的第一条多线。选择垂直多线，完成对墙体的修改，如图 3-75 所示。

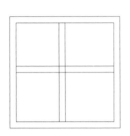

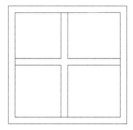

图 3-73　打开素材文件　　　　图 3-74　设置多线　　　　图 3-75　修改后的效果

其他的多线编辑方式均按照上述方法操作即可。

3.7　创建填充图案

当需要用一个重复的图案（Pattern）填充某个区域时，可以使用 BHATCH 命令建立一个相关联的填充阴影对象，即所谓的图案填充。

3.7.1　选择填充区域

填充边界内部区域即为填充区域，选择填充区域可以通过拾取封闭区域中的一点或拾取封闭对象两种方法进行。

拾取填充点必须在一个或多个封闭图形内部，AutoCAD 会自动通过计算找到填充边界，具体操作如下。

Step 01 打开配套资源中的素材\第 3 章\【001.dwg】图形文件，在命令行中执行 BHATCH 命令后按【Enter】键确定，在绘图区中拾取内部点，如图 3-76 所示。

Step 02 拾取内部点后，在命令行中输入 T，按【Enter】键确定，在弹出的对话框中将【图案】设置为【GOST_GLASS】，将【比例】设置为 100，如图 3-77 所示。

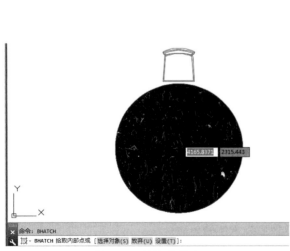

图 3-76　拾取内部点　　　　　　　　图 3-77　设置图案填充参数

第 3 章 二维图形的绘制与填充

Step 03 设置完成后，单击【确定】按钮，按【Enter】键完成选择，效果如图 3-78 所示。

3.7.2 创建填充图案

在 AutoCAD 中，创建填充图案需要指定填充区域，然后才能对图形对象进行图案填充。

3.7.3 实例——利用拾取对象填充图案

拾取的填充对象可以是一个封闭对象，如矩形、圆、椭圆和多边形等，也可以是多个非封闭对象，但是这些非封闭对象必须互相交叉或相交围成一个或多个封闭区域，具体操作步骤如下。

图 3-78 选择填充区域后的效果

Step 01 打开配套资源中的素材\第 3 章\【002.dwg】图形文件，在命令行中执行 BHATCH 命令，再在命令行中输入 T，按【Enter】键确定，打开【图案填充和渐变色】对话框，如图 3-79 所示。

Step 02 在该对话框中单击【添加：选择对象】按钮，即可在绘图区中选择相应的对象，如图 3-80 所示。

图 3-79 【图案填充和渐变色】对话框

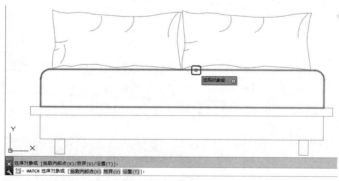

图 3-80 选择对象

提 示

第一次使用图案填充时,默认情况下将以【拾取点】作为图案填充的拾取方法。

Step 03 拾取对象后,在命令行中输入【T】,按【Enter】键确定,在弹出的对话框中将图案设置为【ANSI38】,将【颜色】设置为【ByLayar】,将【比例】设置为10,如图3-81所示。

Step 04 设置完成后,单击【确定】按钮,即可完成图案填充,效果如图3-82所示。

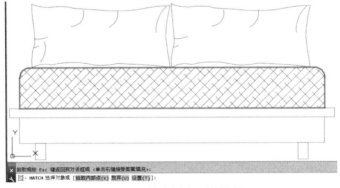

图 3-81　设置图案填充参数

图 3-82　填充图案后的效果

注 意

如果拾取的多个封闭区域呈嵌套状,则系统默认填充外围图形与内部图形之间进行布尔相减后的区域。此外,执行 BHATCH 后,系统会打开【图案填充创建】对话框,在其中可进行相应的设置,大致与【图案填充和渐变色】对话框中的设置方法相同。

3.8　编辑填充图案

如果对图形的填充图案不满意可以对其进行编辑,使其达到更理想的效果。编辑填充图案的操作包括快速编辑填充图案、分解填充图案、设置填充图案的可见性、修剪填充图案等,下面分别进行讲解。

3.8.1 编辑填充图案

快速编辑填充图案可以有效提高绘图效果，调用该命令的方法如下。
- 直接在填充的图案上双击。
- 在命令行中执行 HATCHEDIT 或 HE 命令。

3.8.2 实例——编辑填充图案

快速编辑填充图案的具体操作如下。

Step 01 打开配套资源中的素材\第 3 章\【003.dwg】图形文件，如图 3-83 所示。

Step 02 在绘图区中选择要进行编辑的图案，在命令行中输入【HATCHEDIT】命令，按【Enter】键确定，在弹出的对话框中将【图案】设置为【AR-SAND】，将【颜色】设置为【ByLayer】，将【比例】设置为 0.5，如图 3-84 所示。

Step 03 设置完成后，单击【确定】按钮，编辑填充图案后的效果如图 3-85 所示。

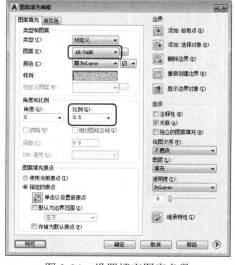

图 3-83　打开素材文件　　　图 3-84　设置填充图案参数　　　图 3-85　编辑填充图案后的效果

3.8.3 分解填充图案

有时为了满足编辑需要，需要将整个填充图案进行分解。调用分解命令的方法如下。
- 选择要分解的图案，在【常用】选项卡的【修改】组中单击【分解】按钮 。
- 在命令行中执行 EXPLODE 命令。

分解填充图案的具体操作步骤如下。

Step 01 打开配套资源中的素材\第 3 章\【门.dwg】图形文件，选择如图 3-86 所示的对象，在命令行中执行 EXPLODE 命令，选择填充图案，按空格键确认选择，具体操作过程如下：

命令：EXPLODE　　　　　　　　　　　//执行 EXPLODE 命令
选择对象：找到 1 个　　　　　　　　 //选择填充图案
选择对象：　　　　　　　　　　　　　//按空格键确认选择
已删除图案填充边界关联性　　　　　　//系统当前提示

Step 02 选择刚分解的图案,即可发现原来的整体对象变成了单独的线条,如图 3-87 所示。

> **注 意**
>
> 被分解后的图案失去了与图形的关联性,不能再使用图案填充编辑命令对其进行编辑。

图 3-86 打开素材文件

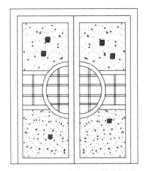
图 3-87 分解后的效果

3.8.4 设置填充图案的可见性

在绘制较大的图形时,需要花费较长时间来等待图形中的填充图案生成,此时可关闭【填充】模式,从而提高显示速度。暂时将图案的可见性关闭,具体操作步骤如下:

Step 01 打开配套资源中的素材\第 3 章\【沙发.dwg】图形文件,如图 3-88 所示。在命令行中执行 FILL 命令,在命令行中输入 OFF,在命令行中执行 REGEN 命令,即不显示填充图案,命令行提示如下:

命令:FILL   //执行 FILL 命令
输入模式[开(ON)/关(OFF)] <开>:OFF   //选择【关】选项,即不显示填充图案
命令:REGEN   //执行 REGEN 命令
正在重生成模型   //系统自动提示并重生成图像

Step 02 在绘图区中即可发现原来填充的图案隐藏了,如图 3-89 所示。

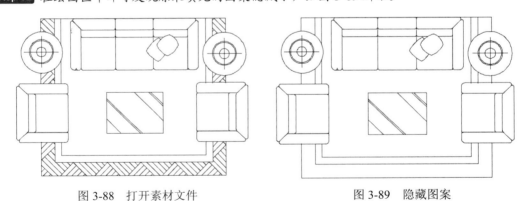

图 3-88 打开素材文件　　　　　　　图 3-89 隐藏图案

3.8.5 实例——填充地板图案

下面讲解如何填充地板图案,来综合练习本节所讲的知识。

Step 01 打开配套资源中的素材\第 3 章\【沙发.dwg】图形文件,将【图案填充图案】设置为【AP-PARQ1】,将【角度】设置为 225,将【缩放比例】设置为 1,如图 3-90 所示。

Step 02 选择要填充的对象,按【Enter】键确定,效果如图 3-91 所示。

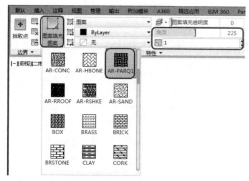

图 3-90　设置图案填充、角度和缩放比例

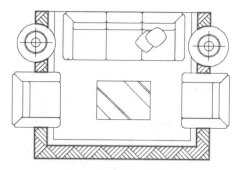

图 3-91　填充后的效果

3.8.6　修剪填充图案

下面介绍如何修剪填充图案，其具体操作步骤如下。

Step 01 打开配套资源中的素材\第 3 章\【003.dwg】图形文件，如图 3-92 所示。

Step 02 在命令行中输入【HATCH】命令，按【Enter】键确定，在绘图区中选择如图 3-93 所示的两个图形。

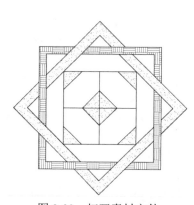

图 3-92　打开素材文件

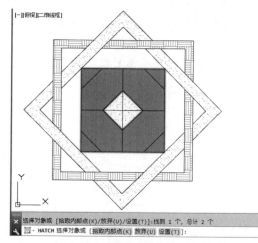

图 3-93　选择要填充的两个图形

Step 03 在命令行中输入【T】，按【Enter】键确定，在弹出的对话框中将【图案】设置为【AR-PARQ1】，如图 3-94 所示。

Step 04 设置完成后，单击【确定】按钮，再次按【Enter】键完成图案填充，在命令行中输入【TR】，按【Enter】键确定，在绘图区中选择要修剪的对象，如图 3-95 所示。

Step 05 按【Enter】键确定，然后对选中的对象进行修剪即可，按两次【Enter】键完成修剪，效果如图 3-96 所示。

图 3-94　设置填充图案参数

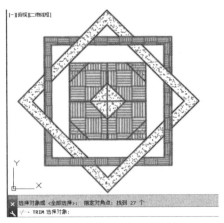

图 3-95 选择要修剪的对象　　　　图 3-96 修剪图案后的效果

3.9 综合应用——绘制马桶

下面介绍如何绘制坐便器，其具体操作步骤如下：

Step 01 使用【直线】工具，绘制两条长度为 1 000 并相互垂直的直线，如图 3-97 所示。

Step 02 使用【椭圆】工具，指定辅助线的交叉点为中心点，绘制长半轴为 228、短半轴为 114 的椭圆，如图 3-98 所示。

Step 03 使用【椭圆】工具，指定辅助线的交叉点为中心点，绘制长半轴为 304、短半轴为 190 的椭圆，如图 3-99 所示。

图 3-97 绘制辅助线　　　　图 3-98 绘制椭圆 1　　　　图 3-99 绘制椭圆 2

Step 04 使用【修剪】工具，对图形进行修剪，完成后的效果如图 3-100 所示。

Step 05 使用【椭圆】工具，指定辅助线的交叉点为中心点，绘制长半轴为 114、短半轴为 114 的椭圆，如图 3-101 所示。

Step 06 使用【椭圆】工具，指定辅助线的交叉点为中心点，绘制长半轴为 189、短半轴为 190 的椭圆，如图 3-102 所示。

图 3-100 修剪图形　　　　图 3-101 绘制椭圆 3　　　　图 3-102 绘制椭圆 4

Step 07 使用【修剪】工具，对图形进行修剪，完成后的效果如图 3-103 所示。

Step 08 使用【偏移】工具,将垂直直线向左偏移 134、203、266、342,将水平直线向两侧偏移 101、190,如图 3-104 所示。

Step 09 使用【修剪】工具,将图形进行修剪,完成后的效果如图 3-105 所示。

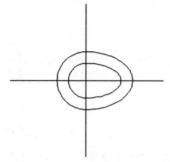
图 3-103 修剪后的效果 1

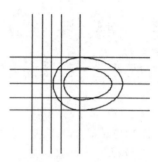
图 3-104 偏移直线

Step 10 使用【圆】工具,绘制半径为 30 的圆,使用【移动】工具,将其移动至合适的位置,然后使用【圆弧】工具,绘制图形,完成后的效果如图 3-106 所示。

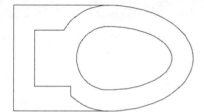
图 3-105 修剪后的效果 2

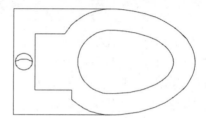
图 3-106 完成后的效果

增值服务：扫码做测试题，并可观看讲解测试题的微课程。

第 4 章 编辑与修改二维图形

在 AutoCAD 2017 中，单纯地使用绘图命令或绘图工具只能绘制一些基本的图形对象。为了绘制复杂图形，很多情况下都必须借助于图形编辑命令。AutoCAD 2017 提供了众多的图形编辑命令，如复制、移动、旋转、镜像、偏移、阵列、拉伸及修剪等。使用这些命令，可以修改已有图形或通过已有图形构造新的复杂图形。

4.1 移动对象

移动是指将选择的图形对象，从一个位置处移动到另一个位置处。在 AutoCAD 2017 中，执行【Move】命令的方法有以下几种。

- 在菜单栏中执行【修改】|【移动】命令。
- 在【修改】工具栏中单击【移动】按钮 ⊕。
- 在命令行中输入【MOVE】命令，并按【Enter】键确定。

执行以上任意一种命令移动对象，命令行的提示如下：

```
命令：MOVE                                    //执行【MOVE】命令
选择对象：找到 1 个                            //选择对象
选择对象：                                    //按【Enter】键确定
指定基点或 [位移(D)] <位移>：                  //指定第一点位置
指定第二个点或 <使用第一个点作为位移>：        //制定第二点位置
```

各选项的作用如下。

- 基点：指定移动对象的开始点。移动对象距离和方向的计算会以起点为基准。
- 位移（D）：指定移动距离和方向的 X、Y、Z 值。

如果在以上命令行提示下按【Enter】键，选择默认的位移方式，指定的点 1 将被系统理解为相对 X、Y、Z 的位移。例如，如果指定第一基点为（10,5），并在下一个提示下按【Enter】键，则该对象从它当前的位置开始在 X 方向上移动 10 个单位，在 Y 方向上移动 5 个单位，在 Z 方向上移动 0 个单位。

4.1.1 实例——使用两点移动对象

下面通过实例讲解如何移动图形对象，具体操作步骤如下。

Step 01 在命令行输入【POLYGON】命令，绘制一个正五边形，效果如图 4-1 所示。

Step 02 在命令行中输入【MOVE】命令，命令行的提示如下：

```
命令：MOVE                                    //执行【MOVE】命令
选择对象：找到 1 个                            //选择新绘制的五边形
选择对象：                                    //选择对象后单击【Enter】键确定
```

```
指定基点或 [位移(D)] <位移>:              //指定基点位置如图 4-2 所示
指定第二个点或 <使用第一个点作为位移>:    //指定位移点即可完成移动
```

图 4-1 绘制五边形

图 4-2 指定基点位置

4.1.2 实例——使用位移移动对象

位移移动对象是指通过设置移动的相对位移量来移动对象。使用位移移动对象,可以将图形对象精确地移动到某一个点的位置处。下面通过实例讲解如何使用位移移动对象,具体操作步骤如下。

Step 01 启动 AutoCAD 2017,打开配套资源中的素材\第 4 章\【使用位移移动对象素材.dwg】素材文件,在命令行中输入【MOVE】命令,按【Enter】键确定,根据命令行的提示选择对象,如图 4-3 所示。

Step 02 按【Enter】键确定对象的选择,然后根据命令行的提示进行操作,命令行提示如下:

```
命令: MOVE                                      //执行【MOVE】命令
选择对象: 找到 1 个                              //选择要移动的对象
选择对象:                                       //确定选择的对象
指定基点或 [位移(D)] <位移>:  D                  //根据命令行的提示输入 D,使
                                                  用位移移动对象
指定位移 <3000.0000,500.0000,10.0000>: @3000,500,10  //然后在命令行中输入坐标
点,指定移动到的坐标点的位置,如图 4-4 所示。
```

Step 03 指定移动位移坐标点后,按【Enter】键即可将对象移动,移动显示效果如图 4-5 所示。

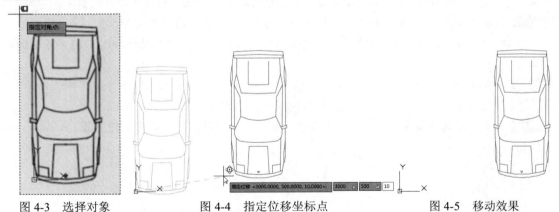

图 4-3 选择对象   图 4-4 指定位移坐标点   图 4-5 移动效果

4.1.3 实例——将对象从模型空间移动到图纸空间

在布局界面中,可以完全模拟图纸页面。默认状态下,布局的视口大小有限,在模型界面中创建的某些对象可能无法显示,这时,可以将这些无法显示的图形添加到当前的布局中。

Step 01 启动 AutoCAD 2017,打开配套资源中的素材\第 4 章\【移动对象空间素材.dwg】素材文件,如图 4-6 所示。

Step 02 单击绘图窗口底部的【布局1】选项卡，双击【布局1】视口，其界面周围将显示黑框，此时视口可以被移动，如图4-7所示。

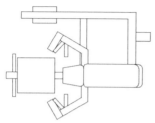
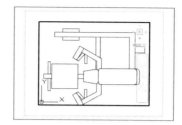

图4-6 素材文件　　　　　　　　图4-7 转换为图纸空间

Step 03 在命令行中输入【CHSPACE】命令，按【Enter】键确定，在绘图区中选择如图4-8所示的图形，按【Enter】键确定。

Step 04 单击绘图窗口底部的【模型】选项卡，即可将选中的圆形从模型空间移动到图纸空间，如图4-9所示。

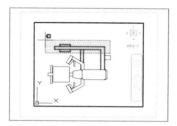
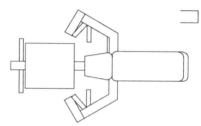

图4-8 选择图形　　　　　　　　图4-9 移动图形

4.1.4 实例——通过拉伸来移动对象

在 AutoCAD 2017 中，除了使用【移动】工具移动对象外，还可以通过【拉伸】命令来移动对象。下面通过实例讲解如何通过【拉伸】命令来移动图形对象，具体操作步骤如下。

Step 01 启动 AutoCAD 2017，打开配套资源中的素材\第4章\【拉伸移动对象素材.dwg】素材文件，在命令行中输入【STRETCH】命令，并按【Enter】键确定，然后选择如图4-10所示的图形对象。

Step 02 并按【Enter】键确定对象的选择，根据命令行的提示指定基点位置，如图4-11所示。

Step 03 指定基点后拖动鼠标向上移动即可移动所选择的图形对象，如图4-12所示。

Step 04 当鼠标移动到合适的位置后单击【确定】按钮确定移动点，如图4-13所示。

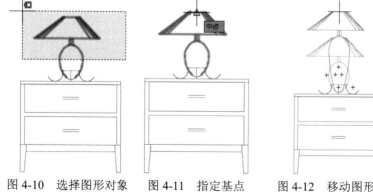

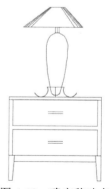

图4-10 选择图形对象　　图4-11 指定基点　　图4-12 移动图形对象　　图4-13 确定移动点

4.2 旋转对象

在 AutoCAD 2017 中，执行【ROTATE】命令的常用方法有以下几种。
- 在菜单栏中执行【修改】|【旋转】命令。
- 在【修改】工具栏中单击【旋转】按钮 ○。
- 在命令行中输入【ROTATE】命令，并按【Enter】键。

执行以上任意命令，命令行的提示如下：
命令：ROTATE   //执行【ROTATE】命令
UCS 当前的正角方向：ANGDIR=逆时针 ANGBASE=0   //系统提示
选择对象：找到 1 个   //选择将要旋转的对象
选择对象：   //按【Enter】键确定选择对象
指定基点：   //指定基点位置
指定旋转角度，或 [复制(C)/参照(R)] <300>：c 旋转一组选定对象   //保留原有对象
指定旋转角度，或 [复制(C)/参照(R)] <300>：-30   //指定旋转角度

各选项的作用如下。
- 旋转角度：指定对象绕指定的点旋转的角度，如图 4-14 所示。
- 复制（C）：在旋转对象的同时创建对象的旋转副本，如图 4-15 所示。

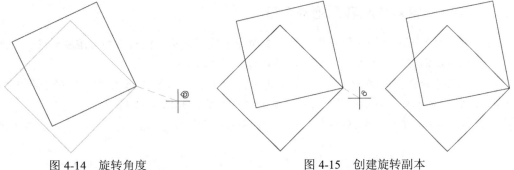

图 4-14 旋转角度　　　　　　　　图 4-15 创建旋转副本

- 参照（R）：将对象从指定的角度旋转到新的绝对角度。

> **技　巧**
> ① 在指定旋转角度时，可直接在绘图区域通过指定一个点确定旋转角度，也可直接输入角度值。若输入的角度值为正值，选取的对象将按逆时针或顺时针旋转对象，这取决于【图形单位】对话框中的【方向控制】设置。
> ② 旋转平面和零度角方向取决于用户坐标系的方位。

4.2.1 实例——旋转对象

下面通过实例讲解如何旋转对象，具体操作步骤如下。

Step 01 启动 AutoCAD 2017，打开配套资源中的素材\第 4 章\【旋转对象素材.dwg】素材文件，如图 4-16 所示。

Step 02 在命令行中输入【ROTATE】命令，根据命令行的提示选择将要旋转的图形对象并按【Enter】键确定，如图 4-17 所示。

Step 03 指定旋转的基点，如图 4-18 所示。

Step 04 将指定旋转角度设置为 180°，如图 4-19 所示。

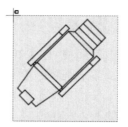

图 4-16 素材文件　　　　　　　　　图 4-17 选择图形对象

Step 05 设置完成后单击【Enter】键确定，完成旋转效果，如图 4-20 所示。

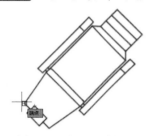
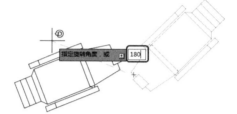
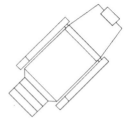

图 4-18 指定基点位置　　　图 4-19 将旋转角度设置为 180°　　　图 4-20 旋转后的效果

4.2.2 实例——将对象旋转到绝对角度

在对图形进行旋转时，还可以使用【参照】命令来旋转对象，使其与绝对角度对齐。下面通过实例讲解如何将对象旋转到绝对角度，具体操作步骤如下。

Step 01 打开配套资源中的素材\第 4 章\【旋转角度素材.dwg】素材文件，在命令行中输入【ROTATE】命令，根据命令行的提示选择所有的图形对象，如图 4-21 所示。

Step 02 按【Enter】键确定，根据命令行提示指定基点位置，如图 4-22 所示。命令行的具体操作步骤如下。

```
命令：ROTATE                                            //执行【ROTATE】命令
UCS 当前的正角方向：  ANGDIR=逆时针  ANGBASE=0          //系统提示
选择对象：指定对角点：找到 128 个                        //选择对象
选择对象：                                              //按【Enter】键确定对象的选择
指定基点：                                              //指定基点位置
指定旋转角度，或 [复制(C)/参照(R)] <0>：R               //输入 R 执行参照命令
指定参照角 <90>：90                                     //设置参照角度
指定新角度或 [点(P)] <90>：0                            //指定新角度
```

Step 03 指定新角度后单击【Enter】键确定，旋转后的显示效果如图 4-23 所示。

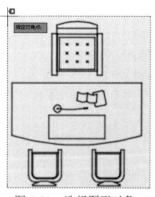
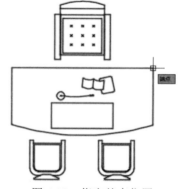
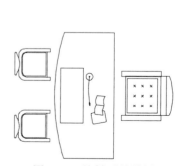

图 4-21 选择图形对象　　　　　图 4-22 指定基点位置　　　　　图 4-23 旋转后的效果

4.3 缩放和拉伸对象

使用【缩放】和【拉伸】命令可以改变实体的尺寸大小，可以把整个对象或者对象的一部分沿 X、Y、Z 方向以相同的比例缩放或拉伸大小。

在执行【Scale】命令的过程中，系统会提示用户指定缩放的基点及缩放比例，若缩放比例因子大于 1，则对象放大，若比例因子介于 0～1 之间，则使对象缩小。在 AutoCAD 2017 中，执行【Scale】命令的常用方法有以下几种。

- 在菜单栏中执行【修改】|【缩放】命令。
- 在【修改】工具栏中单击【缩放】按钮 。
- 在命令行中输入【Scale】命令，并按【Enter】键确定。

执行以上任意命令，命令行提示如下：
选择对象：
指定基点：
指定比例因子或 [复制(C)/参照(R)]：
各选项的作用如下。

- 基点是指缩放中心点，选取的对象将随着光标移动幅度的大小放大或缩小。
- 比例因子：以指定的比例值放大或缩小选取的对象。当输入的比例值大于 1 时，则放大对象，若为 0 和 1 之间的小数，则缩小对象。若指定的距离小于原来对象大小时，缩小对象；指定的距离大于原对象大小，则放大对象。
- 复制（C）：在缩放对象时，创建缩放对象的副本。
- 参照（R）：按参照长度和指定的新长度缩放所选对象。若指定的新长度大于参照长度，则放大选取的对象。

使用【拉伸】命令，将拉伸选取的图形对象，使其中一部分移动，同时维持与图形其他部分的连接。可拉伸的对象包括与选择窗口相交的圆弧、椭圆弧、直线、多段线线段、二维实体、射线、宽线和样条曲线。在 AutoCAD 2017 中，执行【Stretch】命令的常用方法有以下几种。

- 在菜单栏中执行【修改】|【拉伸】命令。
- 在【修改】工具栏中单击【拉伸】按钮 。
- 在命令行中输入【Stretch】命令，并按【Enter】键确定。

执行以上任意命令，命令行提示如下：
以交叉窗口或交叉多边形选择要拉伸的对象：　　//选择要拉伸的对象
选择对象：　　　　　　　　　　　　　　　　　//按【Enter】键，结束选择对象
指定基点或 [位移(D)] <位移>：　　　　　　　　//指定拉伸的基点

（1）指定基点
指定第二个点或 <使用第一个点作为位移>：　　//用鼠标在绘图区任意指定一点或直接输入点的坐标

（2）位移（D）
在选取了拉伸的对象之后，在命令行提示中输入 D 进行向量拉伸。
指定位移 <10.0000, 0.0000, 0.0000>：　　　　//输入位移的数值或指定点的坐标
在向量模式下，将以用户输入的值作为矢量拉伸实体。

4.3.1 实例——使用比例因子缩放对象

下面通过实例讲解如何使用比例因子缩放对象，具体操作步骤如下。

`Step 01` 启动 AutoCAD 2017，打开配套资源中的素材\第 4 章\使用比例因子缩放对象素材.dwg。

素材文件，显示素材效果如图 4-24 所示。

Step 02 在命令行中输入【Scale】命令，根据命令行提示选择将要进行缩放的图形对象并按【Enter】键确定，如图 4-25 所示。

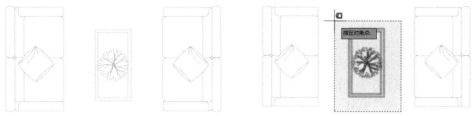

图 4-24　打开素材文件　　　　　　　　图 4-25　选择图形对象

Step 03 根据命令行的提示指定基点位置，如图 4-26 所示。
Step 04 将指定比例因子设置为 3，如图 4-27 所示。
Step 05 设置完成后按【Enter】键确定，效果如图 4-28 所示。

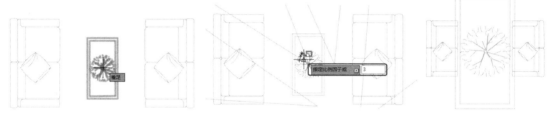

图 4-26　指定基点　　　　　图 4-27　指定比例因子　　　　　图 4-28　缩放效果

4.3.2　实例——使用参照距离缩放对象

下面通过实例讲解如何使用参照距离缩放对象，具体操作步骤如下。

Step 01 启动 AutoCAD 2017，打开配套资源中的素材\第 4 章\【使用参照距离缩放对象素材.dwg】素材文件，如图 4-29 所示。

图 4-29　打开素材文件　　　　　　　　图 4-30　指定基点

Step 02 在命令行中输入【Scale】命令，根据命令行的提示选择将要进行缩放的图形对象并按【Enter】键确定，指定基点位置如图 4-30 所示。然后根据命令行的提示选择【参照】命令，命令行提示如下：

```
命令：SCALE                                        //执行【SCALE】命令
选择对象：找到 1 个                                 //选择对象
选择对象：                                         //按【Enter】键确定选择对象
指定基点：                                         //指定基点位置
指定比例因子或 [复制(C)/参照(R)]：R                //根据命令行的提示输入 R，执行参照
                                                  命令，然后在空白位置处单击指定第一
                                                  点，如图 4-31 所示
指定参照长度 <473.3488>：指定第二点：              //指定第二点，如图 4-32 所示
```

指定新的长度或 [点(P)] <245.2317>： //拖动鼠标放大或缩小图形对象至合适的大小，单击即可，如图 4-33 所示，完成效果如图 4-34 所示

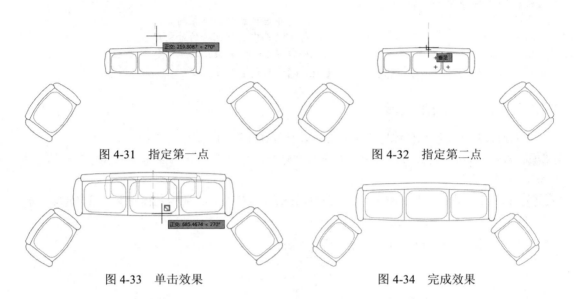

图 4-31　指定第一点　　　　　　　图 4-32　指定第二点

图 4-33　单击效果　　　　　　　　图 4-34　完成效果

4.3.3　实例——拉伸对象

下面通过实例讲解如何拉伸对象，具体操作步骤如下。

Step 01 启动 AutoCAD 2017，打开配套资源中的素材\第 4 章\【拉伸对象素材.dwg】素材文件，在命令行中输入【Stretch】命令，根据命令行的提示选择将要拉伸的图形对象，如图 4-35 所示。

Step 02 按【Enter】键确定图形的选择，然后根据命令行的提示指定基点位置，如图 4-36 所示。

Step 03 拖动鼠标向上移动所选择的图形对象进行拉伸，如图 4-37 所示。

Step 04 将鼠标拖动到合适的位置处单击确定即可，拉伸效果如图 4-38 所示。

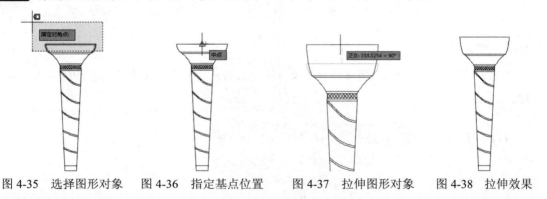

图 4-35　选择图形对象　　图 4-36　指定基点位置　　图 4-37　拉伸图形对象　　图 4-38　拉伸效果

4.4　删除图形对象

在绘制图形时，经常需要删除一些辅助图形及多余的图形，也可能需要将误删除的图形进行恢复操作。

在 AutoCAD 2017 中，执行【Erase】命令的常用方法有以下几种。

- 在菜单栏中执行【修改】|【删除】命令。

- 在【修改】工具栏中单击【删除】按钮 。
- 在命令行中输入【Erase】命令,并按【Enter】键确定。

执行以上任意命令,命令行提示如下:

选择对象: //选中要被删除的对象圆
选择对象: //继续选中要被删除的对象矩形
选择对象: //按【Enter】键,结束命令

可选取多个对象进行删除处理,按【Enter】键结束选取。

4.4.1 实例——删除图形

下面通过实例讲解如何删除图形对象,具体操作步骤如下。

Step 01 启动 AutoCAD 2017,打开配套资源中的素材\第 4 章\【删除图形素材.dwg】素材文件,如图 4-39 所示。

Step 02 在命令行中输入【Erase】命令,并按【Enter】键确定,将鼠标光标放置在图形对象上时,光标变为 ,如图 4-40 所示。

图 4-39 打开素材文件　　　　　　　　图 4-40 光标显示效果

Step 03 当光标变为 时并单击,所选图形对象即可被选中,如图 4-41 所示。

Step 04 选择完图形对象后按【Enter】键确定即可将所选图形对象删除,效果如图 4-42 所示。

图 4-41 选择图形对象　　　　　　　　图 4-42 删除效果

4.4.2 恢复删除

当出现误删除时,可以利用【Oops】命令恢复最后一次用【Erase】命令删除的对象。

提　示

【Oops】命令只能恢复最近一次用【Erase】命令删除的图形对象,若连续多次使用【Erase】命令之后又想要恢复前几次删除的图形对象,只能使用【放弃】命令。

图 4-43 恢复删除图形

继续 4.4.1 节实例的操作,在命令行中输入【Oops】命令,并按【Enter】键确定,即可恢复删除了的图形对象,如图 4-43 所示。

4.5 复制和镜像对象

AutoCAD 提供了复制图形对象的命令,可以让用户轻松地对图形对象进行不同方式的复制操作。在 AutoCAD 2017 中,执行【COPY】命令的常用方法有以下几种。

- 在菜单栏中执行【修改】|【复制】命令。
- 在【修改】工具栏中单击【复制】按钮。
- 在命令行中输入【COPY】命令，并按【Enter】键确定。

在 AutoCAD 2017 中，执行【Mirror】命令的常用方法有以下几种。

- 在菜单栏中执行【修改】|【镜像】命令。
- 在【修改】工具栏中单击【镜像】按钮。
- 在命令行中输入【Mirror】命令，并按【Enter】键确定。

> **提 示**
>
> ① 若在镜像的对象中包含文本对象，可在镜像操作时，将系统变量【MIRRTEXT】设置为 0，这样所镜像的对象中文本对象不能被镜像。【MIRRTEXT】默认设置为 1，这将导致文本对象与其他对象一样被镜像。
>
> ② 在命令行中输入 M【IRRTEXT】命令后，系统提示【输入 MIRRTEXT 的新值<1>：】，在该提示下输入 0，即可设置文本对象不进行镜像操作。

4.5.1 使用两点指定距离

在 AutoCAD 2017 中，【COPY】命令是各种命令中最简单，使用也较频繁的编辑命令。它可以分为两种复制形式：一种是单个复制，另一种是重复复制。下面通过实例讲解如何使用两点指定距离，具体操作步骤如下。

Step 01 启动 AutoCAD 2017，打开配套资源中的素材\第 4 章\【使用两点指定距离素材.dwg】素材文件，如图 4-44 所示。

Step 02 在命令行中输入【COPY】命令并按【Enter】键确定，根据命令行的提示选择所有图形对象，然后在绘图区中指定基点，如图 4-45 所示。

Step 03 确定基点后拖动鼠标移动至合适的位置处，如图 4-46 所示。

Step 04 单击，即可复制图形，按【Enter】键结束复制，效果如图 4-47 所示。

图 4-44　素材文件　图 4-45　指定基点　　　图 4-46　移动位置　　　　图 4-47　复制效果

4.5.2 使用相对坐标指定距离

用户还可以使用相对坐标指定距离来进行复制，通过输入第一点的坐标值并按【Enter】键确定，然后输入第二点的坐标值，使用相对距离来复制对象。坐标值将作为相对位移，而不是基点位置。注意在输入相对坐标时，无须像通常情况那样包含@标记，因为相对坐标是假设的。在使用相对坐标指定距离进行复制时，还可以在【正交】模式和【极轴追踪】打开的同时使用直接距离输入。

4.5.3 创建多个副本

在复制多个对象时,系统默认重复【COPY】命令。如果用户需要更改系统默认设置,可以使用【COPYMODE】命令更改系统变量。

4.5.4 使用其他方法移动和复制对象

除了使用两点距离和相对坐标进行复制对象外,用户还可以使用夹点来快速移动和复制对象,方法是将对象打散后,选中对象的夹点,按住【Ctrl】键的同时,拖曳鼠标至目标位置,即可复制对象。使用此方法,可以在打开的图形以及其他应用程序之间拖曳对象。如果用户使用鼠标右键而非左键拖曳,系统将显示快捷菜单,菜单选项包括【移动到此处】、【复制到此处】、【粘贴为块】和【取消】。

4.5.5 实例——镜像对象

镜像对创建对称的对象非常有用,因为可以快速绘制半个对象,然后将其镜像,即可创建一个完整的对象,而不必绘制整个对象。具体操作步骤如下。

Step 01 启动 AutoCAD 2017,打开配套资源中的素材\第 4 章\【镜像对象素材.dwg】素材文件,在命令行中输入【MIRROR】命令,并按【Enter】键确定,在绘图区中选择如图 4-48 所示的图形对象。

Step 02 按【Enter】键确定图形对象的选择,根据命令行的提示指定镜像线为中间矩形的垂直中心线,如图 4-49 所示。

Step 03 根据命令行的提示输入【N】命令并确认,即可完成镜像对象,效果如图 4-50 所示。

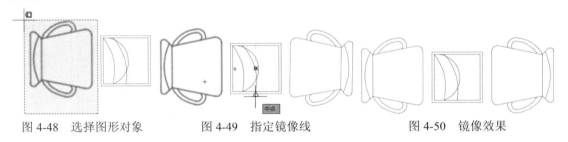

图 4-48 选择图形对象　　图 4-49 指定镜像线　　图 4-50 镜像效果

4.6 阵列对象

使用阵列命令可以一次将所选择的实体复制为多个相同的实体,阵列后的对象并不是一个整体,可对其中的每一个实体进行单独编辑。在 AutoCAD 2017 中,阵列操作分为矩形和环行阵列两种。使用 ARRAY 命令以环形阵列方式复制对象时,可以通过围绕圆心复制选定的对象来创建阵列。以环形阵列方式复制对象时,需要指定阵列所围绕的中心点位置,以及所要复制的数目和旋转角度等。在 AutoCAD 2017 中,执行阵列命令的常用方法有以下两种。

- 在菜单栏中执行【修改】|【阵列】选项。
- 在【修改】工具栏中单击【矩形阵列】、【环形阵列】、【路径阵列】按钮。

1. 矩形阵列

复制选定的对象后,为其指定行数和列数创建阵列。执行该命令后,选择【阵列创建】选项卡,如图 4-51 所示,在该选项卡中对其参数进行设置,阵列后的显示效果如图 4-52 所示。

（1）行数和列数

分别指定采取矩形阵列的行数和列数。在选择创建矩形阵列的行数和列数时，若指定一行，则必须指定多列，反之亦然。

（2）级别

其中包括层级数、层级间距，以及层级的总距离，可以直接输入各自的数值。

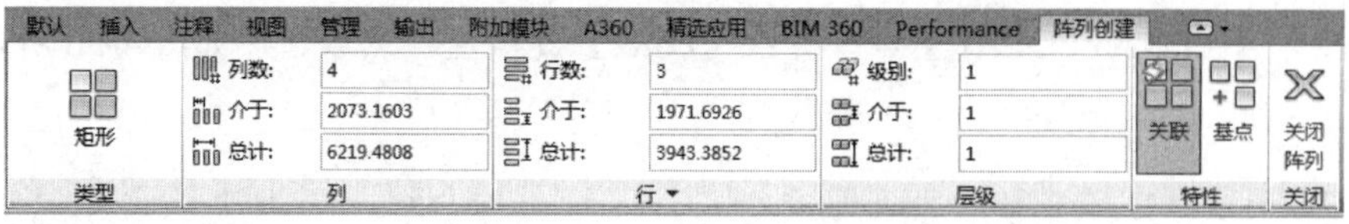

图 4-51 【阵列创建】选项卡

图 4-52 阵列效果

2．环形阵列

通过指定圆心或基准点来创建环形阵列，系统将以指定的圆心或基准点来复制选定的对象，创建环形阵列。

阵列角度值若为正值，则以逆时针方向旋转，若为负值，则以顺时针方向旋转。阵列角度值不允许为 0，选项间角度值可以为 0，但当选项间角度值为 0 时，将看不到阵列的任何效果。

3．路径阵列

通过指定路径或基点来创建路径阵列，系统将以指定的路径方向来复制选定的对象，创建路径阵列。

4.6.1 实例——矩形阵列对象

矩形阵列是指对图形对象进行阵列复制后，图形呈矩形分布。下面通过实例讲解如何进行矩形阵列对象，具体操作步骤如下。

Step 01 启动 AutoCAD 2017，打开配套资源中的素材\第 4 章\【矩形阵列对象素材.dwg】素材文件，素材显示效果如图 4-53 所示。

Step 02 在命令行中输入【ARRAYRECT】命令并确定，根据命令行的提示选择图形对象，如 4-53 所示。确定选择的图形对象后，根据命令行的提示进行操作，命令行提示如下：

```
命令：ARRAYRECT                                    //执行【ARRAYRECT】命令
选择对象：                                         //选择矩形对象，按【Enter】键
选择夹点以编辑阵列或【关联（AS）】【基点（B）】【计数（COU）】【间距（S）】【列数（COL）】
【行数（R）】【层数（L）】【退出（X）】<退出>：COL    //将行数设为 5
指定行数之间的距离或[总计(T)] [表达式(E)] <2283.8108>://按【Enter】键使用默认距离
按【Enter】键接受指定行数之间的标高增量或【表达式】<0>： //按【Enter】键
按【Enter】键接受或 [关联(AS)/基点(B)/行(R)/列(C)/层(L)/退出(X)] <退出>：
                                  //按【Enter】键结束阵列命令，效果如图 4-54 所示
```

图 4-53 选择对象　　　　　　　　　图 4-54 阵列效果

4.6.2 实例——环形阵列对象

环形阵列是指对图形对象进行阵列复制后，图形呈环形分布。下面通过实例讲解如何进行环形阵列对象，具体操作步骤如下。

Step 01 启动 AutoCAD 2017，打开配套资源中的素材\第 4 章\【环形阵列对象素材.dwg】素材文件，素材显示效果如图 4-55 所示。

Step 02 在命令行中输入【ARRAYPOLAR】命令并按【Enter】键确定，然后选择如图 4-56 所示的图形对象。

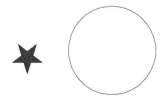
图 4-55 素材文件

图 4-56 选择图形对象

Step 03 选择图形对象后按【Enter】键确定，然后根据命令行的提示进行操作，命令行提示如下：

命令：ARRAYPOLAR　　　　　　　　　　　　//执行【ARRAYPOLAR】命令
选择对象：指定对角点：找到 11 个　　　　//选择对象
选择对象：　　　　　　　　　　　　　　　//按【Enter】键确定图形对象的选择
类型 = 极轴 关联 = 是
指定阵列的中心点或 [基点(B)/旋转轴(A)]：<推断约束开>　　//指定圆心为阵列中心点,如图 4-57
所示
选择夹点以编辑阵列或 [关联(AS)/基点(B)/项目(I)/项目间角度(A)/填充角度(F)/行(ROW)/
层(L)/旋转项目(ROT)/退出(X)] <退出>：I　　　　　//执行【项目】命令
输入阵列中的项目数或 [表达式(E)] <6>：8　　　　　　//将【项目】数设置为 8
选择夹点以编辑阵列或 [关联(AS)/基点(B)/项目(I)/项目间角度(A)/填充角度(F)/行(ROW)/
层(L)/旋转项目(ROT)/退出(X)] <退出>：　　//按【Enter】键确定即可完成阵列,效果如图 4-58
所示

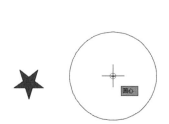
图 4-57 指定中心点

图 4-58 环形阵列效果

4.6.3 实例——路径阵列对象

路径阵列是指将图形对象沿指定路径进行排列。下面通过实例讲解如何进行路径阵列对象，具体操作步骤如下。

Step 01 启动 AutoCAD 2017，打开配套资源中的素材\第 4 章\【路径阵列对象素材.dwg】素材文件，如图 4-59 所示。

Step 02 在命令行中输入【ARRAYPATH】命令并按【Enter】键确定，选择如图 4-60 所示的图形对象。

图 4-59 素材文件

图 4-60 选择图形对象

Step 03 按【Enter】键确定图形对象的选择，然后根据命令行的提示进行操作，命令行提示如下：

```
命令：ARRAYPATH                                              //执行【ARRAYPATH】命令
选择对象：找到 1 个                                           //选择图形对象
选择对象：                                                    //按【Enter】键确定
类型 = 路径  关联 = 是
选择路径曲线：                                                //选择路径曲线
选择夹点以编辑阵列或 [关联(AS)/方法(M)/基点(B)/切向(T)/项目(I)/行(R)/层(L)/对齐项
目(A)/z 方向(Z)/退出(X)] <退出>: I                           //输入【I】
指定沿路径项目之间的距离或 [表达式(E)] <1065.8648>: 1000     //指定距离为1000
最大项目数 = 6                                                //系统默认最大项目数设置为
指定项目数或 [填写完整路径(F)/表达式(E)] <6>: 5              //将项目数设置为5
选择夹点以编辑阵列或 [关联(AS)/方法(M)/基点(B)/切向(T)/项目(I)/行(R)/层(L)/对齐项
目(A)/z 方向(Z)/退出(X)] <退出>:                             //按【Enter】键确定，
                                                              阵列效果如图 4-61 所示
```

图 4-61 阵列效果

4.7 偏移对象

偏移图形对象是指对指定的线、圆和圆弧等作同心偏移复制。对于直线而言，由于圆心为无穷远，因此可以进行平行复制。

在 AutoCAD 2017 中，执行【OFFSET】命令的常用方法有以下几种。

- 在菜单栏中执行【修改】|【偏移】命令。
- 在【修改】工具栏中单击【偏移】按钮。
- 在命令行中输入【OFFSET】命令，并按【Enter】键确定。

执行以上任意命令后，命令行提示如下：
指定偏移距离或 [通过(T)/删除(E)/图层(L)] <通过>:

（1）偏移距离

根据指定距离建立一个与选择对象相似的另一个平行对象。可以平行复制直线、圆、圆弧、样条曲线和多义线，若偏移的对象为封闭体，则偏移后的图形被放大或缩小，原实体不变。执行命令后，命令行提示如下：

```
命令：Offset
指定偏移距离或 [通过(T)/删除(E)/图层(L)] <2.8030>:500          //输入偏移距离数值
选择要偏移的对象，或[退出(E)/放弃(U)]<退出>:                   //选中直线
指定要偏移图形上的一点，或 [退出(E)/多个(M)/放弃(U)] <退出>:   //指定圆图形内侧
```

选择要偏移的对象，或[退出(E)/放弃(U)]<退出>：　//按【Enter】键，结束偏移命令，直线偏移后的效果如图 4-62 所示

可同时创建多个对象的偏移副本，系统在执行完上述命令后将继续反复提示用户选择对象和偏移方向，直到按【Enter】键结束命令。

（2）通过（T）

以通过一个指定点建立与选择对象相似的另一个平行对象。

```
指定偏移距离或 [通过(T)/删除(E)/图层(L)] <2.0000>:T  //执行【通过】命令
选择要偏移的对象，或[退出(E)/放弃(U)]<退出>：        //选右侧的垂直线段
指定通过点，或[退出(E)/多个(M)/放弃(U)] <退出>：     //指定通过点如图 4-63 所示
选择要偏移的对象，或[退出(E)/放弃(U)]<退出>：        //按【Enter】键，结束偏移命令
                                                     //偏移后的效果如图 4-64 所示
```

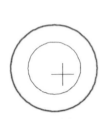 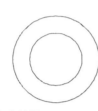 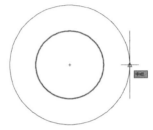 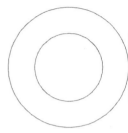

　　图 4-62　偏移效果 1　　　　　　图 4-63　指定通过点　　　　图 4-64　偏移效果 2

（3）图层（L）

控制偏移副本是创建在当前图层上，还是源对象所在的图层上。

此外，【删除（E）】选项是指在创建偏移副本后，删除或保留源对象。

　　① OFFSET 命令每次只能用直接单击的方式一次选择一个实体进行偏移复制，若要多次用同样的距离偏移复制同一对象，可使用阵列命令。

　　② OFFSET 命令选择目标只能用点，不能用窗口（W）、相交（C）或全部（ALL）选择。

　　③ 偏移多段线或样条曲线时，将偏移所有选定控制点，如果把某个定点偏移到样条曲线或多段线的一个锐角内时，则可能出错。

　　点、图块、属性和文本不能被偏移。

4.7.1　以指定的距离偏移对象

在执行【偏移】命令时，可以使对象以指定的距离偏移对象。

在 AutoCAD 2017 中，可以偏移的对象包括：直线、圆弧、圆、椭圆和椭圆弧、二维多线段、构造线和射线、样条曲线。

下面通过实例讲解如何以指定的距离偏移对象，具体操作步骤如下。

Step 01 启动 AutoCAD 2017，打开配套资源中的素材\第 4 章\【偏移图形对象素材 1.dwg】素材文件，如图 4-65 所示。

Step 02 在命令行中输入【OFFSET】命令并按【Enter】键确定，然后根据命令行的提示进行操作，命令行提示如下：

```
命令：OFFSET                                              //执行【OFFSET】命令
当前设置：删除源=否  图层=当前  OFFSETGAPTYPE=0           //系统提示
指定偏移距离或 [通过(T)/删除(E)/图层(L)] <80.0000>： 20  //将偏移距离设置为 20
选择要偏移的对象，或 [退出(E)/放弃(U)] <退出>：           //选择外面最大的圆作为偏移对象
指定要偏移的那一侧上的点，或 [退出(E)/多个(M)/放弃(U)] <退出>：//指定圆的内侧并按
【Enter】键确定，偏移效果如图 4-66 所示。
```

Step 03 使用同样的方法将最大的圆向内偏移 80 的距离，最终显示效果如图 4-67 所示。

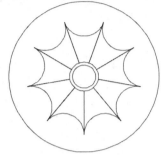
图 4-65 素材文件

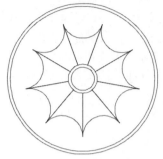
图 4-66 偏移效果

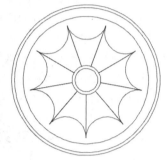
图 4-67 最终显示效果

4.7.2 使偏移对象通过一点

在执行【偏移】命令时，还可以使偏移的对象通过指定的一点。下面通过实例讲解如何使偏移对象通过一点，具体操作步骤如下。

Step 01 启动 AutoCAD 2017，打开配套资源中的素材\第 4 章\【偏移图形对象素材 2.dwg】素材文件，如图 4-68 所示。

Step 02 在命令行中输入【OFFSET】命令并按【Enter】键确定，根据命令行的提示执行【通过】命令，命令行提示如下：

```
命令：OFFSET                                              //执行【OFFSET】命令
当前设置：删除源=否  图层=当前  OFFSETGAPTYPE=0           //系统提示
指定偏移距离或 [通过(T)/删除(E)/图层(L)] <通过>： T       //输入 T
选择要偏移的对象，或 [退出(E)/放弃(U)] <退出>：           //选择图形对象
指定通过点或 [退出(E)/多个(M)/放弃(U)] <退出>：           //指定通过点如图 4-69 所示
选择要偏移的对象，或 [退出(E)/放弃(U)] <退出>：          //按【Enter】键确定即可，偏移效果如
图 4-70 所示
```

图 4-68 素材文件

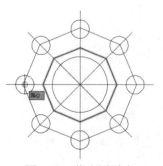
图 4-69 指定通过点

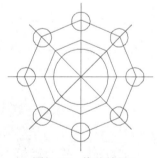
图 4-70 偏移效果

4.8 修剪和延伸对象

【修剪】和【延伸】命令可以精确地将某一个对象终止在由其他对象定义的边界处。修剪图

形对象可以使图形表达得更加清晰，在外形上更加美观。延伸图形对象可以将指定的图形对象延伸到指定的边界（也可以称为边界的边）。使用【延伸】命令可以延伸图形对象，使该图形对象与其他的图形对象相接或精确地延伸至选定对象定义的边界上。

在 AutoCAD 2017 中，执行【TRIM】命令的方法有以下几种。
- 在菜单栏中执行【修改】|【修剪】命令。
- 在【修改】工具栏中单击【修剪】按钮 ⊢⁄。
- 在命令行中输入【TRIM】命令，并按【Enter】键确定。

在 AutoCAD 2017 中，执行【延伸】命令的方法有以下几种。
- 在菜单栏中执行【修改】|【延伸】命令。
- 在【修改】工具栏中单击【延伸】按钮 ⊣⁄。
- 在命令行中输入【Extend】命令，并按【Enter】键确定。

4.8.1 实例——修剪对象

在 AutoCAD 中，可以修剪的对象包括圆弧、圆、椭圆弧、直线、开放的二维和三维多段线、射线，以及样条曲线和构造线、块和图纸空间的布局视口。有效的剪切对象包括二维和三维多段线、圆弧、圆、椭圆、布局视口、直线、射线、面域、样条曲线，以及文字和构造线。

下面通过实例讲解如何修剪图形对象，具体操作步骤如下。

Step 01 启动 AutoCAD 2017，打开配套资源中的素材\第 4 章\【修剪图形对象素材.dwg】素材文件，如图 4-71 所示。

Step 02 在命令行中输入【TRIM】命令，按 2 次【Enter】键，将鼠标光标放置在要修剪的图形位置上时光标变为 ，如图 4-72 所示。

Step 03 依次单击要修剪的图形对象，最后按【Enter】键确定即可，完成修剪后的效果如图 4-73 所示。

 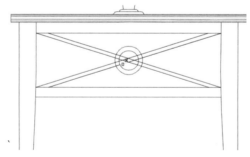 

图 4-71　素材文件　　　　图 4-72　光标显示效果　　　　图 4-73　修剪效果

注　意

① 在选择对象时，若选择点位于对象端点和剪切边之间，【TRIM】命令将删除延伸对象超出剪切边的部分。如果选定点位于两个剪切边之间，则删除它们之间的部分，而保留两边以外的部分，使对象一分为二。

② 若选取的修剪对象为二维宽多段线，系统将按其中心线进行修剪。若多段线是锥形的，修剪边处的宽度在修剪之后将保持不变。宽多段线端点总是矩形的，以某一角度剪切宽多段线会导致端点部分超出剪切边。修剪样条拟合多段线将删除曲线拟合信息，并将样条拟合线段更改为普通多段线线段。

4.8.2 实例——延伸对象

用于延伸线段、弧、二维多段线或射线,使其与另一对象相切。用户可使用多段线、圆弧、圆、椭圆、构造线、线、射线、样条曲线或图纸空间的视图作为边界对象。当用户使用二维多段线作为限制对象,对象会延伸至多段线的中心线。

下面通过实例讲解如何延伸对象,具体操作步骤如下。

Step 01 启动 AutoCAD 2017,打开配套资源中的素材\第4章\【延伸图形对象素材.dwg】素材文件,如图 4-74 所示。

Step 02 在命令行中输入【EXTEND】命令,按 2 次【Enter】键确定,根据命令行的提示选择要延伸的图形对象,如图 4-75 和图 4-76 所示。

Step 03 选择完成后按【Enter】键确定即可,完成延伸效果如图 4-77 所示。

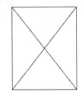 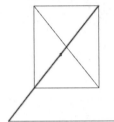 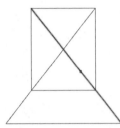 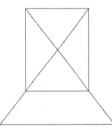

图 4-74　素材文件　　图 4-75　选择延伸对象 1　　图 4-76　选择延伸对象 2　　图 4-77　延伸效果

4.8.3 修剪和延伸宽多段线

在对二维宽多段线进行修剪和延伸时,宽多段线的端点始终是正方形。以某一角度修剪宽多段线会导致端点部分延伸出剪切边。两者的区别如图 4-78 和图 4-79 所示。

图 4-78　宽多段线延伸前后的对比　　　　图 4-79　成角度的宽多段线延伸前后效果对比

4.8.4 修剪和延伸样条曲线拟合多段线

当对样条曲线拟合多段线进行修剪和延伸时,修剪样条拟合多段线将删除曲线拟合信息,并将样条拟合线段改为普通多段线线段。延伸一个样条曲线拟合的多段线将为多段线的控制框架添加一个新顶点。

4.9 打断与合并对象

打断图形对象是指删除图形对象上的某一部分或将图形对象分为两部分。使用【合并】命令可以将相似的对象合并以形成一个完整的对象。

使用【打断】命令可以创建打断的对象,可打断的图形包括圆弧、圆、直线、多段线、射线、样条曲线和构造线等。

在 AutoCAD 2017 中,执行【打断】命令的方法有以下几种。

- 在菜单栏中执行【修改】|【打断】命令。
- 在【修改】工具栏中单击【打断】按钮。
- 在命令行中输入【BREAK】命令，并按【Enter】键确定。

执行上述任意命令后，命令行提示如下：

选择对象：　　　　　　　　　　　　　　//指定要被打断的对象
指定第二个打断点或[第一点(F)]：　　　　//指定打断点

各选项的作用如下。

（1）第一切断点（F）

在选取的对象上指定要切断的起点，命令行提示如下：

选择对象：　　　　　　　　　　　　　　//指定要被打断的矩形
指定第二个打断点 或 [第一点(F)]：F　　//指定第一打断点选项
指定第一个打断点：　　　　　　　　　　//在选取的矩形上指定点
指定第二个打断点：　　　　　　　　　　//在选取的矩形上指定点，如图 4-80 所示

矩形被打断后的效果如图 4-81 所示。

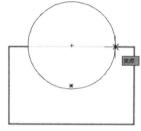　　　　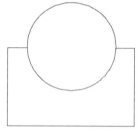

图 4-80　指定打断点　　　　　图 4-81　打断效果

（2）第二切断点（S）

在选取的对象上指定要切断的第 2 点。若用户在命令行中输入打断命令后，第 1 条命令提示中选择了系统默认<第二切断点>，则系统将以选取对象时指定的点为默认的第一切断点，命令行提示如下：

命令：Break
选择对象：　　　　//在点 1 选中要被打断的矩形
指定第二个打断点 或 [第一点(F)]：　　// 在选取的矩形上指定点 2，则系统将以点 1 为第一打断点，以点 2 为第二打断点打断矩形，效果如图 4-82 所示

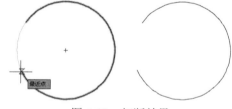

图 4-82　打断效果

在执行打断操作时，有一种特殊情况：第 2 个打断点与第 1 个打断点均为同一点，即在【指定第二个打断点或[第一点（F）]：】提示下直接按【Enter】键。此时，系统将把用户指定的第 1 个打断点作为第 2 个打断点，被打断的对象将被无间距分离，也即若是一条连续的线段，执行该操作后，将会变成两条线段，而用肉眼并不能识别其是否被断开。

提　示

① 系统在使用 BREAK 命令打断被选取的对象时，一般是切断两个打断点之间的部分。当其中一个切断点不在选定的对象上时，系统将选择离此点最近的对象上的一点为切断点之一来处理。

② 若选取的两个切断点在一个位置上，可将对象切开，但不删除某个部分。除了可以指定同一点，还可以在选择第 2 切断点时，在命令行提示下输入@字符，这样可以达到同样的效果。但这样的操作不适合圆，要切断圆，必须选择两个不同的切断点。

> **注 意**
>
> 在切断圆或多边形等封闭区域的对象时，系统默认以逆时针方向切断两个切断点之间的部分。

4.9.1 实例——打断图形

使用【打断】命令可以在对象上按指定的间隔将其分成两部分，并将指定的部分删除，【打断】命令不适合【块】、【标注】、【多行】和【面域】对象。

下面通过实例讲解如何打断图形对象，具体操作步骤如下。

Step 01 启动 AutoCAD 2017，打开配套资源中的素材\第 4 章\【打断图形对象素材.dwg】素材文件，如图 4-83 所示。

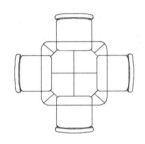
图 4-83 打开素材文件

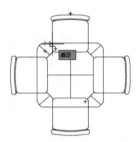
图 4-84 指定第一个打断点

Step 02 在命令行中执行【BREAK】命令并按【Enter】键确定，然后根据命令行的提示操作，命令行提示如下：

```
命令:BREAK                          //执行【BREAK】命令
选择对象：                           //选择要打断的图形对象
指定第二个打断点或[第一点(F)]：F     //输入 F
指定第一个打断点：                    //指定第一个打断点如图 4-84 所示
指定第二个打断点：                    //指定第二个打断点即可打断图形，如图 4-85 所示
```

Step 03 使用同样的方法打断其他的点，打断效果如图 4-86 所示，最终效果 4-87 所示。

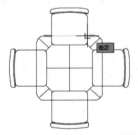
图 4-85 指定第二个打断点

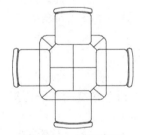
图 4-86 打断效果

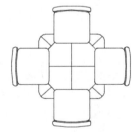
图 4-87 最终效果

4.9.2 实例——合并图形

合并图形可以将两段相似的图形合并为一个整体。

下面通过实例讲解如何合并图形对象，具体操作步骤如下。

Step 01 启动 AutoCAD 2017，打开配套资源中的素材\第 4 章\【合并图形对象素材.dwg】素材文件，如图 4-88 所示。

Step 02 在命令行中执行【JOIN】命令并按【Enter】键确定，然后根据命令行的提示选择要合并

的对象，如图4-89所示。

Step 03 选择完要合并的图形对象后按【Enter】键确定，合并效果如图4-90所示。

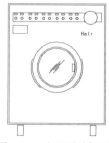  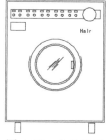

图4-88　打开素材文件　　　　图4-89　选择合并对象　　　　图4-90　合并效果

4.10 拉长对象

在AutoCAD 2017中，执行【拉长】命令的方法有以下几种。

- 在菜单栏中执行【修改】|【拉长】命令。
- 在【修改】工具栏中单击【拉长】按钮 。
- 在命令行中输入【Lengthen】命令，并按【Enter】键确定。

执行上述任意命令后，命令行提示如下：
选择对象或 [增量(DE)/百分数(P)/全部(T)/动态(DY)]:
各选项的作用如下。

- 选择对象：在命令行提示下选取对象，将在命令栏显示选取对象的长度。若选取的对象为圆弧，则显示选取对象的长度和包含角。
- 动态（DY）：开启【动态拖动】模式，通过拖动鼠标选取对象的一个端点来改变其长度，其他端点保持不变。

执行上述命令后，命令行提示如下：
选择对象或 [增量(DE)/百分数(P)/全部(T)/动态(DY)]: dy　　//选择【动态】选项
选择要修改的对象或 [放弃(U)]:　　　　　　　　　　　//选择要被拉伸的对象
指定新端点:　　　　　　　　//拖动鼠标在绘图区内任意指定一点为拉伸的新端点

- 增量（DE）：以指定的长度为增量修改对象的长度，该增量从距离选择点最近的端点处开始测量。

执行上述命令后，命令行提示如下：
输入长度增量或 [角度(A)] <0.0000>:　　　//输入长度增量，或输入A，或按【Enter】键

- 百分数（P）：用对象总长度或总角度的百分比来设置对象的长度或弧包含的角度。

执行上述命令后，命令行提示如下：
输入长度百分数 <100.0000>:　　　　　　　//输入百分比，或按【Enter】键
选择要修改的对象或 [放弃(U)] :　　　　　　//选取对象

- 全部（T）：指定从固定端点开始测量的总长度或总角度的绝对值来设置对象长度或弧包含的角度。

执行上述命令后，命令行提示如下：
指定总长度或 [角度(A)] <1.0000>:　　　　//输入总长度，或输入A，或按【Enter】键
选择要修改的对象或 [放弃(U)] :　　　　　　//按【Enter】键，结束命令

4.10.1 实例——拉长对象

使用【拉长】命令可以将对象按照一定方向进行延伸。下面通过实例讲解如何拉长图形对象，具体操作步骤如下。

Step 01 启动 AutoCAD 2017，打开配套资源中的素材\第4章\【拉长图形对象素材.dwg】素材文件，如图 4-91 所示。

Step 02 在命令行中输入【LENGTHEN】命令并按【Enter】键确定，根据命令行的提示进行操作，命令行提示如下：

```
命令：LENGTHEN                                      //执行【LENGTHEN】命令
选择要测量的对象或 [增量(DE)/百分比(P)/总计(T)/动态(DY)] <增量(DE)>: DE    //输入 DE
输入长度增量或 [角度(A)] <0.0000>: 200.0000          //将长度增量设置为 200
选择要修改的对象或 [放弃(U)]：
选择要修改的对象或 [放弃(U)]：                       //选择要拉长的图形对象如图 4-92 所示，
生成零长度几何图形。
选择要修改的对象或 [放弃(U)]：
选择要修改的对象或 [放弃(U)]：                       //选择要拉长的图形对象如图 4-93 所示，
生成零长度几何图形。
选择要修改的对象或 [放弃(U)]：                       //按【Enter】键确定，拉长后的效果如图 4-94 所示
```

图 4-91　打开素材文件

图 4-92　选择要拉长的图形对象 1

图 4-93　选择要拉长的图形对象 2

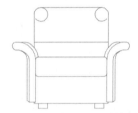

图 4-94　拉长图形后的效果

4.10.2 通过拖动改变对象长度

用户还可以通过拖动改变对象的长度。下面通过实例讲解如何通过拖动改变对象长度，具体操作步骤如下。

Step 01 启动 AutoCAD 2017，打开配套资源中的素材\第4章\【拉长图形对象素材.dwg】素材文件。

Step 02 在命令行中输入【LENGTHEN】命令并按【Enter】键确定，根据命令行的提示进行操作，命令行提示如下：

```
命令：LENGTHEN                                      //执行【LENGTHEN】命令
选择要拉长的对象或 [增量(DE)/百分比(P)/总计(T)/动态(DY)] <动态(DY)>: DY    //输入 DY
选择要修改的对象或 [放弃(U)]：                       //选择图形对象如图 4-95 所示
指定新端点：                                        //指定端点位置如图 4-96 所示
选择要修改的对象或 [放弃(U)]：                       //按【Enter】键确定，完成拖动后效果如图 4-97 所示
```

| 图 4-95 选择图形对象 | 图 4-96 指定端点位置 | 图 4-97 完成拖动后的效果 |

4.11 倒角对象

使用【倒角】命令可以为直线、多段线和构造线进行倒角。

在 AutoCAD 2017 中，执行【倒角】命令的方法有以下几种。

- 在菜单栏中执行【修改】|【倒角】命令。
- 在【修改】工具栏中单击【倒角】按钮 。
- 在命令行中输入【Chamfer】命令，并按【Enter】键。

4.11.1 实例——创建倒角

下面通过实例讲解如何创建倒角，具体操作步骤如下。

Step 01 启动 AutoCAD 2017，打开配套资源中的素材\第 4 章\【创建倒角素材.dwg】素材文件，如图 4-98 所示。

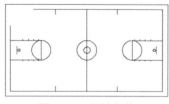

图 4-98　素材文件　　　　　　　图 4-99　选择第一条直线

Step 02 在命令行中输入【CHAMFER】命令并按【Enter】键确定，然后根据命令行的提示进行操作，命令行提示如下：

命令：CHAMFER　　　　　　　　　　　　　　　　　　//执行【CHAMFER】命令
("修剪"模式) 当前倒角长度 = 0.0000，角度 = 0　　//系统默认
选择第一条直线或 [放弃(U)/多段线(P)/距离(D)/角度(A)/修剪(T)/方式(E)/多个(M)]:
　　　　　　　　　　　　　　　　　　　　　　　　//选择第一条直线如图 4-99 所示
选择第二条直线，或按住【Shift】键选择直线以应用角点或 [距离(D)/角度(A)/方法(M)]:
　　　　　　　　　　　　　　　　　　//选择第二条直线如图 4-100 所示，完成效果如图 4-101 所示

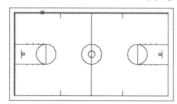

图 4-100　选择第二条直线　　　　　图 4-101　创建倒角效果

4.11.2 设置倒角距离

执行【倒角】命令后，命令行提示如下：
(【修剪】模式) 当前倒角距离 1 = 0.0000，距离 2 = 0.0000
选择第一条直线或 [放弃(U)/多段线(P)/距离(D)/角度(A)/修剪(T)/方式(E)/多个(M)]:
执行【倒角】命令的方式有以下两种。

（1）距离—距离

指定要从交点修剪到对象多远的距离。在设置倒角距离时，第 1 个距离的默认值为上一次指定的距离，第 2 个距离的默认设置是第一个距离的指定值。用户也可根据实际情况重新设置两个倒角距离。若两个倒角距离指定的值均为 0，选择的两个对象将自动延伸至相交，倒角对比效果如图 4-102 所示，但不创建倒角线。

图 4-102　倒角对比效果

执行【倒角】命令后，命令行提示如下：
命令：_ CHAMFER
倒角 (距离 1=0.5000, 距离 2=0.5000)
选择第一条直线或 [放弃(U)/多段线(P)/距离(D)/角度(A)/修剪(T)/方式(E)/多个(M)]:D
指定第一个倒角距离 <0.0000>: 200　　　　　　　//输入第一条直线A的倒角距离
指定第二个倒角距离 <2.0000>: 100　　　　　　　//输入第二条直线B的倒角距离
选择第一条直线或 [放弃(U)/多段线(P)/距离(D)/角度(A)/修剪(T)/方式(E)/多个(M)]:
　　　　　　　　　　　　　　　　　　　　　　　　//选中第一个对象直线A
选择第二条直线,或按住【Shift】键选择要应用角点的直线：　//选中第二个对象直线B
倒角结果如图 4-103 所示。
倒角的第一距离和第二距离可以是相等的，也可以是不相等的，结果如图 4-104 所示。

（2）距离—角度

指定第一条直线的长度和第一条直线与倒角后形成的线段之间的角度值。
倒角 (距离 1=2.0000, 距离 2=1.0000):
选择第一条直线或 [放弃(U)/多段线(P)/距离(D)/角度(A)/修剪(T)/方式(E)/多个(M)]: a
　　　　　　　　　　　　　　　　　　　　　　　　//指定距离—角度方式
指定第一条直线的倒角长度 <0.0000>: 200　　　　　//指定第一条线的长度
指定第一条直线的倒角角度 <0>: 60　　　　　　　//指定第一条线的角度
选择第一条直线或 [放弃(U)/多段线(P)/距离(D)/角度(A)/修剪(T)/方式(E)/多个(M)]:
　　　　　　　　　　　　　　　　　　　　　　　　//选中第一条直线A
选择第二条直线,或按住【Shift】键选择要应用角点的直线：　//选中第二条直线B
倒角结果如图 4-105 所示。

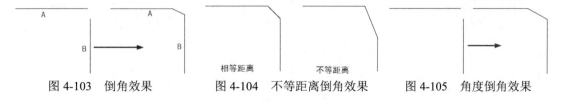

图 4-103　倒角效果　　　图 4-104　不等距离倒角效果　　　图 4-105　角度倒角效果

> **提 示**
>
> 如果两个倒角的对象在同一图层中,则倒角线也在同一图层上,否则,倒角线将在当前图层上,其倒角线的颜色、线型和线宽都随图层的变化而变化。

4.11.3 实例——为非平行线倒角

在实际操作过程中,常常需要对非平行线进行倒角。

下面通过实例讲解如何为非平行线倒角,具体操作步骤如下。

Step 01 启动 AutoCAD 2017,在命令行中输入【LINE】命令,绘制两条不相交、不平行、不垂直的线段,如图 4-106 所示。

Step 02 在命令行中输入【CHAMFER】命令并按【Enter】键确定,然后根据命令行的提示选择绘制的两条线段,即可对其进行倒角处理,倒角效果如图 4-107 所示。

图 4-106　绘制线段　　　　　　　　图 4-107　倒角效果

4.11.4 通过指定角度进行倒角

在执行【倒角】命令时,常常需要以一定的角度进行倒角。

下面通过实例讲解如何通过指定角度进行倒角,具体操作步骤如下。

Step 01 启动 AutoCAD 2017,打开配套资源中的素材\第 4 章\【角度倒角素材.dwg】素材文件,如图 4-108 所示。

Step 02 在命令行中输入【CHAMFER】命令并按【Enter】键确定,然后根据命令行的提示进行操作,命令行提示如下:

```
命令：CHAMFER                                    //执行【CHAMFER】命令
("修剪" 模式) 当前倒角长度 = 50.0000,角度 = 30
选择第一条直线或 [放弃(U)/多段线(P)/距离(D)/角度(A)/修剪(T)/方式(E)/多个(M)]： A
                                                //输入 A 执行【角度】命令
指定第一条直线的倒角长度 <0.0000>: 25             //指定第一条直线的倒角长度
指定第一条直线的倒角角度 <0>: 30                  //指定倒角角度
选择第一条直线或 [放弃(U)/多段线(P)/距离(D)/角度(A)/修剪(T)/方式(E)/多个(M)]：
                                                //选择第一条直线如图 4-109 所示
选择第二条直线,或按住【Shift】键选择直线以应用角点或 [距离(D)/角度(A)/方法(M)]：
                //选择第二条直线,如图 4-110 所示。完成后的倒角效果如图 4-111 所示
```

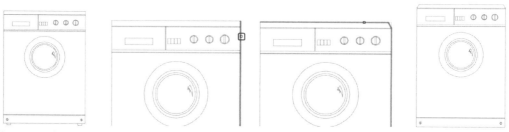

图 4-108　素材文件　图 4-109　选择第一条直线　图 4-110　选择第二条直线　图 4-111　倒角效果

4.11.5 实例——倒角而不修剪

默认情况下，对对象进行倒角后，其拐角边将被修剪删除，用户可以设置其不被删除。

下面通过实例讲解如何倒角而不修剪，具体操作步骤如下。

Step 01 启动 AutoCAD 2017，打开配套资源中的素材\第 4 章\【倒角而不修剪素材.dwg】素材文件，如图 4-112 所示。

Step 02 在命令行中输入【CHAMFER】命令并按【Enter】键确定，然后根据命令行的提示进行操作，命令行提示如下：

```
命令: CHAMFER                                              //执行【CHAMFER】命令
("不修剪"模式) 当前倒角距离 1 = 50.0000, 距离 2 = 50.0000
选择第一条直线或 [放弃(U)/多段线(P)/距离(D)/角度(A)/修剪(T)/方式(E)/多个(M)]: T
                                                          //输入 T
输入修剪模式选项 [修剪(T)/不修剪(N)] <不修剪>: N              //输入 N
选择第一条直线或 [放弃(U)/多段线(P)/距离(D)/角度(A)/修剪(T)/方式(E)/多个(M)]: D
                                                          //输入 D
指定第一个倒角距离 <0.0000>: 100                            //指定第一个倒角距离
指定第二个倒角距离 <0.0000>: 100                            //指定第二个倒角距离
选择第一条直线或 [放弃(U)/多段线(P)/距离(D)/角度(A)/修剪(T)/方式(E)/多个(M)]:
                                                          //选择第一条直线
选择第二条直线, 或按住【Shift】键选择直线以应用角点或 [距离(D)/角度(A)/方法(M)]:
                                                          //选择第二条直线
```

Step 03 使用同样的方法对其他部位进行倒角，效果如图 4-113 所示。

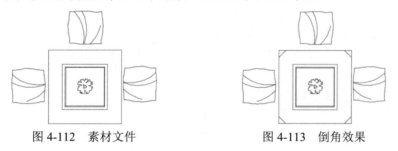

图 4-112　素材文件　　　　　　　图 4-113　倒角效果

4.11.6 实例——为整个多段线倒角

对于多段线绘制的图形可以一次性为其进行多处倒角处理。

下面通过实例讲解如何为整个多段线倒角，具体操作步骤如下。

Step 01 启动 AutoCAD 2017，打开配套资源中的素材\第 4 章\【为整个多段线倒角素材.dwg】素材文件，如图 4-114 所示。

Step 02 在命令行中输入【CHAMFER】命令并按【Enter】键确定，然后根据命令行的提示操作，命令行提示如下：

```
命令: CHAMFER                                              //在命令行中执行【CHAMFER】命令
("修剪"模式) 当前倒角距离 1 = 50.0000, 距离 2 = 50.0000
选择第一条直线或 [放弃(U)/多段线(P)/距离(D)/角度(A)/修剪(T)/方式(E)/多个(M)]: P
                                                          //输入 P 执行【多段线】命令
选择二维多段线或 [距离(D)/角度(A)/方法(M)]: D               //输入 D 执行【距离】命令
指定 第一个 倒角距离 <0.0000>:50.0000                       //指定第一个倒角距离
指定 第二个 倒角距离 <0.0000>:50.0000                       //指定第二个倒角距离
选择二维多段线或 [距离(D)/角度(A)/方法(M)]:                 //选择倒角多段线, 4 条直线已被倒
```

选择第一条直线或 [放弃(U)/多段线(P)/距离(D)/角度(A)/修剪(T)/方式(E)/多个(M)]:
角, 如图4-115所示
//按【Enter】键确定

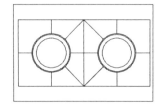
图4-114 素材文件

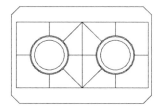
图4-115 倒角效果

4.12 圆角对象

圆角为两段圆弧、圆、椭圆弧、直线、多段线、射线、样条曲线或构造线，以及三维实体创建以指定半径的圆弧形成的圆角。圆角是指光滑地连接两个对象的圆弧。在AutoCAD 2017中，执行【圆角】命令的常用方法有以下几种。

- 在菜单栏中执行【修改】|【圆角】命令。
- 在【修改】工具栏中单击【圆角】按钮◯。
- 在命令行中输入【Fillet】命令，并按【Enter】键确定。

执行上述任意命令后，命令行提示如下：
当前设置：模式=修剪，半径= 0.0000
选择第一个对象或 [放弃(U)/多段线(P)/半径(R)/修剪(T)/多个(M)]:

其中，半径（R）是指对实体执行圆角操作时应先设定圆角弧半径，再进行圆角操作。在此修改圆角弧半径后，此值将成为创建圆角的当前半径值，此设置只对新创建的对象有影响。具体命令行提示如下：

当前设置：模式 = 修剪，半径 = 0.0000
选择第一个对象或 [放弃(U)/多段线(P)/半径(R)/修剪(T)/多个(M)]:r   //选择设置圆角弧
                                                              //半径
指定圆角半径 <0.0000>:200   //输入半径数值
选择第一个对象或 [放弃(U)/多段线(P)/半径(R)/修剪(T)/多个(M)]:   //选中第一条直线
选择第二个对象,或按住【Shift】键选择
要应用角点的对象: //选
中第二条直线

圆角后的效果如图4-116所示。
若指定圆角半径的值为0，选择的两个对象将自动延伸至相交，但不创建圆角弧。

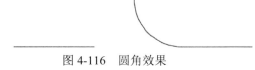
图4-116 圆角效果

 提 示

① 若选定的对象为直线、圆弧或多段线，系统将自动延伸这些直线或圆弧直到它们相交，然后创建圆角。

② 若选取的两个对象不在同一图层，系统将在当前图层创建圆角线。同时，圆角的颜色、线宽和线型的设置也是在当前图层中进行的。

③ 若选取的对象是包含弧线段的单个多段线，创建圆角后，新多段线的所有特性（例如图层、颜色和线型等）将继承所选的第一个多段线的特性。

④ 若选取的对象是关联填充（其边界通过直线线段定义），创建圆角后，该填充的关联性将不再存在。若该填充的边界以多段线来定义，将保留其关联性。

⑤ 若选取的对象为一条直线和一条圆弧或一个圆，可能会有多个圆角的存在，系统将默认选择端点最靠近选中点来创建圆角。

4.12.1 实例——创建圆角

下面通过实例讲解如何创建圆角，具体操作步骤如下。

Step 01 启动 AutoCAD 2017，在命令行中输入【LINE】命令，绘制两条如图 4-117 所示的线段。

Step 02 在命令行中输入【FILLET】命令并按【Enter】键确定，然后根据命令行的提示选择绘制的两条线段即可创建圆角，创建圆角效果如图 4-118 所示。

图 4-117　绘制线段　　　　　图 4-118　创建圆角

4.12.2 实例——设置圆角半径

在为图形进行倒圆角时，首先需要设置倒圆角的角度。下面通过实例讲解如何设置圆角半径，具体操作步骤如下。

Step 01 启动 AutoCAD 2017，打开配套资源中的素材\第 4 章\【设置圆角半径素材.dwg】素材文件，如图 4-119 所示。

Step 02 在命令行中输入【FILLET】命令并按【Enter】键确定，然后根据命令行的提示输入 R，指定圆角半径为 100，选择要倒角的两条边即可，倒圆角效果如图 4-120 所示。

Step 03 使用同样的方法倒其他的圆角，最终效果如图 4-121 所示。

图 4-119　素材文件　　　图 4-120　倒圆角效果　　　图 4-121　最终倒角后效果

4.12.3 为整个多段线圆角

和【倒角】命令一样，【倒圆角】也可以为整个多段线进行倒角。下面通过实例讲解如何为整个多段线圆角，具体操作步骤如下。

Step 01 启动 AutoCAD 2017，打开配套资源中的素材\第 4 章\【设置圆角半径素材.dwg】素材文件，如图 4-122 所示。

Step 02 在命令行中输入【FILLET】命令并按【Enter】键确定，根据命令行的提示输入 R，将半径设置为 100，然后输入 P，再根据命令行的提示选择多段线，圆效果如图 4-123 所示。

图 4-122　素材文件　　　　　　　　　图 4-123　圆角效果

4.12.4　实例——圆角而不修剪

当需要同时对多处进行圆角处理时，可以使用【圆角】命令中的【多个】功能。

下面通过实例讲解如何圆角而不修剪，具体操作步骤如下。

Step 01 启动 AutoCAD 2017，打开配套资源中的素材\第 4 章\【设置圆角半径素材.dwg】素材文件，如图 4-124 所示。

Step 02 在命令行中输入【FILLET】命令并按【Enter】键确定，根据命令行的提示进行操作，命令行提示如下：

```
命令：FILLET                                              //执行【FILLET】命令
当前设置：模式 = 不修剪，半径 = 200.0000
选择第一个对象或 [放弃(U)/多段线(P)/半径(R)/修剪(T)/多个(M)]：T     //输入 T
输入修剪模式选项 [修剪(T)/不修剪(N)] <不修剪>：N                    //输入 N
选择第一个对象或 [放弃(U)/多段线(P)/半径(R)/修剪(T)/多个(M)]：P     //输入 P
选择二维多段线或 [半径(R)]：                                       //选择要圆角的多段线
4 条直线已被圆角                                                 //圆角效果如图 4-125 所示
```

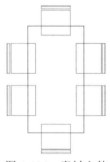 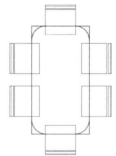

图 4-124　素材文件　　　　　　　　　图 4-125　圆角效果

4.13　使用夹点编辑对象

夹点是指当选取对象时，在对象关键点上显示的小方框。选取对象时，对象会以成为夹点的小方块高亮显示。夹点的位置视所选对象的类型而定。举例来说，夹点会显示在直线的端点与中点、圆的四分点与圆心、弧的端点、中点与圆心处，如图 4-126 所示。

要使用夹点来编辑对象，请选取对象以显示夹点，再选择夹点来使用。所选的夹点依所修改对象类型与所采用的编辑方式而定。举例来说,要移动三角形对象,请拖动三角形中点处的夹点,如图 4-127 所示。

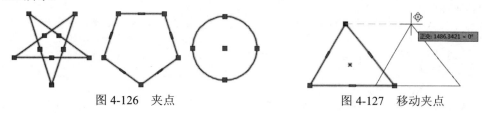

图 4-126　夹点　　　　　　　　　　　　　　图 4-127　移动夹点

命令行提示如下:

指定拉伸点或 [基点(B)/复制(C)/放弃(U)/退出(X)]: //用鼠标在绘图区中指定拉伸点,按
　　　　　　　　　　　　　　　　　　　　　　　　 //【Enter】键结束命令

要拉伸图形,请拖动图形端点处的夹点,如图 4-128 所示。在使用夹点时,无须输入命令。
命令行提示如下:

指定拉伸点或 [基点(B)/复制(C)/放弃(U)/退出(X)]: 　　//用鼠标在绘图区中指定拉伸点,按
　　　　　　　　　　　　　　　　　　　　　　　　 //【Enter】键结束命令

用户可先选中要操作的夹点,此时夹点颜色变为【选中夹点颜色】中设置的颜色,右击,在弹出的快捷菜单中选择一种夹点编辑模式对选中的夹点进行拉伸、移动、旋转、缩放或镜像操作,如图 4-129 所示。用户也可在选中夹点后按【Enter】键或空格键遍历夹点模式,从中选取一种夹点编辑模式进行操作。

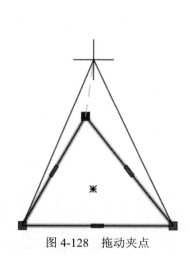

图 4-128　拖动夹点　　　　　　　　图 4-129　快捷菜单

用户也可以通过按住【Shift】键选择多个夹点。在选择多个夹点(也称为多个热夹点选择)后,选定夹点间对象的形状将保持原样。用户可以拖动夹点执行拉伸、移动、旋转、缩放或镜像操作。在 AutoCAD 2017 中,夹点拉伸模式为默认的夹点编辑模式。

(1) 夹点拉伸模式

该模式移动选定夹点到新位置以拉伸对象,能进行拉伸的夹点将根据指定的对象类型来确定。举例来说,若要拉伸矩形的一角,请选取角落的夹点。要拉伸直线,请选取端点的夹点。并非所有的对象都可以使用夹点来进行拉伸。用户在选取对象后,在对象上通过单击选择一个夹点,将高亮显示选定夹点(即热夹点),如图 4-130 所示。命令行提示如下:

指定拉伸点或 [基点(B)/复制(C)/放弃(U)/退出(X)]: 　　//用鼠标在绘图区中指定拉伸点,按
　　　　　　　　　　　　　　　　　　　　　　　　 //【Enter】结束命令

如果在指定拉伸点时选取其他选项，命令行提示如下：
指定拉伸点或 [基点(B)/复制(C)/放弃(U)/退出(X)]：c   //选择在拉伸矩形的同时，创建矩形的拉伸副本
指定拉伸点或 [基点(B)/复制(C)/放弃(U)/退出(X)]：b   //重新选择拉伸基点
指定基点：   //将鼠标移动到点
指定拉伸点或 [基点(B)/复制(C)/放弃(U)/退出(X)]：   //将鼠标移动到点，结束命令，结果如图 4-131 所示

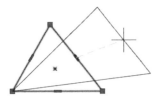 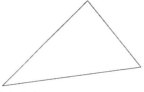 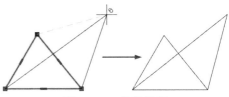

图 4-130　选定夹点　　　　　　　　　　图 4-131　拉伸效果

如果在上述操作中选择【放弃（U）】选项，则表示放弃上次拉伸模式的操作，选择【退出（X）】选项，表示退出拉伸模式操作。

（2）夹点移动模式

夹点移动模式的命令行提示类似夹点拉伸模式。

（3）夹点缩放模式

该模式通过从基点向外拖动并指定点位置来增大对象尺寸，或向内拖动减小尺寸，也可以为相对缩放指定一个缩放比例值。其他选项如同夹点拉伸模式，只是多了一个【参照（R）】选项，命令行将提示用户指定参照长度（如输入 8，实体将以 8 倍比例为基准进行缩放）。接下来，屏幕出现动态菜单和输入框，此时，可直接输入新长度的值（如输入 5，实体将以 5/8 的比例因子进行缩放）。也可以输入或移动定点设置指定比例因子后，对象将按照选择的热夹点（或重新选择的基点）进行缩放（或创建一个缩放后的副本）。命令行提示如下：

指定比例因子或 [基点(B)/复制(C)/放弃(U)/参照(R)/退出(X)]：r   //选择【参照】选项
指定参照长度 <1.0000>：8   //指定参照长度为 8
指定新长度或 [基点(B)/复制(C)/放弃(U)/参照(R)/退出(X)]：5↙   //指定新长度为 5，实体将以 5/8 的比例因子进行缩放

☂ **注　意**

① 对于移动、旋转、缩放和镜像操作，选择不同对象的多个夹点（热夹点）进行操作，等同于选择这些对象按照最后选择的夹点（基夹点或重新选择的基点）为基点进行同步操作。

② 对于拉伸操作，选择不同对象的多个夹点（热夹点）将根据每个对象被选取的各个夹点的具体拉伸情况单独处理，当选择单行文字位置点、块参照插入点、直线中点、圆心和点对象上的夹点作为热夹点时，将移动对象而不是拉伸对象。

4.14　综合应用——绘制餐桌

下面讲解如何绘制餐桌，具体操作步骤如下。

Step 01 启动 AutoCAD 2017，在命令行中输入【CIRCLE】命令，根据命令行的提示操作，绘制一个半径为 600 的圆，如图 4-132 所示。

Step 02 在命令行中输入【PLINE】命令，绘制一个不规则的四边形，如图 4-133 所示。

Step 03 在命令行中输入【FILLET】命令，根据命令行的提示将圆角半径设置为 80，将绘制的

不规则四边形修改至如图 4-134 所示。

 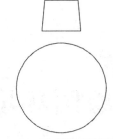 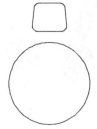

图 4-132　绘制圆　　　　　图 4-133　绘制不规则四边形　　　图 4-134　圆角效果

Step 04 在命令行中输入【LINE】命令，绘制两条互相平行的长度为 500 的线段，绘制效果如图 4-135 所示。

Step 05 在命令行中输入【CIRCLE】命令，根据命令行的提示绘制两个以水平线的间距为直径的圆，绘制效果如图 4-136 所示。

 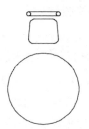

图 4-135　绘制线段　　　　　　　　　图 4-136　绘制圆

Step 06 在命令行中输入【ARRAYPOLAR】命令，根据命令行的提示选择如图 4-137 所示的图形，然后指定如图 4-138 所示的阵列中心点。

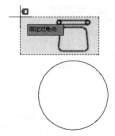 

图 4-137　选择图形对象　　　　　　图 4-138　指定阵列的中心点

Step 07 在【阵列创建】选项卡中将【项目数】设置为 6，如图 4-139 所示，阵列效果如图 4-140 所示。

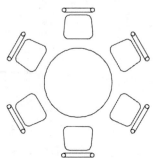

图 4-139　设置【项目数】　　　　　　　　　图 4-140　阵列效果

增值服务：扫码做测试题，并可观看讲解测试题的微课程。

第 5 章 设置绘图环境和辅助功能

利用 AutoCAD 2017 进行绘图是一个完全数字化的绘图过程，数字化图纸的主要优点是编辑和调用方便，只有通过合适的工具，才能够绘制出准确、美观的图纸，同时还能够提高设计效率。除此之外，绘图环境是开始绘图前提前设置好的绘图平台，是决定能否速战速决、精确绘制图样的关键设置。AutoCAD 2017 提供了捕捉模式、栅格显示、正交模式、极轴追踪、对象捕捉等绘图辅助功能帮助用户精确绘图。

5.1 精确绘图辅助工具

在绘图过程中，使用鼠标这样的定点工具对图形文件进行定位虽然方便、快捷，但往往所绘制的图形精度不高。为了解决这一问题，AutoCAD 2017 提供了捕捉模式、栅格显示、正交模式、极轴追踪、对象捕捉和对象追踪捕捉等一些绘图辅助功能帮助用户精确绘图。

在 AutoCAD 2017 中，用户可以通过打开图 5-1 所示的【草图设置】对话框来设置部分绘图辅助功能。打开该对话框有如下 3 种方法。

在菜单栏中单击【工具】按钮，在弹出的下拉菜单中选择【绘图设置】命令，如图 5-2 所示。

图 5-1　【草图绘制】对话框　　　　　图 5-2　选择【绘图设置】命令

在命令行中输入 Dsettings 命令并按【Enter】键确定，如图 5-3 所示。

右击状态栏中的【捕捉模式】、【三维对象捕捉】、【栅格显示】、【极轴追踪】、【对象捕捉】和

【对象捕捉追踪】6 个切换按钮之一，在弹出的快捷菜单中选择【对象捕捉设置】命令，如图 5-4 所示。

在【草图设置】对话框中，【捕捉和栅格】、【极轴追踪】和【对象捕捉】3 个选项卡分别用来设置捕捉和栅格、极坐标跟踪功能和对象捕捉功能。

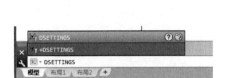

图 5-3　执行【Dsettings】命令　　　　图 5-4　选择【对象捕捉设置】命令

5.1.1　使用捕捉和栅格功能

栅格（Grid）是可见的位置参考图标，是由用户控制是否可见但却不呈现在打印中的点所构成的精确定位的网格与坐标值，它可以帮助用户进行定位，如图 5-5 所示。当栅格和捕捉配合使用时，对于提高绘图精确度有重要作用。

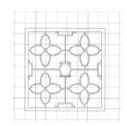

1．显示栅格

图 5-5　显示栅格

由于 AutoCAD 只在绘图界限内显示栅格，所以栅格显示的范围与用户所指定的绘图界限大小有关。使用栅格既可以快捷地对齐对象，又能够直观地显示对象间的间距。用户可以在运行其他命令的过程中打开和关闭栅格。在放大或缩小图形时，需要重新调整栅格的间距，使其适合新的缩放比例。

用户可以使用下列方法打开栅格，也可以在不需要时关闭栅格。

（1）单击状态栏上的【显示图形栅格】按钮，如果该按钮被按下，则表示已经打开栅格显示。再次单击可以关闭栅格显示。默认状态是关闭栅格显示，如图 5-6 所示。

（2）按【F7】键，可以在打开和关闭栅格显示之间进行切换。

（3）在【草图设置】对话框的【捕捉和栅格】选项卡中，勾选【启用栅格】复选框，然后单击【确定】按钮，如图 5-7 所示。

（4）按【Ctrl+G】组合键。

（5）在命令行中输入【GRID】命令，根据提示，输入 ON 将显示栅格，输入 OFF 将关闭栅格，如图 5-8 所示。

（6）在命令行中输入【Gridmode】命令，再在提示下输入变量 Gridmode 的新值，值为 0 将不显示栅格，值为 1 将显示栅格，如图 5-9 所示。

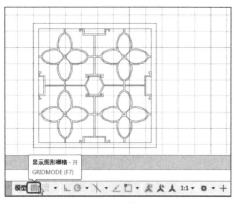
图 5-6 打开栅格后的效果

图 5-7 勾选【启用栅格】复选框

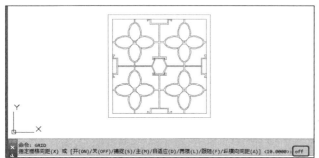
图 5-8 关闭栅格显示

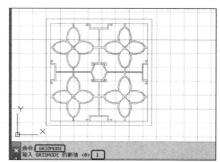
图 5-9 显示栅格

2．设置栅格间距

如上所述，栅格是用来精确绘制图形的，用户为了方便绘图，可以随时调整它的间距。比如，当用户所输入的一些点的坐标都为 7 的倍数时，便可以设置栅格的横、竖间距都为 7，进而通过捕捉栅格上的点来输入这些点，而不必通过键盘输入坐标的方法进行输入。当然用户也可以将栅格的横竖间距设置为不同，以适应具体需要。

设置栅格间距的方法有以下两种。

- 在命令行中输入【GRID】命令，然后根据提示来完成设置，如图 5-10 所示。

图 5-10 输入【GRID】命令

- 通过【草图设置】对话框完成间距的设置。

在【草图设置】对话框中，将【栅格间距】选项组中的【栅格 X 轴间距】和【栅格 Y 轴间距】都设置为 10，单位是用户指定的绘图单位。

用户也可以在【草图设置】对话框的【捕捉和栅格】选项卡中设置栅格的密度和开关状态。

注 意

栅格只显示在绘图范围界限之内。栅格只是一种辅助定位图形，不是图形文件的组成部分，也不能被打印输出。

【草图设置】对话框左下角的【捕捉类型】选项组用于设置捕捉类型，该区域内的选项介绍如下。
- 【栅格捕捉】单选按钮：用来控制栅格捕捉类别，它有两个附属单选按钮，即【矩形捕捉】和【等轴测捕捉】。前者是对平面图形而言的栅格捕捉方式，而后者是轴测图栅格捕捉方式。
- PolarSnap（极轴捕捉）单选按钮：用来设置极坐标捕捉方式。

在输入【栅格 X 轴间距】后，要将【栅格 Y 轴间距】设置为相同的值，直接按【Enter】键或者空格键即可。

3．设置（栅格）捕捉

【栅格显示】只是一种绘制图形时的参考背景，而【捕捉】则能够约束鼠标的移动。捕捉功能用于设置一个鼠标移动的固定步长，如 3 或 5，从而使绘图区的光标在 X 轴和 Y 轴方向的移动量总是步长的整数倍，以提高绘图的精度。

一般情况下，捕捉和栅格可以互相配合使用，以保证鼠标能够捕捉到精确的位置。

当捕捉模式处于打开状态时，用户移动鼠标时就会发现，鼠标指针会被吸附在栅格点上。用户通过设置 X 轴和 Y 轴方向的间距可以便捷地控制捕捉精度。捕捉模式由开关控制，可以在其他命令执行期间进行打开或关闭操作。

可以在【草图设置】对话框中进行捕捉设置，在【捕捉和栅格】选项卡的【捕捉间距】选项组中有两个文本框，在【捕捉 X 轴间距】文本框中设置 X 轴方向间距；在【捕捉 Y 轴间距】文本框中设置 Y 轴方向间距。

也可以通过在命令行中输入【SNAP】命令来设置栅格捕捉的间距，如图 5-11 所示。

图 5-11　设置捕捉间距

当设置完捕捉间距后，用户同样可以在其他命令执行期间打开或关闭捕捉模式。切换捕捉模式的方法有以下几种。
- 单击状态栏上的【捕捉模式】按钮。当按钮被按下时，表示已经打开了捕捉模式，再次单击，则恢复为原状态。系统默认为关闭捕捉模式。
- 按【F9】键，可以在打开和关闭捕捉模式之间进行切换。
- 在【草图设置】对话框的【捕捉和栅格】选项卡中，勾选【启用捕捉】复选框，单击【确定】按钮，即可启动捕捉功能。

修改捕捉角度将同时改变栅格角度。

捕捉间距不必与栅格间距相同。用户可以根据实际的绘图需要调整栅格间距与捕捉间距。例如，用户可以设置较宽的栅格间距用作参考，同时使用较小的捕捉间距以保证定位点时的精确性，当然栅格间距也可以小于捕捉间距。

在命令行中输入【SNAP】命令，再在提示下输入 ON 命令，将打开捕捉模式，输入 OFF 命令，则关闭捕捉模式。该命令也可透明使用。

在命令行中输入【SNAPMODE】命令，可更改系统变量 SNAPMODE 的值，1 表示打开捕捉模式，0 表示关闭捕捉模式。

如图 5-11 所示，当用户在命令行中输入 SNAP 命令后，除了【打开】、【关闭】选项之外，还可以看到有【纵横向间距】、【传统】、【样式】和【类型】4 个选项。

【纵横向间距】选项要求用户指定水平间距与垂直间距。

【样式】选项用于设置栅格捕捉样式，用户可以在标准的矩形（平面）栅格捕捉方式和轴测图栅格捕捉方式之间进行选择。

【类型】选项用于选择捕捉类型，用户可以按绘图需要来决定是按极轴追踪捕捉，还是按栅格捕捉。

技 巧

通常情况下，栅格和捕捉是配合使用的，即捕捉和栅格的 X、Y 轴间隔分别对应，这样更能保证鼠标可以便捷地拾取到精确的位置。

5.1.2 实例——对象捕捉

相对于手工绘图来说，使用 AutoCAD 可以绘制出非常精确的工程图，因此高精确度是 AutoCAD 绘图的优点之一，而【对象捕捉】又是 AutoCAD 绘图中用来控制精确性，使误差降到最低的有效工具之一。

在使用 AutoCAD 绘制图形时，常会用到一些图形中的特殊点，比如端点、中点、圆心、交点和切点等，用户可以通过对象捕捉这一功能快速捕捉到对象上的这些关键几何点。因此，对象捕捉是一个十分有用的工具，它可以将十字鼠标指针强制性地、准确地定位在实体上的某些特定点或特定位置上。

Step 01 启动 AutoCAD 2017，在状态栏中单击【将光标捕捉到二维参照点】右侧的下三角按钮，在弹出的菜单中选择【对象捕捉设置】命令，如图 5-12 所示。

Step 02 在弹出的对话框中勾选【端点】复选框，如图 5-13 所示。

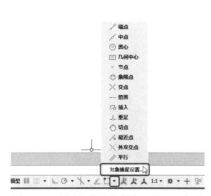

图 5-12　选择【对象捕捉设置】命令

图 5-13　勾选【端点】复选框

Step 03 设置完成后，单击【确定】按钮，在命令行中输入【REC】命令，按【Enter】键确定，在绘图区中指定任意一点为矩形的第一个角点，根据命令提示输入（@505,53），按【Enter】键完成绘制，如图 5-14 所示。

Step 04 在命令行中执行【REC】命令，拾取矩形左上角的角点为矩形的第一个角点，根据命令提示输入（@514,13），按【Enter】键完成绘制，效果如图 5-15 所示。

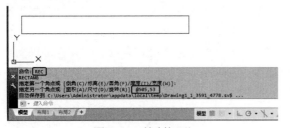

图 5-14　绘制矩形　　　　　　　　　　图 5-15　再次绘制矩形

Step 05 在绘图区中选中新绘制的矩形，在命令行中输入【M】命令，按【Enter】键确定，捕捉新绘制的矩形的左下角角点为基点，根据命令提示输入（@-4.5,0），按【Enter】键完成移动，如图 5-16 所示。

Step 06 在命令行中执行【REC】命令，按【Enter】键确定，捕捉移动后的矩形的左上角端点为新矩形的第一个角点，根据命令提示输入（@510,26），按【Enter】键确定，绘制矩形后的效果如图 5-17 所示。

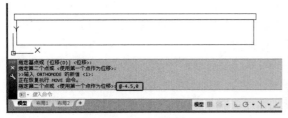
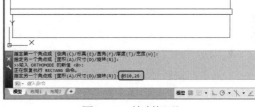

图 5-16　向左移动矩形　　　　　　　　图 5-17　绘制矩形

Step 07 选中新绘制的矩形，在命令行中输入【M】命令，按【Enter】键确定，捕捉新绘制的矩形的左下角端点为基点，根据命令提示输入（@2,0），按【Enter】键完成移动，效果如图 5-18 所示。

Step 08 根据相同的方法绘制其他对象，并捕捉相应的端点对图形进行调整，效果如图 5-19 所示。

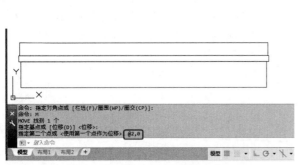

图 5-18　移动矩形后的效果　　　　　　图 5-19　绘制其他对象并调整后的效果

AutoCAD 所提供的对象捕捉功能均是针对捕捉绘图中的控制点而言的。AutoCAD 2017 共有 14 种对象捕捉方式（见图 5-13），其中常用的有 8 种，它们分别是：交点 ╳、端点 □、中点 △、垂足 ⊥、象限点 ◇、圆心 ○、切点 ○ 和节点 ⊗。

下面将分别介绍这 14 种捕捉方式。

（1）端点

端点捕捉方式是用来捕捉实体的端点，该实体既可以是一段直线或一段圆弧，也可以是捕捉三维实体中体和面域的边的端点。例如，当用户要捕捉立方体的端点（顶点）时，只需将拾取框移至所需端点所在的一侧单击即可。而拾取框总是捕捉它所靠近的那个端点。

用户可以在执行绘图命令时，单击【对象捕捉】工具栏上的【端点】按钮，也可以在绘图过程中根据系统所提示的【指定……点】命令输入【END】命令，系统将提示用户选择对象，然后自动捕捉到对象的端点。

（2）中点

中点捕捉方式是用来捕捉一条直线或一段圆弧的中点。捕捉时只需将拾取框放在直线上即可，并不是必须将其放在中部。当选择样条曲线或椭圆弧时，中点捕捉方式将捕捉到对象起点和端点之间的中点。如果给定了直线或圆弧的厚度，便可捕捉对象的边的中点。同时，它还可以用来捕捉三维实体中体和面域的边的中点。

用户可以单击【对象捕捉】工具栏上的【中点】按钮，也可以在绘图命令中的【指定……点】提示下输入【MID】命令来启动中点捕捉方式。

（3）交点

使用交点捕捉方式，可捕捉对象的真实交点，这些对象包括圆弧、圆、椭圆、椭圆弧、直线、多段线、射线、样条曲线或构造线等。虽然交点捕捉方式可以捕捉面域或曲线的边，但是却不能捕捉三维实体的边或角点。此外，还可以使用交点捕捉方式捕捉以下的点。

- 具有厚度的对象的角点。如果两个具有厚度的对象沿着相同的方向延伸并有相交点，则可以捕捉到其边的交点。如果对象的厚度不同，较薄的对象则决定了交点的捕捉点。
- 块中直线的交点。如果块以一致的比例进行缩放，可以捕捉块中圆弧或圆的交点。
- 两个对象延伸得到的交点。应该注意的是只有将交点捕捉方式设置为单点（替代）对象捕捉，这个交点才会显示出来。

用户可以单击【对象捕捉】工具栏上的【交点】按钮，也可以在绘图命令中的【指定……点】提示下输入 INT 命令来启动交点捕捉方式。图 5-20 所示为使用交点捕捉方式的示例。

（4）圆心

圆心捕捉方式可以捕捉圆弧、圆或椭圆的圆心。圆心捕捉方式也可以捕捉三维实体中体或面域的圆的圆心。要捕捉圆心，只需在圆、圆弧或椭圆上移动鼠标指针（这时会有系统提示出现），然后单击，此时将显示【圆心】捕捉。图 5-21 所示为使用圆心捕捉方式的捕捉提示。

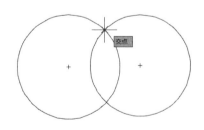
图 5-20　捕捉交点

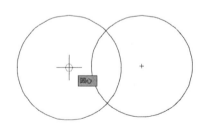
图 5-21　捕捉圆心

用户可以单击【对象捕捉】工具栏上的【圆心】按钮，也可以在绘图命令中的【指定……点】提示下输入【CEN】命令来打开圆心捕捉方式。

☂ 注　意

与前面所述一样，用户在捕捉圆心时，不一定非要用拾取框直接选择圆心部位，只要将拾取框移动到圆或弧上，鼠标指针就会自动在圆心上闪烁。

（5）象限点

使用象限点捕捉方式，可以捕捉圆弧、圆或椭圆的最近的象限点（0°、90°、180°和270°点）。圆和圆弧象限点的捕捉位置关键在于当前用户坐标系（UCS）的方向。要显示象限点捕捉，圆或圆弧的法线方向必须与当前用户坐标系的 Z 轴方向一致。如果圆弧、圆或椭圆是旋转块的一部分，那么象限点也会随着块进行旋转。

用户可以单击【对象捕捉】工具栏上的【象限点】按钮✧，也可以在系统提示下输【QUA】命令启动象限点捕捉方式。

（6）垂足

使用垂足捕捉方式，可以捕捉与圆弧、圆、构造线、椭圆、椭圆弧、直线、多段线、射线、实体或样条曲线等正交的点，也可以捕捉对象的外观延伸垂足。如果垂足捕捉方式需要多个点来共同建立垂直关系，则 AutoCAD 将显示一个延伸的垂足自动捕捉标记和工具栏提示，并提示输入第 2 点。

☂ 注　意

延伸垂足对象捕捉不能处理椭圆或样条曲线。

用户可以单击【对象捕捉】工具栏上的【垂足】按钮⊥，也可以在绘图命令中的【指定……点】提示下输入【PER】命令来启动垂足捕捉方式。

（7）节点

节点捕捉方式可以用来捕捉用 Point 命令绘制的点，或 Divide 和 Measure 命令放置的点。对于块中包含的点也可以用作快速捕捉点。

用户可以单击【对象捕捉】工具栏上的【节点】按钮⊙，也可以在绘图命令中的【指定……点】提示下输入【NOD】命令来启动节点捕捉方式，然后将拾取框放在节点上。

（8）切点

切点捕捉方式可以在圆或圆弧上捕捉与上一点相连的点，而这两点所形成的直线与该对象相切。

用户可以单击【对象捕捉】工具栏上的【切点】按钮⊙，也可以在绘图命令中的【指定……点】提示下输入【TAN】命令来启动切点捕捉方式。

（9）最近点

最近点捕捉方式可以捕捉对象上离拾取框中心最近的点，这些对象包括圆弧、圆、椭圆、椭圆弧、直线、点、多段线、样条曲线或参照线等。当用户只需要某一个对象上的点而不要求有确定位置的时候，可以使用这种捕捉方式。

用户可以单击【对象捕捉】工具栏上的【最近点】按钮⊠，也可以在绘图命令中的【指定……点】提示下输入 NEA 命令来启动最近点捕捉方式。

（10）插入点

插入点捕捉方式用来捕捉一个文本或图块的插入点。对于文本来说，就是捕捉其定位点。

用户可以单击【对象捕捉】工具栏上的【插入】按钮，也可以在系统给出的【指定……点】提示下输入【INS】命令来启动插入点捕捉方式。

（11）外观交点

外观交点捕捉方式用来捕捉两个实体的延伸交点。该交点在图上并不存在，仅是在同一方向上延伸后才会得到的交点。

用户可以单击【对象捕捉】工具栏上的【外观交点】按钮，也可以在系统给出的【指定……点】提示下输入 AppInt 命令来启动外观交点捕捉方式。

（12）几何中心

几何中心的作用是捕捉多段线、二维多段线和二维样条曲线的几何中心点。只有规则的图形才有几何中心，像正方形、正三角形。而每个几何图形都有几何中心（比如三角形就是三条中线的交点），当为均匀介质的规则几何图形时，几何重心就在几何中心。

（13）平行线

平行线捕捉方式用来捕捉一点，使已知点与该点的连线与一条已知的直线平行。与其他对象捕捉模式不同，用户可以将光标悬停移至其他线型对象上，直到获得角度，然后，将光标移回正在创建的对象上。如果对象的路径与上一个线型对象平行，则会显示对齐路径，用户可将其用于创建平行对象。

（14）延长线

光标从一个对象的端点移出时，系统将显示并捕捉沿对象轨迹延伸出来的虚拟点。

5.1.3 对象捕捉追踪

对象捕捉追踪和极轴追踪是 AutoCAD 2017 提供的两个可以进行自动追踪的辅助绘图工具选项。自动追踪可以用指定的角度绘制对象，或者绘制与其他对象有特定关系的对象。当自动追踪开启时，临时的对齐路径将有助于以精确的位置和角度创建对象。

使用对象捕捉追踪，可以沿着对齐路径进行追踪。对齐路径是基于对象捕捉点的。例如，可以基于对象端点、中点或者对象的交点，沿着某个路径选择一点。

1．启动对象捕捉追踪

用户可以按照下面的任意方法来打开对象捕捉追踪。

- 按【F11】键。
- 单击状态栏上的【对象追踪】按钮。

在【草图设置】对话框的【对象捕捉】选项卡中进行设置。在该选项卡中勾选【启用对象捕捉追踪】复选框，即可执行自动追踪功能，如图 5-22 所示。

2．使用对象捕捉追踪

在启用对象捕捉追踪后，用户可以执行一个绘图命令，同时也可以将对象捕捉追踪与编辑命令（如复制或偏移等）一同使用。然后将鼠标指针移动到一个对象捕捉点处作为临时获取点。不要单击它，只是暂时停顿即可获取。已获取的点会显示一个小加号（+），可以获取多个点。获取点之后，当在绘图路径上移动鼠标指针时，相对点的水平、垂直或极轴对齐路径将显示出来。

3．获取点与清除已获取点

可以使用端点、中点、圆心、节点、象限点、交点、插入点、平行、范围、垂足和切点对象捕捉追踪。例如，如果使用了垂足或切点，AutoCAD 就追踪到与选定的对象垂直或相切的方向对齐路径。

当用命令提示指定一个点时，将鼠标指针移到对象点上，然后暂停（不要单击）。

AutoCAD 获取点之后将显示一个小加号（+），当将鼠标指针移开已获取的点时，将出现临时对齐路径。

将鼠标指针移回到点的获取标记上。AutoCAD 会自动清除该点的获取标记。另外，在状态栏上单击【对象追踪】按钮也可清除已获取的点。

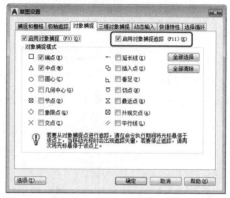

图 5-22　勾选【启用对象捕捉追踪】复选框

5.1.4　实例——极轴追踪

使用极轴追踪（Polar）工具进行追踪时，对齐路径是由相对于命令起点和端点的极轴角定义的。极轴追踪的极轴角增量可以在【草图设置】对话框的【极轴追踪】选项卡中进行设置，如图 5-23 所示。在【极轴角设置】选项组的【增量角】下拉列表中可以选择 90°、45°、30°、22.5°、18°、15°、10°和 5°的极轴角增量进行极轴追踪。

例如，先绘制一条水平直线，然后再绘制一条倾斜的直线，与第 1 条直线成 45°角。如图 5-23 所示，如果将【增量角】设置为 45°，当使用鼠标绘制 45°时，AutoCAD 将显示对齐路径和工具栏提示。当鼠标指针从该角度移开时，对齐路径和工具栏提示将消失。

图 5-23　极轴追踪

Step 01 启动 AutoCAD 2017，打开配套资源中的素材\第 5 章\【素材001.dwg】图形文件，如图 5-24 所示。

Step 02 在【草图设置】对话框中选择【极轴追踪】选项卡，勾选【启用极轴追踪】复选框，将【增角量】设置为 45，如图 5-25 所示。

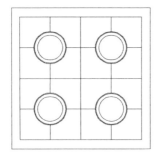

图 5-24 打开素材文件

图 5-25 设置极轴追踪

Step 03 设置完成后，单击【确定】按钮，在命令行中输入 L 命令，按【Enter】键确定，在绘图区中拾取如图 5-26 所示的端点为直线的第一点。

Step 04 移动鼠标，将直线与端点形成 45°角，根据命令提示输入 167，按两次【Enter】键完成绘制，如图 5-27 所示。

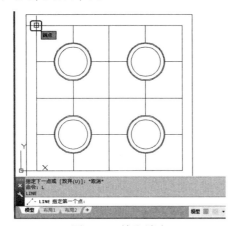

图 5-26 拾取端点

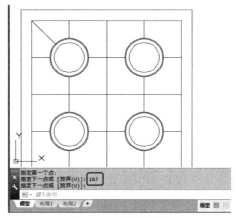

图 5-27 绘制直线

Step 05 使用相同的方法绘制其他直线，绘制后的效果如图 5-28 所示。

5.1.5 正交模式

用户在使用鼠标绘制直线线条或辅助线时，有时觉得非常困难，不能绘制垂直和水平线条。仅靠手工操作，绘制出来的水平线不水平，垂直线不垂直。有时虽然可以绘制出来，但需要用户操作十分细致，也很浪费时间。AutoCAD 提供了正交模式，在正交模式下，绘制的直线不是水平的就是垂直的，绘制起来十分简单。当然，用户也可以使用键盘输入直线端点坐标的方法来绘制水平线或垂直线。

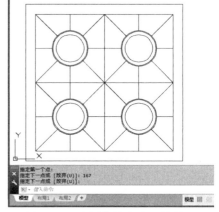

图 5-28 绘制其他直线后的效果

用户可以采用下面几种方法中的任意一种来启动正交模式。如果需要在非正交模式下绘图，可以将正交模式关闭。

- 单击状态栏右侧的【正交模式】按钮。如果单击该按钮，则表示正交模式被打开。再次单击该按钮，则关闭正交模式，此时该按钮恢复原状。AutoCAD 的默认状态是关闭正交模式。
- 在命令提示符后输入【Ortho】命令并按【Enter】键，然后输入【ON】命令，将打开正交模式，输入 OFF 命令将关闭正交模式，该命令也可透明使用。
- 按【F8】键，将改变正交模式的状态。再按一次，恢复为原来状态。用户可以查看命令行的显示来了解正交模式是处于打开状态还是关闭状态。

修改系统变量 ORTHOMODE 的值，0 表示关闭正交模式，1 表示打开正交模式。需要注意的是，正交模式约束鼠标指针在水平或垂直方向上移动（相对于 UCS），并且受当前栅格的旋转角影响。如果当前栅格的旋转角不是 0，那么用户在正交模式下绘制出来的直线便不是水平方向或垂直方向。

☂ **注　意**

> 正交（ORTHO）、栅格（GRID）和捕捉（SNAP）命令都是透明命令，即可以在执行其他命令的过程中直接使用。另外，正交模式将鼠标指针限制在水平或垂直（正交）轴上。因为不能同时打开正交模式和极轴追踪，因此在打开正交模式时 AutoCAD 会自动关闭极轴追踪。如果打开了极轴追踪，AutoCAD 将自动关闭正交模式。

5.1.6 实例——绘制吊灯

下面以绘制吊灯为例，来练习本节所讲的知识。

Step 01 启动 AutoCAD 2017，新建一个场景文件，打开对象捕捉，在命令行中输入 L 命令，按【Enter】键确定，在绘图区中指定任意一点为直线的第一个点，根据命令提示输入（@850,0），按两次【Enter】键完成绘制，如图 5-29 所示。

Step 02 选中绘制的直线，右击，在弹出的快捷菜单中选择【特性】命令，如图 5-30 所示。

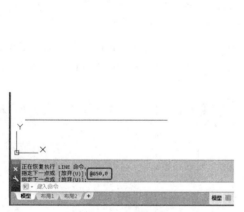

图 5-29　绘制直线

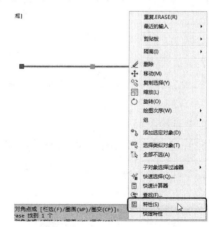

图 5-30　选择【特性】命令

Step 03 在弹出的【特性】选项板中将【颜色】设置为【红】，如图 5-31 所示。

Step 04 设置完成后，关闭【特性】选项板，继续选中该直线，在命令行中执行【RO】命令，捕捉直线的中点为基点，根据命令提示输入 C，按【Enter】键确定，再次输入 90，按【Enter】键完成旋转复制，如图 5-32 所示。

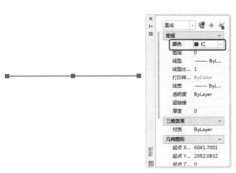

图 5-31 设置颜色特性

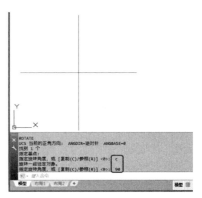

图 5-32 旋转复制直线

Step 05 在命令行中输入【CIR】命令,捕捉直线的交点作为圆形的圆心,根据命令提示输入 279,按【Enter】键确定,绘制圆形后的效果如图 5-33 所示。

Step 06 选中绘制的圆形,在命令行中输入【OFFSET】命令,按【Enter】键确定,将选中的圆形向外偏移 28,偏移后的效果如图 5-34 所示。

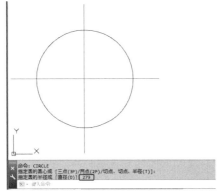

图 5-33 绘制圆形

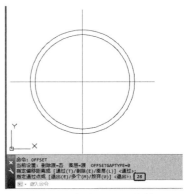

图 5-34 偏移圆形后的效果

Step 07 根据前面所介绍的方法更改圆形的颜色,在命令行中输入【CIR】命令,按【Enter】键确定,捕捉垂直直线上方的端点为圆心,绘制一个半径为 74 的圆形,按【Enter】键完成圆形的绘制,如图 5-35 所示。

Step 08 选中新绘制的圆形,在命令行中输入【OFFSET】命令,将选中的圆形分别向外偏移 12、29,按【Enter】键完成偏移,效果如图 5-36 所示。

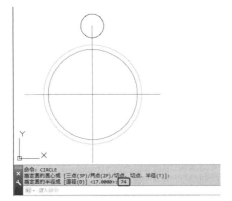

图 5-35 绘制圆形

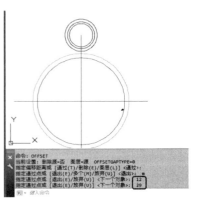

图 5-36 偏移圆形

Step 09 根据前面所介绍的方法改变圆形的颜色,并使用直线命令绘制两条垂直的直线,调整其位置,如图 5-37 所示。

Step 10 选中上面的小圆及直线,在命令行中输入【M】命令,按【Enter】键确定,捕捉小圆形的圆心为基点,根据命令提示输入(@0,92),按【Enter】键完成移动,效果如图 5-38 所示。

Step 11 在绘图区中选择较短的两条直线,在命令行中输入【LINETYPE】命令,按【Enter】键确定,在弹出的对话框中单击【加载】按钮,在弹出的对话框中选择【ACAD IS003W100】,如图 5-39 所示。

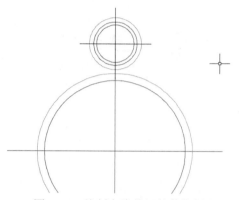
图 5-37 绘制直线并调整其位置

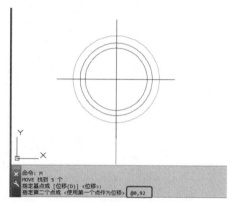
图 5-38 移动图形后的效果

Step 12 选择完成后,单击【确定】按钮,在【线型管理器】对话框中单击【确定】按钮,继续选中该线段,右击,在弹出的快捷菜单中选择【特性】命令,在【特性】面板中将【颜色】设置为【红】,将【线型】设置为【ACAD IS003W100】,将【线型比例】设置为 6,如图 5-40 所示。

图 5-39 选择线型

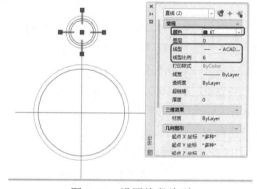
图 5-40 设置线段线型

Step 13 在绘图区中选择两条较长的直线,在【特性】面板中将【线型】设置为【ACAD IS003W100】,将【线型比例】设置为 16,如图 5-41 所示。

Step 14 在绘图区中选择三个小圆形及两条较短的直线,在命令行中输入【ARRAYPOLAR】命令,按【Enter】键确定,在绘图区中指定大圆形的圆心为阵列中心,如图 5-42 所示。

Step 15 在命令行中输入 I,按【Enter】键确定,根据命令提示输入 8,按两次【Enter】键确定,阵列后的效果如图 5-43 所示。

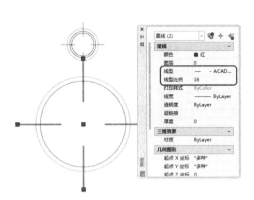

图 5-41　继续设置线段线型

图 5-42　指定圆心为阵列中心

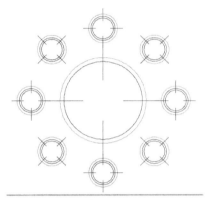

图 5-43　阵列后的效果

5.2　设置绘图环境

通常情况下，安装好 AutoCAD 2017 后就可以在其默认状态下绘制图形，但有时为了使用特殊的定点设备、打印机，或提高绘图效率，用户需要在绘制图形前先对系统参数进行必要设置。

具体方法为，选择【工具】|【选项】命令，弹出【选项】对话框，在其中进行相应设置。在该对话框中包含【文件】、【显示】、【打开和保存】、【打印和发布】、【系统】、【用户系统配置】、【绘图】、【三维建模】、【选择集】、【配置】和【联机】11 个选项卡，如图 5-44 所示。

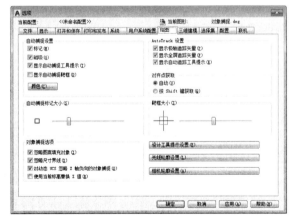

图 5-44　【选项】对话框

5.2.1 实例——绘图单位设置

在 AutoCAD 中，用户可以采用 1∶1 的比例因子绘图。因此，所有的直线、圆和其他对象都可以真实大小来绘制。例如，一个房间的进深是 3m，那么它也可以按 3m 的真实大小来绘制，在需要打印出图时，再将图形按图纸大小进行缩放。

下面介绍如何设置绘图单位，其具体操作步骤如下。

Step 01 启动 AutoCAD 2017，在菜单栏中执行【格式】|【单位】命令，如图 5-45 所示。

Step 02 在弹出的【图形单位】对话框中设置绘图时使用的长度单位、角度单位，以及单位的显示格式和精度等参数，如图 5-46 所示。

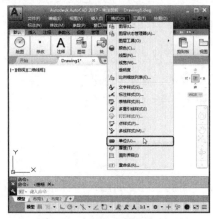
图 5-45 选择【单位】选项

图 5-46 【图形单位】对话框

5.2.2 图形边界设置

在中文版 AutoCAD 2017 中，用户不仅可以通过设置参数选项和图形单位来设置绘图环境，还可以设置绘图图限。使用 LIMITS 命令可以在模型空间中设置一个想象的矩形绘图区域，也称为图限。它确定的区域是可见栅格指示的区域，也是选择【视图】|【缩放】|【全部】命令时决定显示多大图形的一个参数，如图 5-47 所示。

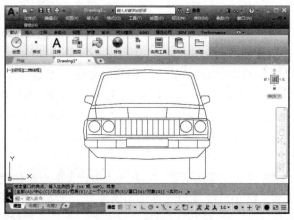
图 5-47 最大显示图形

5.3 坐标系

AutoCAD 最大的特点在于它提供了使用坐标系统精确绘制图形的方法，用户可以准确地设计并绘制图形。AutoCAD 2017 中的坐标包括世界坐标系（WCS）、用户坐标系（UCS）等，系统默认的坐标系为世界坐标系。

5.3.1 世界坐标系

世界坐标系（World Coordinate System，WCS）是 AutoCAD 的基本坐标系，当开始绘制图形时，AutoCAD 自动将当前坐标系设置为世界坐标系。在二维空间中，它是由两个垂直并相交的坐标轴 X 和 Y 组成的，在三维空间中则还有一个 Z 轴。在绘制和编辑图形的过程中，世界坐标系的原点和坐标轴方向都不会改变。

世界坐标系坐标轴的交会处有一个"口"字形标记，它的原点位于绘图窗口的左下角，所有的位移都是相对于该原点计算的。在默认情况下，X 轴正方向水平向右，Y 轴正方向垂直向上，如图 5-48 所示，Z 轴正方向垂直屏幕平面向外，指向用户。

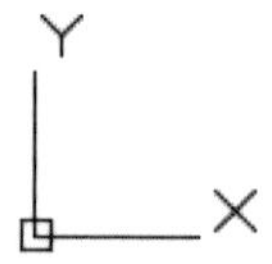

图 5-48　世界坐标系

5.3.2 用户坐标系

在 AutoCAD 中，为了能够更好地辅助绘图，系统提供了可变的用户坐标系（User Coordinate System，UCS）。在默认情况下，用户坐标系与世界坐标系相重合，用户可以在绘图的过程中根据具体需要来定义。

用户坐标系的 X、Y、Z 轴，以及原点方向都可以移动或者旋转，甚至可以依赖于图形中某个特定的对象。尽管用户坐标系中 3 个轴之间仍然互相垂直，但是在方向及位置上却都有更大的灵活性。另外，用户坐标系没有"口"字形标记。

5.3.3 坐标的输入

在 AutoCAD 中，点的坐标可以用绝对直角坐标、绝对极坐标、相对直角坐标和相对极坐标来表示。在输入点的坐标时要注意以下几点。

（1）绝对直角坐标是从（0,0）出发的位移，可以使用分数、小数或科学记数等形式表示点的 X、Y、Z 坐标值，坐标间用逗号隔开，如（1,2,3）。

（2）绝对极坐标也是从（0,0）出发的位移，但它给定的是距离和角度。其中距离和角度用【<】分开，且规定 X 轴正向为 0°，Y 轴正向为 90°，如 10<60、23<30 等。

（3）相对坐标是指相对于某一点的 X 轴和 Y 轴的位移，或距离和角度。它的表示方法是在绝对坐标表达式前加一个@号，如@4,6 和@3<45。其中，相对极坐标中的角度是新点和上一点连线与 X 轴的夹角。

在 AutoCAD 中，坐标的显示方式有 3 种，它取决于所选择的方式和程序中运行的命令。用户可以在任何时候按【F6】键、【Ctrl+D】组合键或单击坐标显示区域在以下 3 种方式之间进行切换。

- 【关】状态：显示上一个拾取点的绝对坐标，只有在一个新的点被拾取时，显示才会更新。但是，从键盘输入一个点并不会改变该显示方式，如图 5-49 所示。
- 绝对坐标：显示光标的绝对坐标，其值是持续更新的。该方式下的坐标显示是打开的，为默认方式，如图 5-50 所示。

第 5 章 设置绘图环境和辅助功能

图 5-49 坐标为关闭状态 　　　　　图 5-50 绝对坐标

- 相对坐标：当选择该方式时，如果当前处在拾取点状态，系统将显示光标所在位置相对于上一个点的距离和角度；当离开拾取点状态时，系统将恢复到绝对坐标状态。该方式显示的是一个相对坐标，如图 5-51 所示。

图 5-51 相对坐标

5.3.4 实例——使用坐标绘制排气扇

下面介绍如何通过坐标绘制排气扇，其具体操作步骤如下。

Step 01 新建图纸文件，在命令行中输入【REC】命令，根据命令提示输入（2630,2226），按【Enter】键确定，再次根据命令提示输入（@300,300），按【Enter】键完成矩形的绘制，如图 5-52 所示。

Step 02 选中绘制的矩形，在命令行中输入【OFFSET】命令，将选中的矩形向内偏移 30，效果如图 5-53 所示。

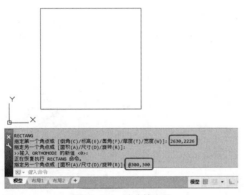
图 5-52 绘制矩形

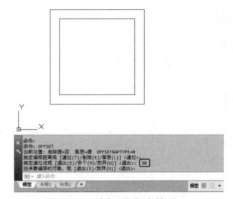
图 5-53 将矩形向内偏移 30

Step 03 在命令行中输入【LINE】命令，按【Enter】键确定，根据命令提示输入（2688,2496），按【Enter】键确定，再次根据命令提示输入（@0,-20），按两次【Enter】键完成直线的绘制，效果如图 5-54 所示。

Step 04 选中绘制的直线，在命令行中输入【OFFSET】命令，按【Enter】键确定，将选中的直线向右偏移 12，如图 5-55 所示。

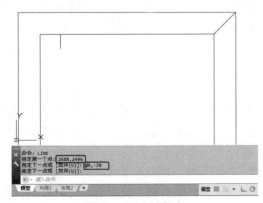
图 5-54 绘制直线

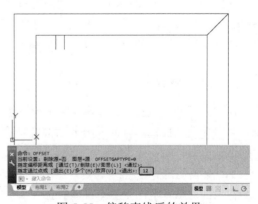
图 5-55 偏移直线后的效果

Step 05 使用同样的方法绘制其他直线，效果如图 5-56 所示。

Step 06 在命令行中输入【LINE】命令，按【Enter】键确定，根据命令提示输入（2630,2526），按【Enter】键确定，再次根据命令提示输入（@30，-30），按两次【Enter】键完成绘制，效果如图 5-57 所示。

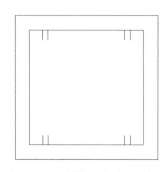
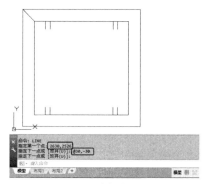

图 5-56　绘制其他直线后的效果　　　　　　图 5-57　绘制直线后的效果

Step 07 根据前面所介绍的方法绘制其他对象，效果如图 5-58 所示。

Step 08 选中绘制后的所有对象，右击，在弹出的快捷菜单中选择【特性】命令，在弹出的【特性】面板中将【颜色】设置为【红】，如图 5-59 所示。

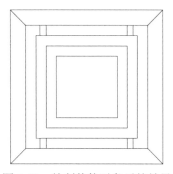
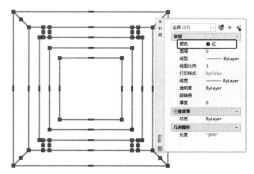

图 5-58　绘制其他对象后的效果　　　　　　图 5-59　设置对象颜色

5.4　观察图形

在中文版 AutoCAD 2017 中，用户可以使用多种方法来观察绘图窗口中的图形效果，如使用【视图】菜单中的命令、【视图】工具栏中的工具按钮，以及视口、鸟瞰视图等。通过这些方式，可以灵活地观察图形的整体效果或局部细节。

5.4.1　重生成图形

在绘图和编辑过程中，屏幕上常常会留下对象的拾取标记，这些临时标记并不是图形中的对象，有时会使当前图形画面显得非常混乱，这时就可以使用 AutoCAD 的重画与重生成图形功能清除这些临时标记。

1．重画图形

在 AutoCAD 中，使用【重画】命令，系统将在显示内存中更新屏幕，消除临时标记。使用重画命令（REDRAW），可以更新用户使用的当前视区。

2. 重生成图形

在 AutoCAD 中，某些操作只有在使用【重生成】命令后才生效，如改变点的格式。如果一直使用某个命令修改编辑图形，但该图形似乎看不出发生了什么变化，此时可使用【重生成】命令更新屏幕显示。

【重生成】命令有以下两种形式：选择【视图】|【重生成】命令（REGEN）可以更新当前视区；选择【视图】|【全部重生成】命令（REGENALL），可以同时更新多重视口。

> **注 意**
>
> 重生成与重画在本质上是不同的，利用【重生成】命令可重生成屏幕，此时系统从磁盘中调用当前图形的数据，比【重画】命令执行速度慢，更新屏幕花费时间较长。

5.4.2 缩放视图

按一定比例、观察位置和角度显示的图形称为视图。在 AutoCAD 中，可以通过缩放视图来观察图形对象。缩放视图可以增加或减少图形对象的屏幕显示尺寸，但对象的真实尺寸保持不变。通过改变显示区域和图形对象的大小能更准确、更详细地绘图。

1.【缩放】菜单和【缩放】工具

在 AutoCAD 2017 中，选择【视图】|【缩放】子菜单中的命令，如图 5-60 所示，或使用【缩放】工具，可以对视图进行缩放。

通常，在绘制图形的局部细节时，需要使用缩放工具放大该绘图区域。当绘制完成后，再使用缩放工具缩小图形来观察图形的整体效果。常用的缩放命令或工具有【实时】、【窗口】、【动态】和【比例】等。

2. 实时缩放视图

选择【视图】|【缩放】|【实时】命令，如图 5-61 所示，进入实时缩放模式，此时鼠标指针呈 形状。此时向上拖动光标可以放大整个图形；向下拖动光标可以缩小整个图形；释放鼠标后停止缩放。

3. 窗口缩放视图

图 5-60 【缩放】子菜单

选择【视图】|【缩放】|【窗口】命令，如图 5-62 所示，可以在屏幕上拾取两个对角点以确定一个矩形窗口，之后系统将矩形范围内的图形放大至整个屏幕。

图 5-61 选择【实时】命令　　　　图 5-62 选择【窗口】命令

在使用窗口缩放时，如果系统变量 REGENAUTO 设置为关闭状态，则与当前显示设置的界线相比，拾取区域显得过小。系统提示将重新生成图形，并询问是否继续下去，此时应输入 NO 命令，并重新选择较大的窗口区域。

4．动态缩放视图

选择【视图】|【缩放】|【动态】命令，如图 5-63 所示，可以动态缩放视图。当进入动态缩放模式时，在屏幕中将显示一个带【×】的矩形方框。单击选择窗口中心的【×】消失，显示一个位于右边框的方向箭头，拖动鼠标可改变选择窗口的大小，以确定选择区域大小，最后按【Enter】键，即可缩放图形。

5．设置视图缩放比例

选择【视图】|【缩放】|【比例】命令，如图 5-64 所示，在图形中指定一点，然后指定一个缩放比例因子或者指定高度值来显示一个新视图，而选择的点将作为该新视图的中心点。如果输入的数值比默认值小，则会增大图像。如果输入的数值比默认值大，则会缩小图像。

要指定相对的显示比例，可输入带 x 的比例因子数值。例如，输入 3x 将显示比当前视图大 3 倍的视图。如果正在使用浮动视口，则可以输入 xp 来相对于图纸空间进行比例缩放。

图 5-63　选择【动态】命令

图 5-64　选择【比例】命令

5.4.3　平移视图

使用平移视图命令，可以重新定位图形，以便看清图形的其他部分。此时不会改变图形中对象的位置或比例，只改变视图。

1．【平移】视图

选择【视图】|【平移】子菜单中的命令，如图 5-65 所示，单击【标准】工具栏中的【实时平移】按钮，或在命令行中直接输入【PAN】命令，都可以平移视图。使用平移命令平移视图时，视图的显示比例不变。除了可以上、下、左、右地平移视图外，还可以使用【实时】和【点】命令平移视图。

2．实时平移

选择【视图】|【平移】|【实时】命令，移动鼠标，窗口内的图形即可按鼠标路线的方向移动，如图 5-66 所示。

3. 定点平移

选择【视图】|【平移】|【点】命令，可以通过指定基点和位移来平移视图。在 AutoCAD 中，【平移】功能通常又称为摇镜，它相当于将一个镜头对准视图，当镜头移动时，视口中的图形也跟着移动。

图 5-65 【平移】子菜单

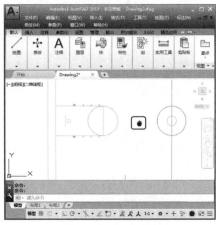

图 5-66 实时平移

5.4.4 实例——命名视图

在 AutoCAD 中，一张工程图纸上可以创建多个视图，当用户需要观看或修改图纸上的某一部分视图时，将该视图恢复出来即可。

Step 01 按【Ctrl+O】组合键，在弹出的对话框中打开配套资源中的素材\第 5 章\【素材 002.dwg】图形文件，如图 5-67 所示。

Step 02 在菜单栏中单击【视图】按钮，在弹出的下拉菜单中选择【命名视图】命令，如图 5-68 所示。

图 5-67 打开的素材文件

图 5-68 选择【命名视图】命令

Step 03 在弹出的对话框中单击【新建】按钮，再在弹出的对话框中设置【视图名称】，如图 5-69 所示。

Step 04 设置完成后，单击【确定】按钮，在返回的对话框中单击【置为当前】按钮，单击【应用】按钮，然后再单击【确定】按钮，在绘图区中单击试图名称，在弹出的快捷菜单中选择【自定义视图】命令，在弹出的子菜单中将会显示新建的视图名称，如图 5-70 所示。

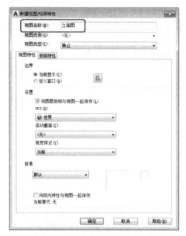

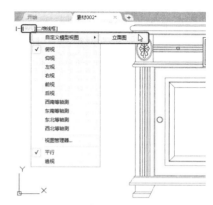

图 5-69　设置视图名称　　　　　　　　图 5-70　自定义的视图名称

5.4.5　实例——平铺视口

在绘图时，为了方便编辑，常常需要将图形的局部进行放大，以显示细节。当需要观察图形的整体效果时，仅使用单一的绘图视口已无法满足需要。此时，可使用 AutoCAD 的平铺视口功能，将绘图窗口划分为若干视口，同样也可以将若干个视口进行合并。

划分与合并视口的具体操作步骤如下。

Step 01　新建图纸文件，在菜单栏中单击【视图】按钮，在弹出的下拉菜单中选择【视口】命令，在弹出的子菜单中选择【四个视口】命令，如图 5-71 所示。

Step 02　执行 Step 01 操作后，即可将视口分为四个视口，划分视口后的效果如图 5-72 所示。

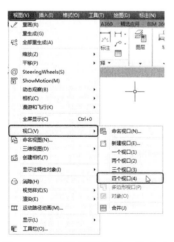

图 5-71　选择【四个视口】命令　　　　　　　图 5-72　划分视口后的效果

Step 03　在菜单栏中单击【视图】按钮，在弹出的下拉菜单中选择【视口】命令，在弹出的子菜单中选择【合并】命令，如图 5-73 所示。

- **Step 04** 执行 Step 03 操作后，在绘图区中选择要进行合并的主视口，如图 5-74 所示。

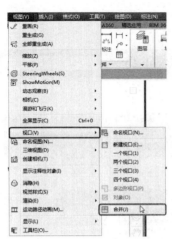

图 5-73 选择【合并】命令　　　　　　图 5-74 选择主视口

Step 05 执行 Step 04 操作后，再在绘图区中选择要进行合并的视口，如图 5-75 所示。

Step 06 执行 Step 05 操作后，即可将两个窗口进行合并，合并视口后的效果如图 5-76 所示。

图 5-75 选择要进行合并的视口　　　　图 5-76 合并视口后的效果

5.5 帮助信息应用

在 AutoCAD 的使用过程中，可以按【F1】键来调用帮助系统，在对话框激活的状态下，【F1】键无效，只能通过菜单栏中的【帮助】菜单或单击【帮助】按钮 来打开帮助系统。命令执行状态或对话框激活状态下，调用帮助系统将直接链接到相应页面，其他情况则打开帮助主界面。

5.5.1 启动帮助

下面介绍如何启用帮助，其具体操作步骤如下。

Step 01 在菜单栏中单击【帮助】按钮，在弹出的下拉菜单中选择【帮助】命令，如图 5-77 所示。

Step 02 执行 Step 01 操作后，即可打开帮助对话框，用户可以在该对话框中查看新增功能、用户界面概述等，如图 5-78 所示。

图 5-77　选择【帮助】命令

图 5-78　帮助对话框

注　意

可以在对话框的命令提示或命令行的提示下按【F1】键，显示帮助信息。

5.5.2　使用帮助目录

（1）要查看帮助目录的内容，请在需要的名称上单击。

（2）要返回上一级内容，请单击【上一步】按钮。

（3）要查看某个主题，请使用下列方法之一：

- 在帮助目录中单击某个主题。
- 单击主题中的蓝色标题文字。

5.5.3　在帮助中搜索信息

（1）在右上角的搜索栏中输入要查找的单词或词组，然后按【Enter】键或者单击搜索栏右侧的按钮。

（2）选择【高级搜索选项】命令，可以进行精确搜索。

5.5.4　打印帮助主题

（1）显示要打印的主题。

（2）在主题窗格中右击，在弹出的快捷菜单中选择【打印】命令。

（3）在弹出的【打印】对话框中，单击【打印】按钮。

5.6　综合应用——绘制浴霸

本例讲解如何绘制浴霸图例，其具体操作步骤如下。

第 5 章 设置绘图环境和辅助功能

Step 01 新建图纸文件,在命令行中执行【REC】命令,按【Enter】键确定,根据命令提示输入(3522,1646),按【Enter】键确定,再次根据命令提示输入(@550,400),按【Enter】键确定,如图 5-79 所示。

Step 02 在命令行中输入【CIRCLE】命令,按【Enter】键确定,在绘图区中捕捉矩形左上角的端点为圆心,在绘图区中绘制一个半径为 68 的圆形,如图 5-80 所示。

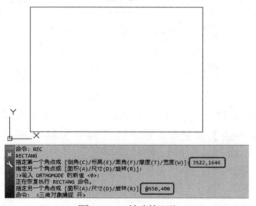

图 5-79　绘制矩形

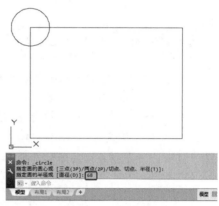

图 5-80　绘制圆形

Step 03 在绘图区中选中新绘制的圆形,在命令行中输入【M】命令,以圆形的圆心为基点,根据命令提示输入(@111,-110),按【Enter】键完成圆形的移动,效果如图 5-81 所示。

Step 04 选中该圆形,在命令行中输入 OFFSET 命令,按【Enter】键确定,将选中的圆形向内偏移 36,偏移后的效果如图 5-82 所示。

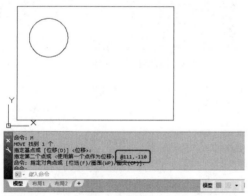

图 5-81　移动圆形位置

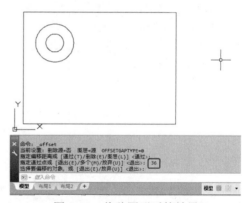

图 5-82　偏移圆形后的效果

Step 05 在绘图区中选择同心圆,在命令行中输入【COPY】命令,按【Enter】键确定,在绘图区中指定圆心为基点,根据命令提示输入(@329,0),按【Enter】键确定;再次在命令行中输入(@0,-180),按【Enter】键确定;再在命令行中输入(@329,-180),按两次【Enter】键完成复制,效果如图 5-83 所示。

Step 06 在命令行中输入【REC】命令,按【Enter】键确定,在绘图区中捕捉矩形左上角的端点为矩形的第一个角点,根据命令提示输入(@119,-297),按【Enter】键完成绘制,效果如图 5-84 所示。

135

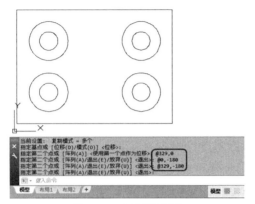

图 5-83 复制同心圆

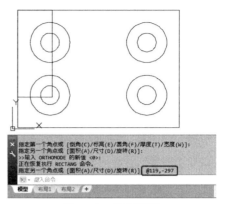

图 5-84 绘制矩形

Step 07 选中该矩形，在命令行中执行【M】命令，按【Enter】键确定，以矩形左上角的端点为基点，根据命令提示输入（@218，-54），按【Enter】键完成移动，效果如图 5-85 所示。

Step 08 根据前面所介绍的方法绘制其他对象，绘制后的效果如图 5-86 所示。

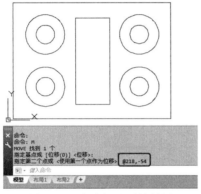

图 5-85 移动矩形后的效果

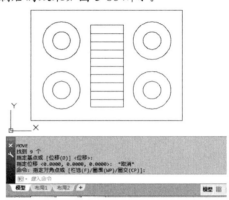

图 5-86 绘制其他对象后的效果

增值服务：扫码做测试题，并可观看讲解测试题的微课程。

第 6 章 文字及表格

文字对象是 AutoCAD 图形中很重要的图形元素，是不可缺少的组成部分。在一个完整的图样中，通常都包含一些文字注释来标注图样中的一些非图形信息，另外，在 AutoCAD 2017 中，使用表格功能可以创建不同类型的表格，还可以在其他软件中复制表格，以简化制图操作。

6.1 设置文字样式

装饰设计的文字说明比一般的施工图要多很多，这样便于更清楚地表达图面不能表达的材质等信息。

6.1.1 实例——设置文字样式

下面通过实例来讲解如何设置文字样式，其具体操作步骤如下。

Step 01 启动 AutoCAD 2017，在菜单栏中执行【格式】|【文字样式】命令，弹出【文字样式】对话框，然后单击【新建】按钮，如图 6-1 所示。

Step 02 弹出【新建文字样式】对话框，在【样式名】文本框中输入新建文字样式的名称【室内标注】，然后单击【确定】按钮，如图 6-2 所示。

图 6-1 【文字样式】对话框

图 6-2 【新建文字样式】对话框

Step 03 这样即可创建新的文字样式，新的文字样式将显示在【样式】列表框中，如图 6-3 所示。

图 6-3 新建的文字样式

6.1.2 重命名文字样式

在使用文字样式的过程中，如果对文字样式名称的设置不满意，可以进行重命名操作，以方便查看和使用。但对于系统默认的 Standard 文字样式不能进行重命名操作。重命名文字样式有以下两种方式。

（1）在命令行中执行 STYLE 命令，弹出【文字样式】对话框，在【样式】列表框中右击要重命名的文字样式，在弹出的快捷菜单中选择【重命名】命令，如图 6-4 所示。此时被选择的文字样式名称呈可编辑状态，输入新的文字样式名称，然后按【Enter】键确认重命名操作。

（2）在命令行中执行 RENAME 命令，弹出【重命名】对话框，在【命名对象】列表框中选择【文字样式】选项，在【项数】列表框中选择要修改的文字样式名称，然后在下方的空白文本框中输入新的名称，单击【确定】按钮或【重命名为】按钮即可，如图 6-5 所示。

图 6-4 重命名文字样式

图 6-5 【重命名】对话框

6.1.3 实例——设置文字字体和高度

下面通过实例来讲解如何设置文字字体和高度，其具体操作步骤如下。

Step 01 启动 AutoCAD 2017，按【Ctrl+O】组合键，打开配套资源中的素材\第 6 章\【素材 1.dwg】图形文件，如图 6-6 所示。

Step 02 在菜单栏中执行【格式】|【文字样式】命令，弹出【文字样式】对话框，新建【双人床】样式，新建完成后选择【样式】列表框中的【双人床】选项，如图 6-7 所示。

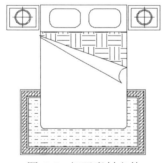
图 6-6 打开素材文件

图 6-7 新建【双人床】样式

Step 03 单击【字体名】右侧的下拉按钮，在弹出的下拉列表框中选择【楷体】选项，如图 6-8 所示。

Step 04 单击【置为当前】按钮，在弹出的【AutoCAD】对话框中单击【是】按钮，如图 6-9 所示。将【楷体】文字样式置为当前，单击【关闭】按钮。

第6章 文字及表格

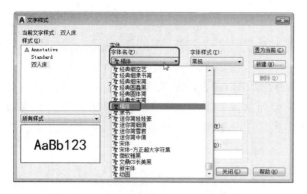

图 6-8 选择【楷体】选项

图 6-9 【AutoCAD】对话框

Step 05 在命令行中输入【TEXT】命令,然后按【Enter】键确定,在床的下方单击,将【高度】设置为 300,将【旋转角度】设置为 0,按【Enter】键确定,在文本框中输入【双人床】,按【Ctrl+Enter】组合键退出,效果如图 6-10 所示。

6.1.4 实例——设置文字效果

下面通过实例来讲解如何设置文字效果,其具体操作步骤如下。

Step 01 新建图纸文件,在菜单栏中执行【格式】|【文字样式】命令,弹出【文字样式】对话框,新建【室内标注】样式,在【效果】选项组中,将【宽度因子】设为 3,将【倾斜角度】设为 30,然后依次单击【应用】和【关闭】按钮,如图 6-11 所示。

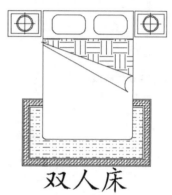

图 6-10 最终效果

Step 02 在命令行中输入【TEXT】命令,然后按【Enter】键确定,在空白位置处单击,输入 100 并确认,输入 0 并确认,在弹出的文本框中输入【文字样式】,按【Ctrl+Enter】组合键退出,效果如图 6-12 所示。

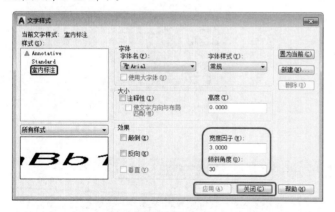

图 6-11 【文字样式】对话框

图 6-12 设置文字样式最终效果

6.1.5 删除文字样式

如果某个文字样式在图形中没有起到作用,可以将其删除。

在命令行中执行【STYLE】命令,弹出【文字样式】对话框,在【样式】列表框中选择要删除的文字样式，单击【删除】按钮，如图 6-13 所示。此时会弹出如图 6-14 所示的【acad 警告】对话框，单击【确定】按钮，即可删除当前选择的文字样式。返回【文字样式】对话框，然后单击【关闭】按钮，关闭该对话框。

在命令行中执行【PURGE】命令，弹出如图 6-15 所示的【清理】对话框。选中【查看能清理的项目】单选按钮，在【图形中未使用的项目】列表框中双击【文字样式】选项，展开此项显示当前图形文件中的所有文字样式，选择要删除的文字样式，然后单击【清理】按钮即可，如图 6-16 所示。

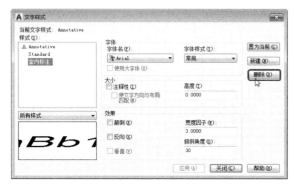

图 6-13　单击【删除】按钮　　　　图 6-14　【acad 警告】对话框

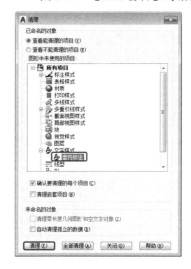

图 6-15　【清理】对话框　　　　　图 6-16　清理文字样式

> **注　意**
>
> 系统默认的 Standard 文字样式与置为当前的文字样式不能删除。

6.2　创建单行文字

在 AutoCAD 2017 中，我们可以通过以下 4 种方法创建单行文字。

- 在菜单栏中执行【绘图】|【文字】|【单行文字】命令。
- 切换至【注释】选项卡，在【文字】面板上单击【单行文字】按钮。
- 在命令行中输入【DTEXT】命令，然后按【Enter】键确定。

- 在菜单栏中执行【工具】|【工具栏】|【AutoCAD】|【文字】命令，如图 6-17 所示。在弹出的【文字】工具栏中单击【单行文字】按钮，如图 6-18 所示。

图 6-17　执行【文字】命令　　　　图 6-18　单击【单行文字】按钮

6.2.1　实例——创建单行文字

创建单行文字的具体操作如下。

Step 01 启动 AutoCAD 2017，在菜单栏中执行【绘图】|【文字】|【单行文字】命令，如图 6-19 所示。

Step 02 根据命令行提示，指定文字的起点，输入 40 并确认，输入 0 并确认，在弹出的文本框中输入【单行文字】，然后按【Ctrl+Enter】键结束命令，效果如图 6-20 所示。

图 6-19　执行【单行文字】命令　　　　图 6-20　创建单行文字效果

6.2.2 按照预设样式创建单行文字

在创建单行文字时，也可以直接按照已创建好的样式来创建。

6.2.3 实例——按照预设样式创建单行文字

下面讲解如何按照预设样式创建单行文字。

Step 01 启动 AutoCAD 2017，在菜单栏中执行【STYLE】命令，弹出【文字样式】对话框，创建一种文字样式。创建完成后，单击【应用】和【置为当前】按钮，如图 6-21 所示，然后关闭【文字样式】对话框。

Step 02 在命令行中输入【TEXT】命令，指定文字的起点，输入 200 并确认，输入 0 并确认，在弹出的文本框中输入【单行文字】，然后按【Ctrl+Enter】键结束命令，效果如图 6-22 所示。

图 6-21　创建文字样式

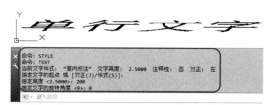

图 6-22　最终效果

6.2.4 输入特殊字符

在 AutoCAD 2017 中创建单行文本时，经常需要一些特殊符号来进行标注，如直径符号、百分号等。有些符号是无法直接输入的，比如直径符号（Φ），因此要输入这些符号需要用到 AutoCAD 提供的相应控制符。

AutoCAD 的控制符由两个百分号（%%）以及一个字符构成，常用特殊符号的控制符如下。

- %%D：双百分号后跟字母 D 表示角度符号（°）。
- %%C：双百分号后跟字母 C 表示直径符号（Φ）。
- %%P：双百分号后跟字母 P 表示正负公差符号（±）。
- \U+2220：右斜线后跟字母 U+2220 表示角度符号（∠）。
- \U+0394：右斜线后跟字母 U+0394 表示差值符号（Δ）。

在 AutoCAD 的控制符中，使用控制码可以打开或关闭特殊字符，如%%U 和%%O。第一次出现此符号时是打开上画线或者下画线，第二次出现此符号时则会关闭上画线或者下画线。输入控制符时，这些控制符也会显示在屏幕上，当输入完成之后，所有控制符将转换为相应的特殊符号。

6.3 编辑单行文字

在 AutoCAD 中，可以对单行文字进行编辑，其中包括修改文本的内容、缩放比例及对正方式等。

6.3.1 实例——修改单行文字内容

下面通过实例来讲解如何修改单行文字内容。

Step 01 启动 AutoCAD 2017，按【Ctrl+O】组合键，打开配套资源中的素材\第 6 章\【素材 2.dwg】图形文件，如图 6-23 所示。

Step 02 选择文字，右击，在弹出的快捷菜单中执行【编辑】命令，如图 6-24 所示。

Step 03 此时文本处于可编辑状态，输入相应的文本，即可对素材文本进行修改，按【Ctrl+Enter】组合键结束编辑，效果如图 6-25 所示。

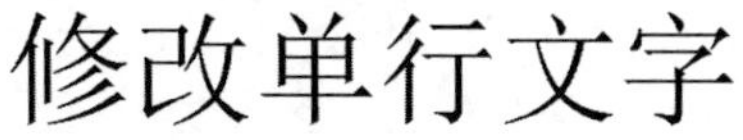

图 6-23　打开素材文件　　　　图 6-24　执行【编辑】命令

图 6-25　最终效果

> **提　示**
>
> 除了上面介绍的方法，用户可以按以下方法进行操作。
> - 在菜单栏中执行【修改】|【对象】|【文字】|【编辑】命令。
> - 在命令行中输入【DDEDIT】命令。
> - 在单行文字上双击，即可修改单行文字。

6.3.2 调整单行文字缩放比例

调整单行文字缩放比例有以下 4 种方法。

- 在菜单栏中执行【工具】|【工具栏】|【AutoCAD】|【文字】命令，在弹出的【文字】工具栏中单击【比例】按钮。
- 在菜单栏中选择【修改】|【对象】|【文字】|【比例】命令。
- 在命令行中输入 SCALETEXT 命令，按【Enter】键确定。
- 切换至【注释】选项卡，在【文字】面板中单击【缩放】按钮。

6.3.3 设置单行文字对正方式

设置单行文字对正方式主要有以下几种方法。

- 在菜单栏中执行【修改】|【对象】|【文字】|【对正】命令。
- 切换至【注释】选项卡，在【文字】面板中单击【对正】按钮。
- 在命令行中输入 JUSTIFYTEXT 命令，按【Enter】键确定。

6.4　创建与编辑多行文字

多行文本是一种易于管理的文字对象，多行文字常用于创建字数较多、字体变化较复杂或者字号不一致的文字标注。其由两行以上的文字组成，而且各行文本都是作为一个整体来处理。

6.4.1 实例——创建多行文字

下面通过实例来讲解如何创建多行文字，其具体操作步骤如下。

Step 01 启动 AutoCAD 2017，切换至【注释】选项卡，在【文字】面板上单击【多行文字】按钮 A，如图 6-26 所示。

Step 02 根据命令行提示，指定文本框的第一角点，在命令行中输入 H 并按【Enter】键确定，输入 45 并按【Enter】键确定，然后单击创建文本框的第二角点，即可创建多行文本框，如图 6-27 所示。

图 6-26　单击【多行文字】按钮　　　　图 6-27　创建多行文本框

Step 03 在文本框中输入多行文字，如图 6-28 所示。

Step 04 输入完成后，单击【关闭文字编辑器】按钮，效果如图 6-29 所示。

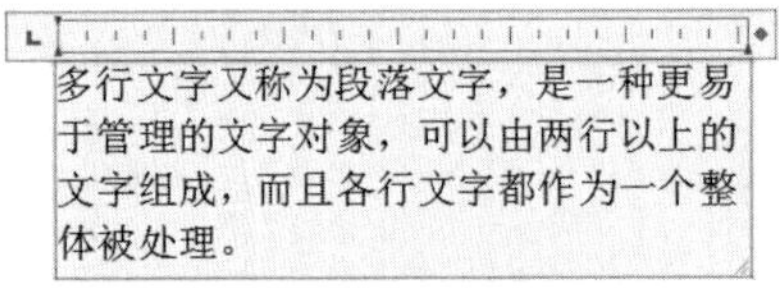

图 6-28　输入多行文字　　　　图 6-29　最终效果

6.4.2 实例——设置多行文字对正方式

在对多行文字进行编辑时，常需要设置其对正方式，AutoCAD 2017 中提供了左对齐、居中、中间右对齐等多种对齐方式。下面将通过实例来讲解如何设置多行文字对正方式，其具体操作方法如下。

Step 01 打开配套资源中的素材\第 6 章\【素材 3.dwg】图形文件，切换至【注释】选项卡，在【文字】面板中单击【对正】按钮，选择多行文字，如图 6-30 所示。

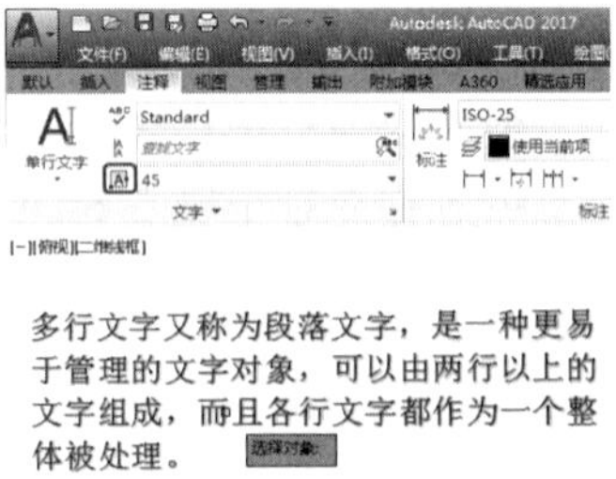

图 6-30　选择多行文字

Step 02 按空格键进行确定，根据命令行提示，输入 C 并确定，对正后的效果如图 6-31 所示。

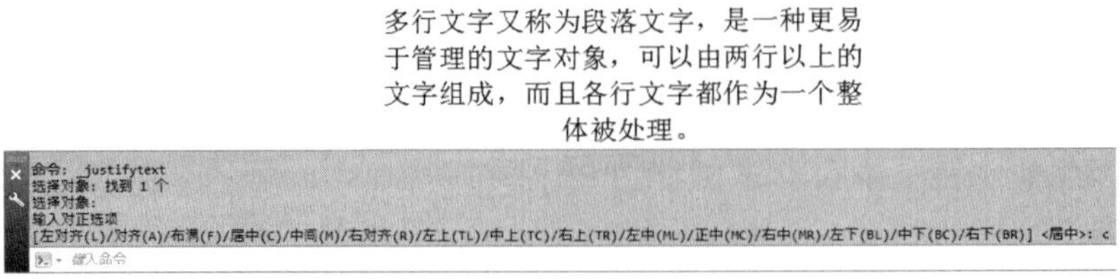

图 6-31　对正多行文字效果

6.4.3 设置多行文字的字符格式

字符格式可以为多行文字中的单个字符或单词设置不同的格式,格式的更改只影响选择的文字,当前的文字样式不变。

在 AutoCAD 2017 中,可以设置不同的文字高度或字体,可以设置粗体、斜体、下画线、上画线和颜色、倾斜角度、字符之间的间距以及字符的宽度因子。在【文字编辑器】选项卡的【选项】菜单中,单击【更多】按钮右侧的下三角按钮,在打开的列表中选择【删除格式】选项,可以将选定文字的字符属性重置为当前的文字样式。

6.4.4 实例——设置多行文字的缩进

控制段落在多行文字对象中的缩进方式,设置单行或单个段落、多个段落的缩进,需要单击该单行或选择需要设置缩进的段落。

Step 01 打开配套资源中的素材\第 6 章\【素材 3.dwg】图形文件,如图 6-32 所示,双击多行文本,使其呈可编辑状态。

Step 02 在可编辑状态文本中的第一行任意位置处单击,在顶部标尺中,拖动上方的滑动块至合适位置,如图 6-33 所示。

Step 03 在【功能区】选项板中的【文字编辑器】选项卡中,单击【关闭文字编辑器】按钮,退出编辑状态,设置后的效果如图 6-34 所示。

图 6-32 打开素材文件　　　　图 6-33 文本呈可编辑状态　　　　图 6-34 缩进效果

6.4.5 实例——设置项目符号和编号标记

在 AutoCAD 2017 中,可以为段落文本添加项目符号和编号标记,其中包含数字标记、字母标记和项目符号标记。

Step 01 打开配套资源中的素材\第 6 章\【素材 4.dwg】图形文件,如图 6-35 所示。

Step 02 在绘图区中双击多行文本,使其呈可编辑状态显示,选择如图 6-36 所示的文本。

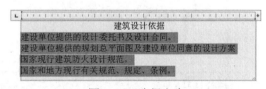

图 6-35 打开素材文件　　　　　　　图 6-36 选择文本

Step 03 在【文字编辑器】选项卡中,在【段落】面板中,单击【项目符号和编号】按钮,在弹出的下拉菜单中执行【以数字标记】命令,如图 6-37 所示。

Step 04 设置数字标记后效果如图 6-38 所示。单击【关闭文字编辑器】按钮,退出文字编辑器。

图 6-37 执行【以数字标记】命令

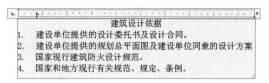

图 6-38　设置数字标记后的效果

6.4.6　实例——设置多行文字行距

下面讲解如何设置多行文字行距。

Step 01　启动 AutoCAD 2017，打开配套资源中的素材\第 6 章\【素材 3.dwg】图形文件，在绘图区中双击多行文本，使其呈可编辑状态显示，在文本框中选择所有文本，如图 6-39 所示。

Step 02　在【文字编辑器】选项卡中，单击【段落】面板中的【行距】按钮 ，在弹出的下拉菜单中选择 1.5x 选项，如图 6-40 所示。

Step 03　单击【关闭文字编辑器】按钮，退出文字编辑器，设置行距后的效果如图 6-41 所示。

图 6-39　选择文本　　　　图 6-40　设置行距　　　　图 6-41　设置行距效果

6.4.7　实例——创建与修改堆叠文字

堆叠文字是应用在多行文字和多重引线中字符的分数或公差格式。下面通过实例讲解如何创建与修改堆叠文字。

Step 01　启动 AutoCAD 2017，使用【多行文字】工具，在绘图区创建文本，其中文字高度为 100，如图 6-42 所示。

Step 02　选择输入的文本，并在文本上右击，在弹出的快捷菜单中执行【堆叠】命令，堆叠后的效果如图 6-43 所示。

图 6-42　创建文本　　　　　　　　图 6-43　堆叠后的效果

Step 03　选择堆叠后的文本，在文本上右击，在弹出的快捷菜单中执行【堆叠特性】命令，弹出【堆叠特性】对话框，单击【外观】组中的【样式】文本框右侧的下三角按钮，在打开的下拉菜单中选择【1/2 分数(斜)】选项，如图 6-44 所示。

Step 04　单击【确定】按钮，在【功能区】选项板中单击【关闭文字编辑器】按钮，退出文字编辑，修改堆叠后的效果如图 6-45 所示。

图 6-44 选择样式　　　　　　　图 6-45 修改堆叠后效果

6.4.8 实例——查找和替换文字

下面通过实例来讲解如何查找和替换文字，其具体操作步骤如下。

Step 01 启动 AutoCAD 2017，打开配套资源中的素材\第 6 章\【素材 5.dwg】图形文件，双击多行文本，使其呈可编辑状态显示，如图 6-46 所示。

Step 02 在【文字编辑器】选项卡中，在【工具】面板上单击【查找和替换】按钮，弹出【查找和替换】对话框，在【查找】文本框中输入【已与】，在【替换为】文本框中输入【易于】，单击【下一个】按钮，如图 6-47 所示。

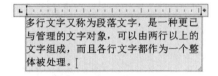 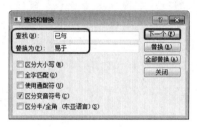

图 6-46 打开素材文件　　　　　　　图 6-47 输入替换文字

Step 03 所需替换文本此时呈可编辑状态，效果如图 6-48 所示。

Step 04 单击【替换】按钮，弹出【AutoCAD】搜索完成对话框，单击【确定】按钮，返回到【查找和替换】对话框并关闭该对话框，单击【关闭文字编辑器】按钮，退出文字编辑，替换文字后的效果如图 6-49 所示。

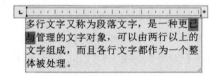

图 6-48 所需替换文本呈可编辑状态　　　　　　图 6-49 替换文字后效果

6.4.9 控制文本显示方式

当图形中包含较多文本对象时，会降低图形的显示速度，因此 AutoCAD 提供了控制文字的显示方式命令，该命令只显示文字框，而不显示文字内容。

Step 01 启动 AutoCAD 2017，打开配套资源中的素材\第 6 章\【素材 3.dwg】图形文件，如图 6-50 所示。

Step 02 在命令行中输入 QTEXT，并按【Enter】键确定，根据命令行提示，输入 ON 并确认。在菜单栏中选择【视图】|【重生成】命令，设置文本显示方式后的效果如图 6-51 所示。

多行文字又称为段落文字，是一种更易于管理的文字对象，可以由两行以上的文字组成，而且各行文字都作为一个整体被处理。

图 6-50 打开素材文件　　　　　　　　图 6-51 设置文字显示方式后的效果

6.5　创建与编辑表格样式

在创建表格前需要先创建表格样式，表格样式用来控制表格的外观，包括表格样式、填充、表格中的字体、颜色、高度以及边框样式。

6.5.1　实例——新建表格样式

表格是由包含注释（以文字为主，也包含多个块）的单元格构成的矩形阵列。下面通过实例来讲解如何新建表格样式，其具体操作步骤如下。

Step 01 启动 AutoCAD 2017，新建图纸文件，在命令行中输入 TABLESTYLE 命令，并按【Enter】键确认，弹出【表格样式】对话框，如图 6-52 所示。

Step 02 单击【新建】按钮，弹出【创建新的表格样式】对话框，在【新样式名】文本框中输入新样式名【材料表】，如图 6-53 所示。

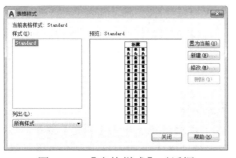

图 6-52　【表格样式】对话框　　　　　　图 6-53　输入新样式名

Step 03 单击【继续】按钮，弹出【新建表格样式：材料表】对话框，在该对话框中可以对表格进行相应的设置，效果如图 6-54 所示。

Step 04 单击【确定】按钮，返回到【表格样式】对话框，在【表格样式】对话框中的【样式】列表中显示出新建的表格样式，如图 6-55 所示。单击【关闭】按钮，即可完成表格样式的创建。

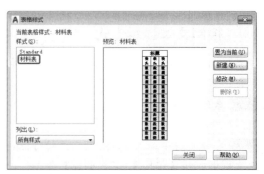

图 6-54　【新建表格样式：材料表】对话框　　　图 6-55　【表格样式】对话框

6.5.2 编辑表格样式

在 AutoCAD 2017 中，用户可以使用【表格样式】对话框来管理图形中的表格样式。在【样式】列表框中选择一种表格样式，单击【置为当前】按钮，可以将其设置为当前表格样式；单击【修改】按钮，可以对选择的表格样式进行修改；单击【删除】按钮，可以将选择的表格样式删除。

6.6 创建与编辑表格

在 AutoCAD 2017 中，可以在绘图区中直接插入表格对象而不需要利用直线命令来绘制表格，还可以对已经创建好的表格进行编辑。

6.6.1 实例——创建表格

下面通过实例来讲解如何创建表格，其具体操作步骤如下。

Step 01 新建图纸文件，在【默认】选项卡中，单击【注释】面板中的【表格】按钮，弹出【插入表格】对话框，将【列数】设置为 5，将【列宽】设置为 60，将【数据行数】设置为 6，将【行高】设置为 1，如图 6-56 所示。

Step 02 单击【确定】按钮，在绘图窗口中任意位置处单击，指定插入点，此时表格第一行为可编辑状态，在第一行表格中输入文本【施工准备工作计划表 1】，如图 6-57 所示。

图 6-56 设置行和列参数

	A	B	C	D	E
1	施工准备工作计划表				
2					
3					
4					
5					
6					
7					
8					

图 6-57 在表格中输入文本

Step 03 在需要输入文本的单元格内双击，即可输入其他文本，输入完成后的效果如图 6-58 所示。

施工准备工作计划表				
序号	项目	内容	完成时间	承办及审定单位

图 6-58 输入其他文本

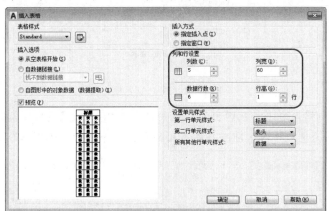

6.6.2 实例——锁定单元格

下面通过实例来讲解如何锁定单元格，其具体操作步骤如下。

Step 01 启动 AutoCAD 2017 后，打开配套资源中的素材\第 6 章\【素材 6.dwg】图形文件，如图 6-59 所示。

Step 02 选中需要锁定的单元格，如图 6-60 所示。

施工准备工作计划表				
序号	项目	内容	完成时间	承办及审定单位
1	施工组织设计编制	确定施工方案和质量技术安全等措施，并报审。	图纸会审后7天内	建筑单位、监理、公司、工程处
2	建立施工组织机构	成立项目经理部，确定各班及组成人员。	1	公司、工程处
3	现场定位放线	现场定位点、线、标高复核，建立建筑物的轴线控制点和高程控制点。	2	项目部
4	现场平面布置	按总平面图布置水、电及临时设施。	4	项目部

图 6-59　打开素材文件

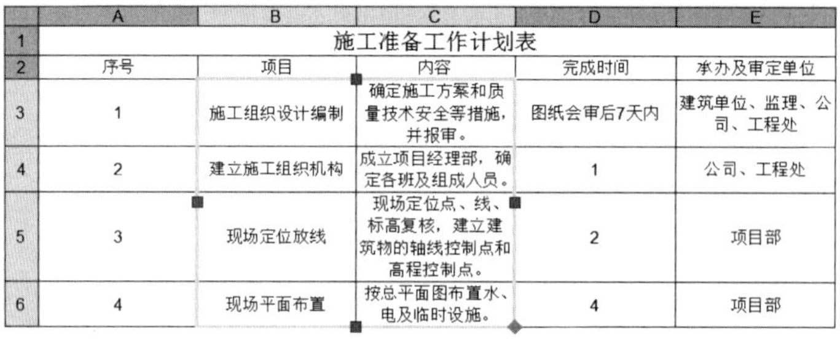

	A	B	C	D	E
1	施工准备工作计划表				
2	序号	项目	内容	完成时间	承办及审定单位
3	1	施工组织设计编制	确定施工方案和质量技术安全等措施，并报审。	图纸会审后7天内	建筑单位、监理、公司、工程处
4	2	建立施工组织机构	成立项目经理部，确定各班及组成人员。	1	公司、工程处
5	3	现场定位放线	现场定位点、线、标高复核，建立建筑物的轴线控制点和高程控制点。	2	项目部
6	4	现场平面布置	按总平面图布置水、电及临时设施。	4	项目部

图 6-60　选中单元格

Step 03 在选中的单元格内右击，在弹出的快捷菜单中选择【锁定】|【内容和格式已锁定】选项，将十字光标移至所选的单元格内，即可在右上角显示出一个小锁，如图 6-61 所示。

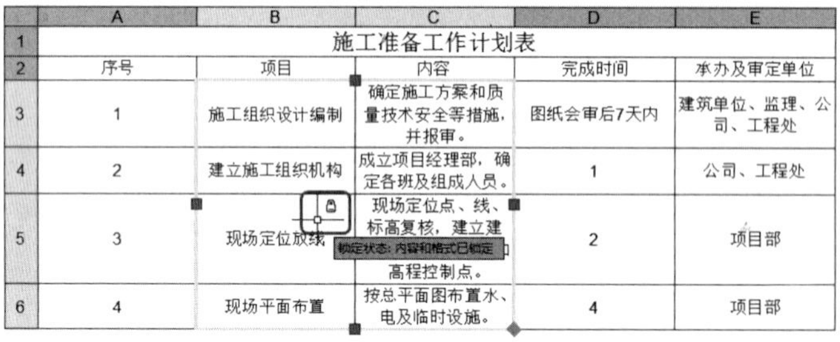

	A	B	C	D	E
1	施工准备工作计划表				
2	序号	项目	内容	完成时间	承办及审定单位
3	1	施工组织设计编制	确定施工方案和质量技术安全等措施，并报审。	图纸会审后7天内	建筑单位、监理、公司、工程处
4	2	建立施工组织机构	成立项目经理部，确定各班及组成人员。	1	公司、工程处
5	3	现场定位放线	现场定位点、线、标高复核，建立建筑物的轴线控制点和高程控制点。	2	项目部
6	4	现场平面布置	按总平面图布置水、电及临时设施。	4	项目部

图 6-61　锁定单元格

6.6.3 实例——使用【特性】选项板修改表格

下面讲解如何使用【特性】选项板修改表格，其操作步骤如下。

Step 01 启动 AutoCAD 2017 后，打开配套资源中的素材\第 6 章\【素材 6.dwg】图形文件，并框选所有单元格，如图 6-62 所示。

Step 02 在表格上右击，在弹出的快捷菜单中执行【特性】命令，弹出【特性】选项板，在【表格】选项组中，将【方向】设置为【向上】，如图 6-63 所示。

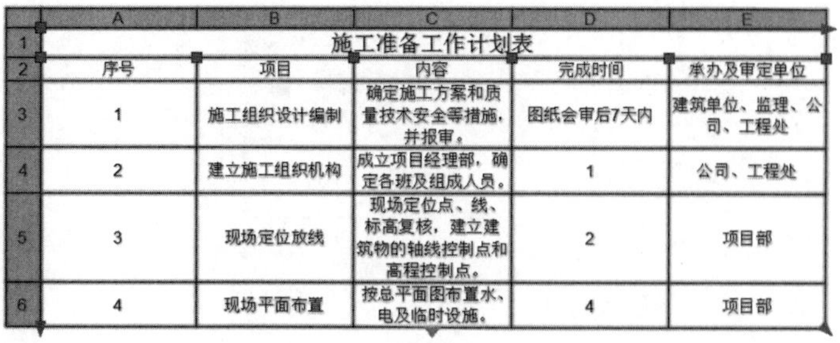

	A	B	C	D	E
1	施工准备工作计划表				
2	序号	项目	内容	完成时间	承办及审定单位
3	1	施工组织设计编制	确定施工方案和质量技术安全等措施，并报审。	图纸会审后7天内	建筑单位、监理、公司、工程处
4	2	建立施工组织机构	成立项目经理部，确定各班及组成人员。	1	公司、工程处
5	3	现场定位放线	现场定位点、线、标高复核，建立建筑物的轴线控制点和高程控制点。	2	项目部
6	4	现场平面布置	按总平面图布置水、电及临时设施。	4	项目部

图 6-62　框选所有单元格

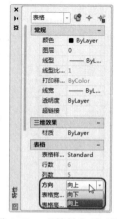

图 6-63　【特性】选项板

Step 03 按【Esc】键，完成表格修改后的效果如图 6-64 所示。

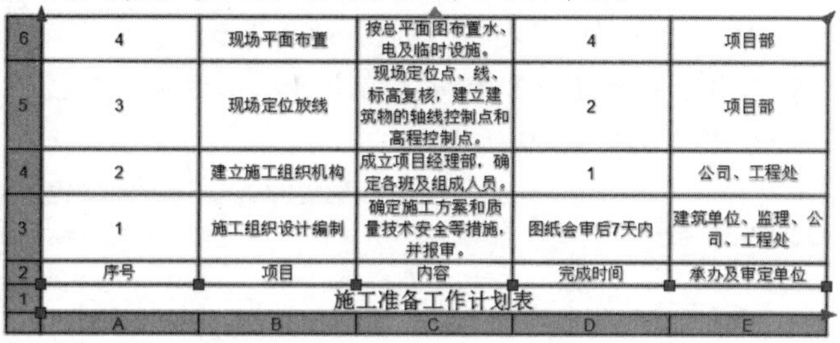

6	4	现场平面布置	按总平面图布置水、电及临时设施。	4	项目部
5	3	现场定位放线	现场定位点、线、标高复核，建立建筑物的轴线控制点和高程控制点。	2	项目部
4	2	建立施工组织机构	成立项目经理部，确定各班及组成人员。	1	公司、工程处
3	1	施工组织设计编制	确定施工方案和质量技术安全等措施，并报审。	图纸会审后7天内	建筑单位、监理、公司、工程处
2	序号	项目	内容	完成时间	承办及审定单位
1	施工准备工作计划表				
	A	B	C	D	E

图 6-64　完成表格修改后的效果

6.6.4　实例——调整表格的列宽或行高

在 AutoCAD 2017 中，用户可以使用表格的夹点调整表格的列宽或行高。

Step 01 启动 AutoCAD 2017 后，打开配套资源中的素材\第 6 章\【素材 6.dwg】图形文件，选择 A1 单元格，选择如图 6-65 所示的夹点。

Step 02 对表格进行调整，效果如图 6-66 所示。

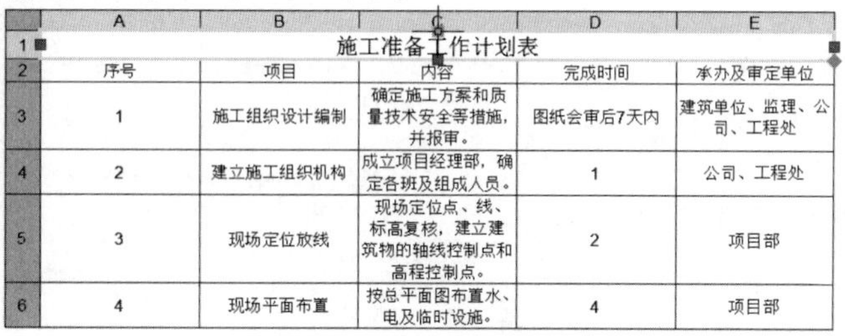

	A	B	C	D	E
1	施工准备工作计划表				
2	序号	项目	内容	完成时间	承办及审定单位
3	1	施工组织设计编制	确定施工方案和质量技术安全等措施，并报审。	图纸会审后7天内	建筑单位、监理、公司、工程处
4	2	建立施工组织机构	成立项目经理部，确定各班及组成人员。	1	公司、工程处
5	3	现场定位放线	现场定位点、线、标高复核，建立建筑物的轴线控制点和高程控制点。	2	项目部
6	4	现场平面布置	按总平面图布置水、电及临时设施。	4	项目部

图 6-65　选择夹点

施工准备工作计划表				
序号	项目	内容	完成时间	承办及审定单位
1	施工组织设计编制	确定施工方案和质量技术安全等措施，并报审。	图纸会审后7天内	建筑单位、监理、公司、工程处
2	建立施工组织机构	成立项目经理部，确定各班及组成人员。	1	公司、工程处
3	现场定位放线	现场定位点、线、标高复核，建立建筑物的轴线控制点和高程控制点。	2	项目部
4	现场平面布置	按总平面图布置水、电及临时设施。	4	项目部

图 6-66　调整表格后的效果

Step 03 使用同样的方法，选择A2单元格，调整其列宽。然后选择C3：E6单元格，选择右侧的夹点，对其进行调整，如图6-67所示。

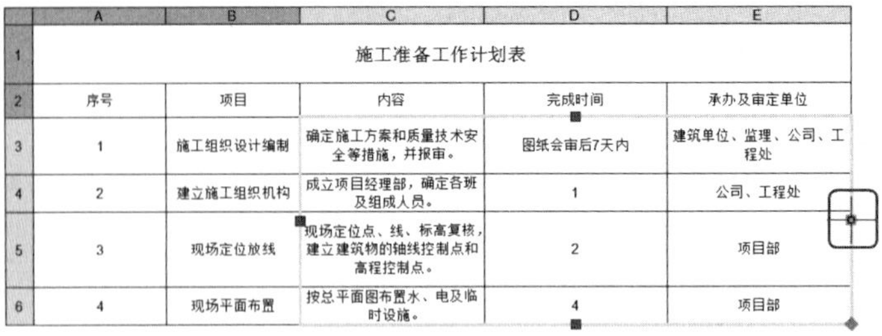

	A	B	C	D	E
1	施工准备工作计划表				
2	序号	项目	内容	完成时间	承办及审定单位
3	1	施工组织设计编制	确定施工方案和质量技术安全等措施，并报审。	图纸会审后7天内	建筑单位、监理、公司、工程处
4	2	建立施工组织机构	成立项目经理部，确定各班及组成人员。	1	公司、工程处
5	3	现场定位放线	现场定位点、线、标高复核，建立建筑物的轴线控制点和高程控制点。	2	项目部
6	4	现场平面布置	按总平面图布置水、电及临时设施。	4	项目部

图6-67 调整后的效果

6.6.5 实例——在表格中添加列或行

Step 01 继续6.6.4节的操作，选择A6单元格，如图6-68所示。

Step 02 在【表格单元】选项卡中的【行】面板上单击【从下方插入】按钮，即可在选定的单元格的下方插入一空白行，效果如图6-69所示。

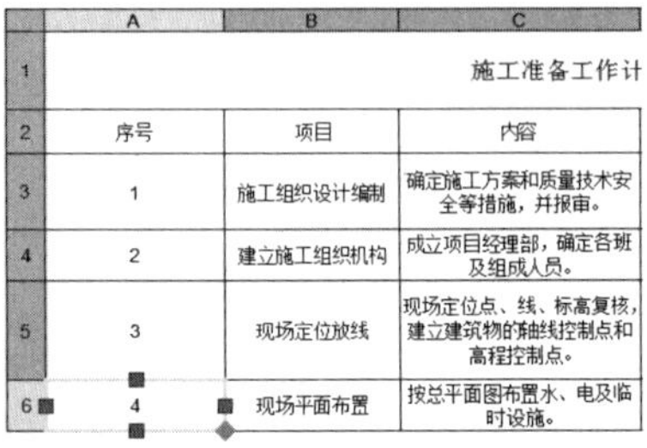

	A	B	C
1	施工准备工作计		
2	序号	项目	内容
3	1	施工组织设计编制	确定施工方案和质量技术安全等措施，并报审。
4	2	建立施工组织机构	成立项目经理部，确定各班及组成人员。
5	3	现场定位放线	现场定位点、线、标高复核，建立建筑物的轴线控制点和高程控制点。
6	4	现场平面布置	按总平面图布置水、电及临时设施。

图6-68 选择单元格

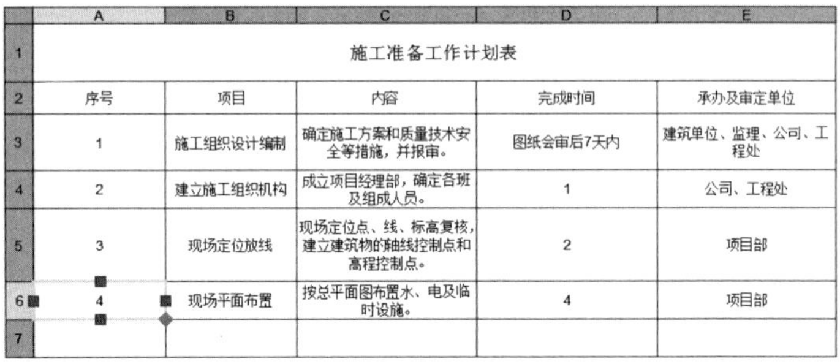

	A	B	C	D	E
1	施工准备工作计划表				
2	序号	项目	内容	完成时间	承办及审定单位
3	1	施工组织设计编制	确定施工方案和质量技术安全等措施，并报审。	图纸会审后7天内	建筑单位、监理、公司、工程处
4	2	建立施工组织机构	成立项目经理部，确定各班及组成人员。	1	公司、工程处
5	3	现场定位放线	现场定位点、线、标高复核，建立建筑物的轴线控制点和高程控制点。	2	项目部
6	4	现场平面布置	按总平面图布置水、电及临时设施。	4	项目部
7					

图6-69 插入行后的效果

Step 03 在【列】面板上单击【从左侧插入】按钮，即可在选定的单元格的左侧插入一空白列，如图6-70所示。

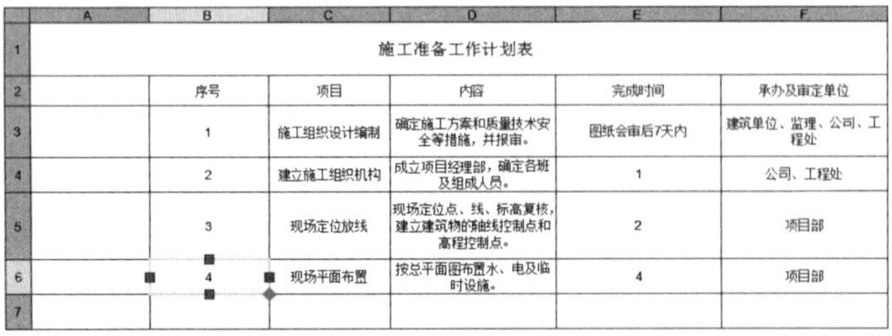

	A	B	C	D	E	F
1	施工准备工作计划表					
2		序号	项目	内容	完成时间	承办及审定单位
3		1	施工组织设计编制	确定施工方案和质量技术安全等措施，并报审。	图纸会审后7天内	建筑单位、监理、公司、工程处
4		2	建立施工组织机构	成立项目经理部，确定各班及组成人员。	1	公司、工程处
5		3	现场定位放线	现场定位点、线、标高复核，建立建筑物的轴线控制点和高程控制点。	2	项目部
6		4	现场平面布置	按总平面图布置水、电及临时设施。	4	项目部
7						

图6-70 插入列后的效果

6.6.6 实例——在表格中合并单元格

在AutoCAD 2017中，用户可以将多个单元格合并为一个单元格。

Step 01 启动AutoCAD 2017后，插入一个表格，然后选择需要合并的单元格，如图6-71所示。

Step 02 在选择的单元格内右击，在弹出的快捷菜单中选择【合并】|【全部】命令，然后在绘图窗口的空白区域单击，完成后的效果如图6-72所示。

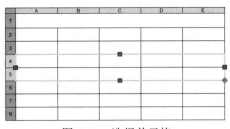

图 6-71　选择单元格

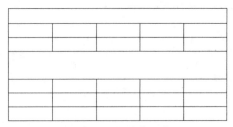

图 6-72　合并单元格

6.6.7　实例——在表格中删除列或行

当表格中有多余的行或列时，可以将其删除，下面通过实例来讲解如何删除表格中的行或列。

Step 01 启动 AutoCAD 2017 后，打开配套资源中的素材\第 6 章\【素材 7.dwg】图形文件，选择需要删除的行，如图 6-73 所示。

Step 02 在【表格单元】选项卡中的【行】面板上单击【删除行】按钮，即可将选择的行删除，在绘图窗口的空白区域，效果如图 6-74 所示。

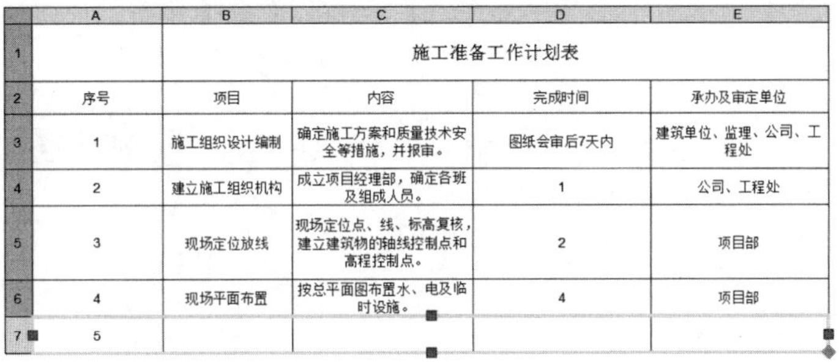

	A	B	C	D	E
1		施工准备工作计划表			
2	序号	项目	内容	完成时间	承办及审定单位
3	1	施工组织设计编制	确定施工方案和质量技术安全等措施，并报审。	图纸会审后7天内	建筑单位、监理、公司、工程处
4	2	建立施工组织机构	成立项目经理部，确定各班及组成人员。	1	公司、工程处
5	3	现场定位放线	现场定位点、线、标高复核，建立建筑物的轴线控制点和高程控制点。	2	项目部
6	4	现场平面布置	按总平面图布置水、电及临时设施。	4	项目部
7	5				

图 6-73　选择需要删除的行

	施工准备工作计划表			
序号	项目	内容	完成时间	承办及审定单位
1	施工组织设计编制	确定施工方案和质量技术安全等措施，并报审。	图纸会审后7天内	建筑单位、监理、公司、工程处
2	建立施工组织机构	成立项目经理部，确定各班及组成人员。	1	公司、工程处
3	现场定位放线	现场定位点、线、标高复核，建立建筑物的轴线控制点和高程控制点。	2	项目部
4	现场平面布置	按总平面图布置水、电及临时设施。	4	项目部

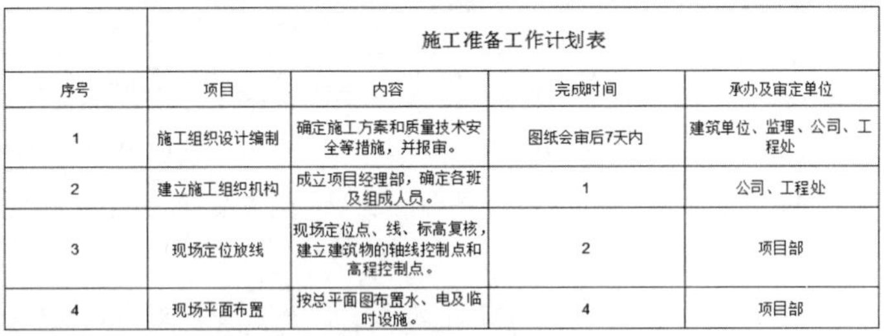

图 6-74　删除行后的效果

Step 03 选择需要删除的列，如图 6-75 所示。

Step 04 在【表格单元】选项卡中的【列】面板上单击【删除列】按钮，即可将选择的列删除，在绘图窗口的空白区域单击，效果如图 6-76 所示。

	A	B	C	D	E
1		施工准备工作计划表			
2	序号	项目	内容	完成时间	承办及审定单位
3	1	施工组织设计编制	确定施工方案和质量技术安全等措施，并报审。	图纸会审后7天内	建筑单位、监理、公司、工程处
4	2	建立施工组织机构	成立项目经理部，确定各班及组成人员。	1	公司、工程处
5	3	现场定位放线	现场定位点、线、标高复核，建立建筑物的轴线控制点和高程控制点。	2	项目部
6	4	现场平面布置	按总平面图布置水、电及临时设施。	4	项目部

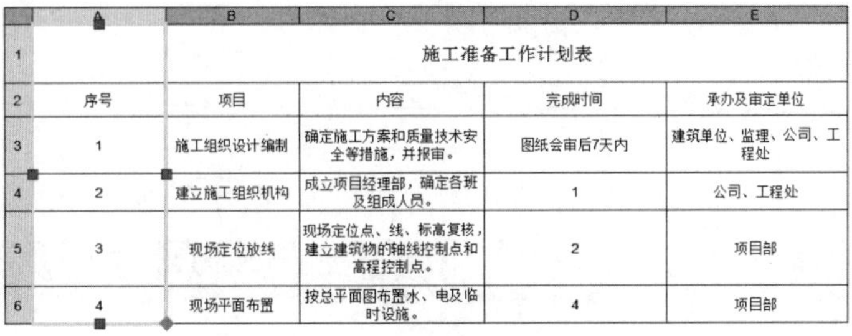

图 6-75　选择需要删除的列

图 6-76 删除列后的效果

6.6.8 实例——调整单元格内容对齐方式

通过调整单元格内容的对齐方式，可以将单元格内的文本按一定的方式对齐。

Step 01 启动 AutoCAD 2017 后，打开配套资源中的素材\第 6 章\【素材 8.dwg】图形文件，选择需要调整对齐方式的单元格，如图 6-77 所示。

Step 02 在【表格单元】选项卡中的【单元样式】面板上单击【对齐】按钮，在弹出的下拉菜单中执行【正中】命令，如图 6-78 所示。

图 6-77 选择单元格　　　　　　图 6-78 执行【正中】命令

Step 03 即可将单元格内的文本正中对齐，如图 6-79 所示。在绘图窗口的空白区域单击，退出表格编辑状态。

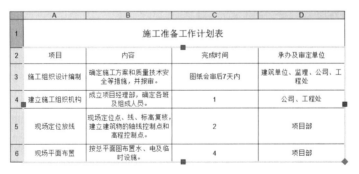

图 6-79 正中对齐单元格内的文本

6.7 综合应用——绘制样板图

所谓样板图就是将绘制图形通用的一些基本内容和参数事先设置好，并绘制出来，以.dwt

第 6 章 文字及表格

的格式保存起来。比如 A3 图纸，可以绘制好图框、标题栏，设置好图层、文字样式、标注样式等，然后作为样板图保存。以后需要绘制 A3 幅面的图形时，可打开此样板图，在此基础上绘图。下面讲解如何绘制样板图，其具体操作步骤如下。

Step 01 使用【矩形】工具，绘制 495×295 的矩形，如图 6-80 所示。

Step 02 在命令行中输入【O】命令，按【Enter】键确定，将矩形向内偏移 10，如图 6-81 所示。

图 6-80 绘制矩形　　　　　　　　　　图 6-81 偏移矩形

Step 03 在菜单栏中选择【格式】|【表格样式】命令，弹出【表格样式】对话框，单击【新建】按钮，弹出【创建新的表格样式】对话框，将【新样式名】设为【样板图】，如图 6-82 所示。

Step 04 单击【继续】按钮，弹出【新建表格样式：样板图】对话框，在【单元样式】下拉列表中选择【数据】选项，在【常规】选项卡中将【对齐】设置为【正中】，如图 6-83 所示。

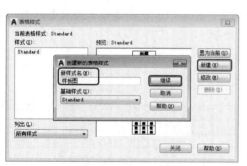

图 6-82 新建表格样式　　　　　　　　图 6-83 设置表格样式

Step 05 切换到【边框】选项卡，将【线宽】设为 0.30mm，并单击【外边框】按钮，如图 6-84 所示。

Step 06 单击【确定】按钮，返回到【表格样式】对话框，选择创建的表格样式，单击【置为当前】按钮，并单击【关闭】按钮，如图 6-85 所示。

Step 07 在【注释】选项卡中单击【表格】按钮，弹出【插入表格】对话框，在【插入方式】组中选中【指定插入点】单选按钮，将【列数】设为 6，【列宽】设为 25，【数据行数】设为 3，【行高】设为 1，如图 6-86 所示。

155

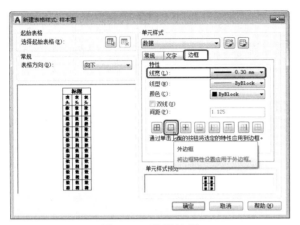
图 6-84 设置边框

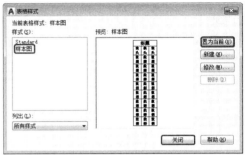
图 6-85 将【样本图】样式置为当前

Step 08 单击【确定】按钮,插入表格,选择第一行单元格,在【表格单元】选项卡中的【合并】组中单击【取消合并单元】按钮,即可将第一行的单元格取消合并,效果如图 6-87 所示。

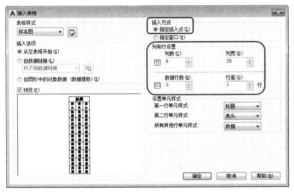
图 6-86 设置插入表格参数

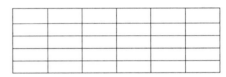
图 6-87 取消合并单元格

Step 09 选择 A1:C2 单元格,在【表格单元】选项卡的【合并】组中单击【合并单元】按钮,在其下拉列表中选择【合并全部】按钮,效果如图 6-88 所示。

Step 10 使用同样的方法,合并其他的单元格,如图 6-89 所示。

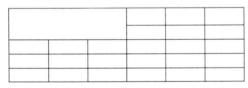
图 6-88 合并单元格效果

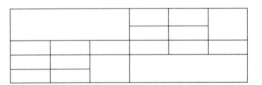
图 6-89 合并其他单元格效果

Step 11 在单元格中输入文字,将【文字高度】设为 4,输入后的效果如图 6-90 所示。

Step 12 选择 F3 单元格,选择如图 6-91 所示的夹点。

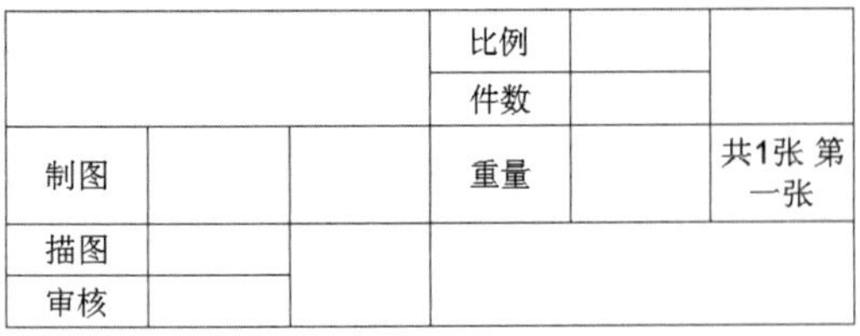

图 6-90 输入文字效果

图 6-91 选择夹点

Step 13 调整后的效果如图 6-92 所示。

Step 14 再次选择 F3 单元格,调整其行高,如图 6-93 所示。

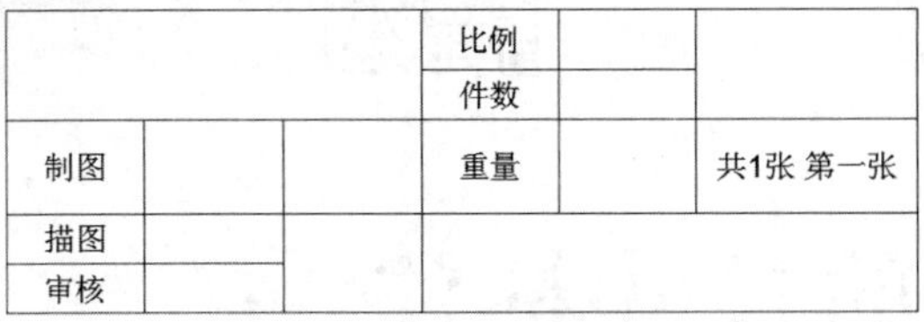

图 6-92　调整夹点后效果 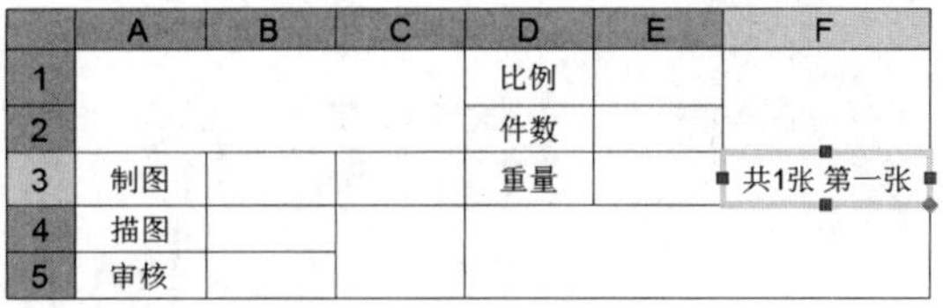　　　　　图 6-93　调整行高效果

Step 15 使用【移动】工具,调整表格位置,完成的样板图效果如图 6-94 所示。

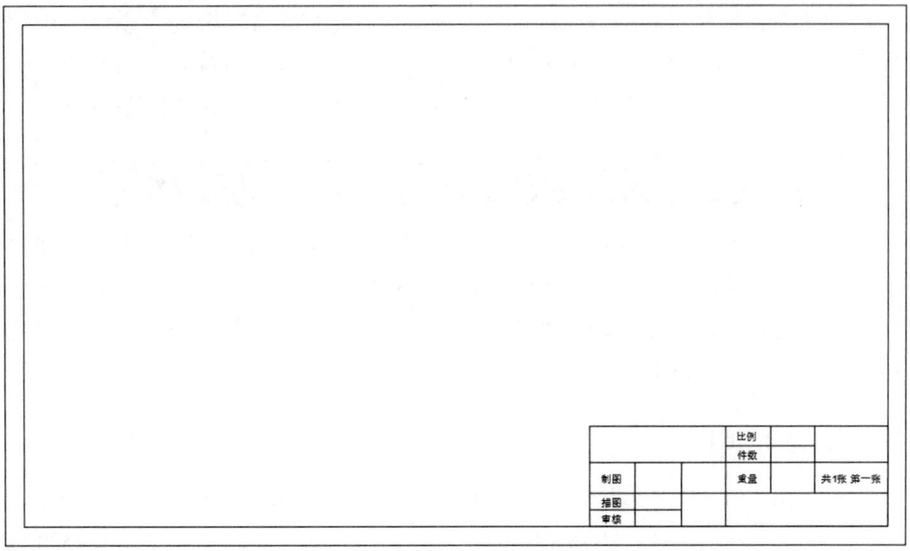

图 6-94　样板图效果

增值服务： 扫码做测试题，并可观看讲解测试题的微课程。

第 7 章 图形的尺寸标注

不标注尺寸的设计图是无法指导生产的。在施工时，建筑物各部分的大小完全由图纸上所标注的尺寸决定。AutoCAD 提供了完整灵活的尺寸标注功能，本章将首先详细介绍尺寸标注的有关概念和术语，然后介绍如何控制标注样式，以及通过典型的实例来讲解标注的应用技巧。

7.1 尺寸标注规则及设置

随着建筑业的快速发展，国家在 2010 年制定了新的房屋建筑制图统一标准 GB50001-2010 来代替以前的 GB/T 50001-2001，对建筑制图中的尺寸标注方法进行了更为详细的规定。用户在绘图过程中必须严格遵守，并要标注所需要的全部尺寸，保证不遗漏、不重复，确保标注尺寸的统一性，达到行业或项目标准。

7.1.1 尺寸标注的规则

在 AutoCAD 2017 中，对绘制的图形进行尺寸标注时应遵循以下规则。

（1）物体的真实大小应以图样上所标注的尺寸数值为依据，与图形的大小及绘图的准确度无关。也就是说，要严格按照比例绘制图形。

（2）图样中的尺寸以毫米为单位时，不需要标注计量单位的代号或名称。如采用其他单位，则必须注明相应计量单位的代号或名称，如度、厘米和米等。

（3）图样中所标注的尺寸为该图样所标识的物体的最后完工尺寸，否则应另加说明。

（4）建筑物部件的尺寸一般只标注一次，并标注在最能清晰反映该部件结构特征的视图上。

尺寸的配置要合理，功能尺寸应该直接标注；统一要素的尺寸应尽可能集中标注；尽量避免在不可见的轮廓线上标注尺寸，数字之间不允许任何图线穿过，必要时可以将图线断开。

7.1.2 尺寸标注的组成

通常情况下，一个完整的尺寸标注是由尺寸界线、尺寸线、尺寸文本、尺寸箭头组成的，有时还要用到圆心标记和中心线，如图 7-1 所示。

标注的主要组成部分的含义如下。

- 尺寸界线：应从图形的轮廓线、轴线、对称中心线引出，同时，轮廓线、轴线和对称中心线也可以作为尺寸界线。尺寸界线也应使用细实线来绘制。
- 尺寸箭头：尺寸箭头显示在尺寸线的端部，用于指出测量的开始和结束位置。AutoCAD 默认使用闭合的填充箭头符号。此外，系统还提供了多种箭头符号，如建筑标记、小斜线箭头、点和斜杠等。

第 7 章 图形的尺寸标注

- 尺寸线：用于表明标注的范围。AutoCAD 通常将尺寸线放置在测量区域内。如果空间不足，则可以将尺寸线或文字移到测量区域的外部。
- 尺寸文字：用于标明机件的测量值。尺寸文字应按标准字体书写，在同一张图纸上的字高要一致。尺寸文字在图中遇到图线时，需将图线断开，如果图线断开影响图形时，需要调整尺寸标注的位置。

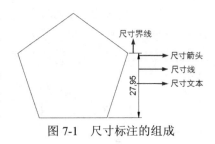

图 7-1　尺寸标注的组成

7.1.3　创建尺寸标注的步骤

在 AutoCAD 中对图形进行尺寸标注的基本步骤如下。

Step 01 在菜单栏中执行【格式】|【图层】命令，在【图层特性管理器】选项板中创建一个独立的图层，用于尺寸标注。

Step 02 在菜单栏中执行【格式】|【文字样式】命令，在弹出的【文字样式】对话框中创建一种文字样式，用于尺寸标注。

Step 03 在菜单栏中执行【格式】|【标注样式】命令，在弹出的【标注样式管理器】对话框中设置标注样式。

Step 04 使用对象捕捉和标注等功能，对图形中的元素进行标注。

7.1.4　实例——创建标注样式

在 AutoCAD 中，用户可以通过【标注样式管理器】对话框来创建新的标注样式，或对标注样式进行修改和管理。现在通过【标注样式管理器】对话框来详细介绍标注样式的组成元素及其作用。

Step 01 启动 AutoCAD 2017 后，在命令行中输入 DIMSTYLE 命令，按【Enter】键确定，弹出【标注样式管理器】对话框，如图 7-2 所示。

Step 02 单击【新建】按钮，弹出【创建新标注样式】对话框，在【新样式名】文本框中输入新样式的名称，如图 7-3 所示。

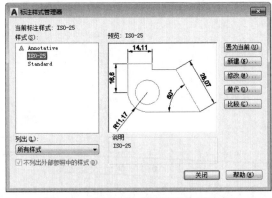

图 7-2　【标注样式管理器】对话框

图 7-3　【创建新标注样式】对话框

Step 03 单击【继续】按钮，弹出【新建标注样式：室内标注】对话框，在该对话框中可以设置新标注样式的一系列参数，如图 7-4 所示。

Step 04 设置好各参数后，单击【确定】按钮，返回到【标注样式管理器】对话框，如果要使新创建的标注样式成为当前标注样式，可以在【样式】列表框中选择该样式，然后单击【置为当前】按钮，如图 7-5 所示，单击【关闭】按钮。

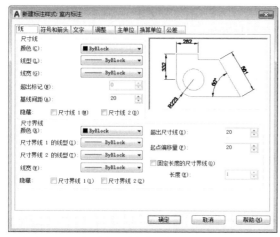

图 7-4 　【新建标注样式：室内标注】对话框　　　　图 7-5 　【标注样式管理器】对话框

7.1.5　设置尺寸线

在【新建标注样式】对话框中，使用【线】选项卡可以设置尺寸线、尺寸界线的格式和位置。

1．尺寸线

在【尺寸线】选项组中，可以设置尺寸线的颜色、线宽、超出标记和基线间距等属性。

2．尺寸界线

在【尺寸界线】选项组中，可以设置尺寸界线的颜色、线宽、超出尺寸线、起点偏移量和隐藏控制等属性。

7.1.6　设置符号和箭头格式

在【新建标注样式：副本 ISO-25】对话框中，使用【符号和箭头】选项卡可以设置【箭头】、【圆心标记】、【弧长符号】和【半径折弯标注】的格式与位置，如图 7-6 所示。

1．箭头

在【箭头】选项组中，可以设置尺寸线和引线箭头的类型及尺寸大小等。通常情况下，尺寸线的两个箭头应一致。

为了适用于不同类型的图形标注需要，AutoCAD 设置了 20 多种箭头样式。可以从

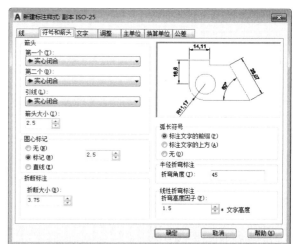

图 7-6　【符号和箭头】选项卡

对应的下拉列表框中选择箭头，并在【箭头大小】文本框中设置其大小。也可以使用自定义箭头，此时可在下拉列表框中选择【用户箭头】选项，将弹出【选择自定义箭头块】对话框。在【从图形块中选择】下拉列表框中选择当前图形中已有的块名，然后单击【确定】按钮，AutoCAD 将以该块作为尺寸线的箭头样式，此时块的插入基点与尺寸线的端点重合。

> 箭头用来指定标注线的范围。箭头的长度依据图的比例而定，一般来说，在小图中箭头的长度为 3.12mm，在大图中箭头的长度为 4.8mm。箭头太大或太小都容易产生阅读障碍，给人不舒服的感觉。

2．圆心标记

在【圆心标记】选项组中，可以设置圆或圆弧的圆心标记类型，包括【无】、【标记】和【直线】3 种类型。选中【无】单选按钮，则没有任何标记。其中选中【标记】单选按钮，可以对圆或圆弧绘制圆心标记；选中【直线】单选按钮，可以对圆或圆弧绘制中心线；当选中【标记】或【直线】单选按钮时，可以在其后的文本框中设置圆心标记的大小。

3．弧长符号

在【弧长符号】选项组中，可以设置弧长符号显示的位置，包括【标注文字的前缀】、【标注文字的上方】和【无】3 种方式。

4．半径折弯标注

在【半径折弯标注】选项组的【折弯角度】文本框中，可以设置标注圆弧半径时标注线的折弯角度大小。

5．线性折弯标注

在该选项组中可以控制线性标注折弯的显示。

7.1.7 设置文字

在【修改标注样式：ISO-25】对话框中，可以使用【文字】选项卡设置标注文字的外观、位置和对齐方式，如图 7-7 所示。

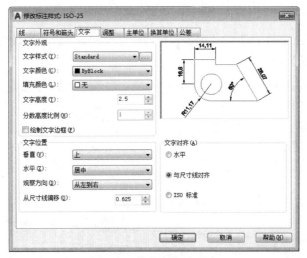

图 7-7　【文字】选项卡

1．文字外观

在【文字外观】选项组中，可以设置文字的样式、颜色、高度和分数高度比例，以及控制是否绘制文字边框等。部分选项的功能说明如下。

- 【文字样式】下拉列表框：设置文字的所有样式，单击右侧的按钮....，可以弹出【文字样式】对话框，在该对话框中可以创建和修改文字样式，如图7-8所示。
- 【文字颜色】下拉列表：用于设置标注文字的颜色，单击右侧的下拉按钮，在打开的下拉列表中可以选择颜色，选择【颜色】选项后可以弹出【选择颜色】对话框，如图7-9所示。

图7-8 【文字样式】对话框

图7-9 【选择颜色】对话框

- 【填充颜色】下拉列表框：设置标注文字的背景颜色。
- 【分数高度比例】文本框：设置标注文字中的分数相对于其他标注文字的比例，AutoCAD将该比例值与标注文字高度的乘积作为分数的高度。
- 【绘制文字边框】复选框：设置是否为标注文字加边框。

2．文字位置

在【文字位置】选项组中，可以设置文字的垂直、水平位置，以及从尺寸线的偏移量。

3．文字对齐

在【文字对齐】选项组中，可以设置标注文字是保持水平还是与尺寸线对齐。

7.1.8 设置调整格式

在【修改标注样式：ISO-25】对话框中，可以使用【调整】选项卡设置标注文字、尺寸线和尺寸箭头的位置，如图7-10所示。

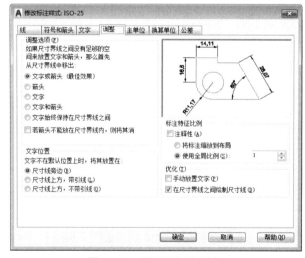
图7-10 【调整】选项卡

1．调整选项

在【调整选项】选项组中，可以确定当尺寸界线之间没有足够的空间放置标注文字和箭头时，应从尺寸界线之间移出对象。

2．文字位置

在【文字位置】选项组中，可以设置当文字不在默认位置时的位置。

3．标注特征比例

在【标注特征比例】选项组中，可以设置标注尺寸的特征比例，以便通过设置全局比例来增加或减少各标注的大小。

4．优化

在【优化】选项组中，可以对标注文本和尺寸线进行细微调整，该选项组包括以下两个复选框。

- 【手动放置文字】复选框：勾选该复选框，则忽略标注文字的水平设置，在标注时可将标注文字放置在指定的位置。
- 【在尺寸界线之间绘制尺寸线】复选框：勾选该复选框，当尺寸箭头放置在尺寸界线之外时，也可在尺寸界线之内绘制出尺寸线。

7.1.9 设置主单位

在【修改标注样式：ISO-25】对话框中，可以使用【主单位】选项卡设置主单位的格式、精度等属性，如图 7-11 所示。

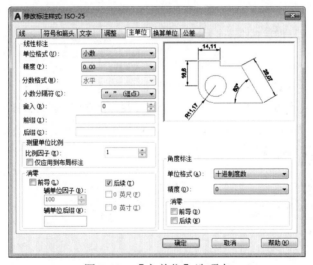

图 7-11 【主单位】选项卡

1．线性标注

在【线性标注】选项组中可以设置线性标注的单位格式与精度，主要选项的功能如下。

- 【单位格式】下拉列表框：设置除角度标注之外的其余各标注类型的尺寸单位，包括【科学】、【小数】、【工程】、【建筑】、【分数】和【Windows 桌面】选项。
- 【精度】下拉列表框：设置除角度标注之外的其他标注的尺寸精度。
- 【分数格式】下拉列表框：当单位格式为分数时，可以设置分数的格式，包括【水平】、【对角】和【非堆叠】3 种方式。
- 【小数分隔符】下拉列表框：当单位格式为小数时，可以设置小数的分隔符，包括【逗点】、【句点】和【空格】3 种方式。
- 【舍入】文本框：用于设置除角度标注之外的尺寸测量值的舍入值。
- 【前缀】和【后缀】文本框：设置标注文字的前缀和后缀，在相应的文本框中输入字符即可。
- 【测量单位比例】选项组：在【比例因子】文本框中可以设置测量尺寸的缩放比例，AutoCAD 的实际标注值为测量值与该比例的乘积。勾选【仅应用到布局标注】复选框，可以设置该比例关系仅适用于布局。

2. 角度标注

在【角度标注】选项组中，可以使用【单位格式】下拉列表设置标注角度时的单位，使用【精度】下拉列表设置标注角度的尺寸精度，使用【消零】选项组设置是否消除角度尺寸的前导和后续零。

3. 消零

【消零】选项组用来设置前导和后续零是否输出。
- 【前导】复选框：勾选该复选框，不输出所有十进制标注中的前导零。例如，0.5000 变成.5000。
- 【后续】复选框：勾选该复选框，不输出所有十进制标注的后续零。例如，12.5000 变成 12.5，30.0000 变成 30。
- 【0 英尺】复选框：勾选该复选框，当距离小于 1 英尺时，不输出英尺-英寸型标注中的英尺部分。例如，0'-6 1/2"变成 6 1/2"。
- 【0 英寸】复选框：勾选该复选框，当距离是整数英尺时，不输出英尺-英寸型标注中的英寸部分。例如，1'-0"变为 1'。

7.1.10 实例——创建室内标注样式

本例讲解如何创建室内标注样式，其操作步骤如下。

Step 01 启动 AutoCAD 2017，在菜单栏中执行【格式】|【标注样式】命令，如图 7-12 所示。

Step 02 弹出【标注样式管理器】对话框，单击【新建】按钮，弹出【创建新标注样式】对话框，在【新样式名】文本框中输入标注样式的名称，这里输入文本【标注】，如图 7-13 所示，单击【继续】按钮。

图 7-12 执行【标注样式】命令

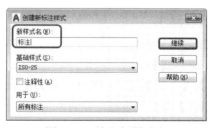

图 7-13 输入新样式名

Step 03 弹出【新建标注样式：标注】对话框，切换至【线】选项卡，在【尺寸线】选项组的【颜色】下拉列表中选择【洋红】选项，在【尺寸界线】选项组的【颜色】下拉列表中选择【洋红】选项，在【超出尺寸线】数值框中输入 2.5，在【起点偏移量】数值框中输入 5，如图 7-14 所示。

Step 04 切换至【符号和箭头】选项卡，在【箭头大小】数值框中输入 25，如图 7-15 所示。

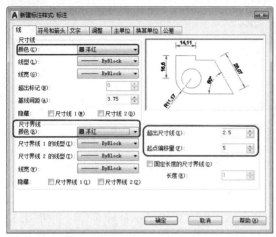 

图 7-14 设置【线】参数　　　　　　　图 7-15 设置箭头大小

Step 05 切换至【文字】选项卡，在【文字外观】选项组的【文字颜色】下拉列表中选择【洋红】选项，在【文字高度】数值框中输入 80，在【文字位置】选项组的【从尺寸线偏移】数值框中输入 10，在【文字对齐】选项组中选中【ISO 标准】单选按钮，如图 7-16 所示。

Step 06 切换至【主单位】选项卡，在【线性标注】选项组的【精度】下拉列表中选择 0，如图 7-17 所示，单击【确定】按钮完成设置。

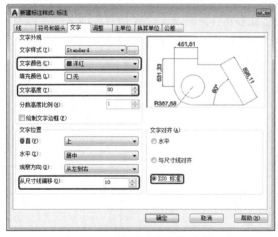 

图 7-16 设置【文字】参数　　　　　　图 7-17 设置【主单位】参数

7.1.11 设置换算单位

在【新建标注样式】对话框中，可以使用【换算单位】选项卡设置换算单位的格式，如图 7-18 所示。通过换算标注单位，可以转换使用不同测量单位制的标注，通常是显示英制标注的等效公制标注，或公制标注的等效英制标注。【换算单位】选项组中各选项功能如下。

- 【单位格式】下拉列表框：设置标注类型的当前单位格式（角度除外）。

- 【精度】下拉列表框：设置标注的小数位数。
- 【换算单位倍数】数值框：指定一个乘数，作为主单位和换算单位之间的换算因子使用。例如，要将英寸转换为毫米，就可以输入 25.4。
- 【舍入精度】数值框：设置标注测量值的四舍五入规则（角度除外）。舍入为除【角度】之外的所有标注类型设置标注测量值的舍入规则。如果输入 0.25，则所有标注距离都以 0.25 为单位进行舍入。类似的，如果输入 1.0，AutoCAD 将所有标注距离舍入为最接近的整数。

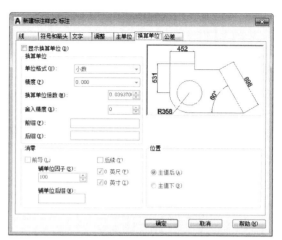

图 7-18 【换算单位】选项卡

- 【前缀】文本框：设置文字前缀，可以输入文字或用控制代码显示特殊符号。如果指定了公差，AutoCAD 也给公差添加前缀。例如，输入控制代码%%c 显示直径符号。当输入前缀时，将覆盖在直径（D）和半径（R）等标注中使用的任何默认前缀。
- 【后缀】文本框：为标注文字指示扩展名。可以输入文字或用控制代码显示特殊符号（请参见控制码和特殊字符），输入的扩展名将替代所有默认后缀。

7.1.12 设置公差

公差是用来确定基本尺寸的变动范围的。

在【新建标注样式：标注】对话框中，可以使用【公差】选项卡设置是否标注公差，以及以哪种方式进行标注，如图 7-19 所示。各选项功能如下。

- 【方式】下拉列表框：选择以哪种方式进行标注，包括以下几种方式。
  - 无：无公差。
  - 对称：添加公差的加/减表达式，把同一个变量值应用到标注测量值，将在标注后显示±号。在【上偏差】文本框中输入公差值。
  - 极限偏差：添加公差的加/减表达式，把不同的变量值应用到标注测量值，正号（+）位于在【上偏差】文本框中输入的公差值前面。负号（-）位于在【下偏差】文本框中输入的公差值前面。

图 7-19 【公差】选项卡

  - 极限尺寸：创建有上下限的标注，显示一个最大值和一个最小值，最大值等于标注值加上在【上偏差】文本框中输入的值。最小值等于标注值减去在【下偏差】文本框中输入的值。
  - 基本尺寸：创建基本尺寸，AutoCAD 将在整个标注范围四周绘制一个框。

- 【精度】下拉列表框：设置小数位数。
- 【上偏差】数值框：显示和设置最大公差值或上偏差值。当在【方式】下拉列表框中选择【对称】选项时，AutoCAD 把该值作为公差。

【下偏差】数值框：显示和设置最小公差值或下偏差值。
【高度比例】下拉列表框：显示和设置公差文字的当前高度。
【垂直位置】下拉列表框：控制对称公差和极限公差的文字对齐方式。

7.2 标注尺寸方法

为了能更好地理解尺寸标注的特性，首先介绍尺寸标注的类型，主要包括长度型尺寸标注、角度型尺寸标注、高度型尺寸标注和一些文字型标注，这里以最常见的长度型尺寸标注为重点进行介绍。

AutoCAD 2017 提供了十多种长度型尺寸标注工具以标注图形对象，可以大致分为直线型尺寸标注、曲线型尺寸标注和角度标注。使用它们可以进行角度、直径、半径、线性、对齐、连续、圆心及基线等标注，如图 7-20 所示。

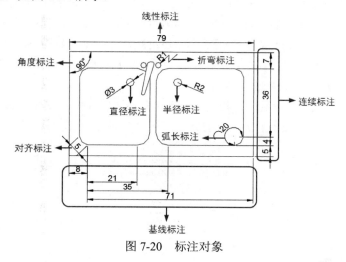

图 7-20 标注对象

7.2.1 线性标注

线性标注用于标注图形中两点间的长度，可以是端点、交点、圆弧弧线端点或能够识别的任意两个点。

用户可以通过以下方式执行【线性标注】命令。

- 在菜单栏中执行【标注】|【线性】命令。
- 单击【注释】工具栏中的【线性】按钮 。
- 在命令行中输入 DIMLINEAR 命令。

用户在屏幕上指定 3 个点，前两点作为【线性标注】的起始点，第三点为标注位置，可以创建用于标注用户坐标系 XY 平面中的两个点之间的距离测量值，并通过指定点或选择一个对象来实现。

7.2.2 实例——标注线性对象

下面讲解如何进行线性标注。

Step 01 打开配套资源中的素材\第 7 章\【素材 1.dwg】素材文件,在命令行中输入 DIMLINEAR 命令,以 A 点作为线性标注的第一点,以 B 点作为线性标注的第二点,如图 7-21 所示。

Step 02 执行 Step 01 操作后,对其进行线性标注,如图 7-22 所示。

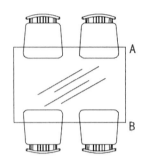
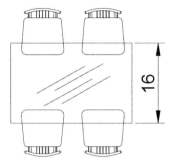

图 7-21　打开素材文件并确定标注点　　　　图 7-22　线性标注

7.2.3　实例——对齐标注

对齐标注是线性标注尺寸的一种特殊形式。在对直线段进行标注时,如果该直线的倾斜角度未知,那么使用线性标注方法将无法得到准确的测量结果,这时可以使用对齐标注。

Step 01 打开配套资源中的素材\第 7 章\【素材 2.dwg】素材文件,如图 7-23 所示。

Step 02 在【默认】选项卡中,单击【注释】组中【线型】按钮下方的下三角按钮,在弹出的下拉菜单中执行【对齐】命令,如图 7-24 所示。

Step 03 根据命令行的提示进行操作,指定 A 点作为第一点,指定 B 点作为第二点,将鼠标移动到合适的位置上单击,即可创建对齐尺寸标注,如图 7-25 所示。

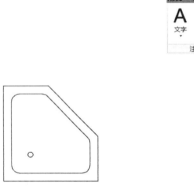

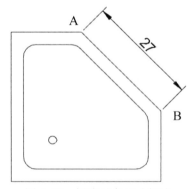

图 7-23　打开素材文件　　图 7-24　执行【对齐】命令　　图 7-25　创建对齐尺寸标注

提　示

对齐标注用于标注对象或两点之间的距离,所标注出的对齐尺寸始终与对象平行。执行此命令还可以输入简写 Dimali。

7.2.4　实例——弧长标注

弧长标注专门用来标注圆弧线段部分的弧长,下面通过实例来讲解如何对图形进行弧长标注。

Step 01 打开配套资源中的素材\第 7 章\【素材 3.dwg】素材文件，如图 7-26 所示。
Step 02 在【默认】选项卡中，在命令行中输入 DIMARC 命令，选择弧线段，如图 7-27 所示。
Step 03 根据命令行的提示进行操作，对其进行尺寸标注，如图 7-28 所示。

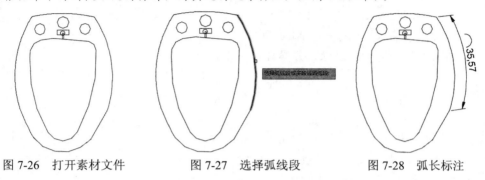

图 7-26 打开素材文件　　　　图 7-27 选择弧线段　　　　图 7-28 弧长标注

 提 示

弧长标注用于标注弧线对象，所标注位置可以在弧线内侧也可以在弧线外侧。

7.2.5 实例——半径标注

半径标注专门用来标注圆或圆弧半径的长度，下面通过实例来讲解如何对图形进行半径标注，其具体操作步骤如下。

Step 01 启动 AutoCAD 2017 后，打开配套资源中的素材\第 7 章\【素材 4.dwg】素材文件，如图 7-29 所示。
Step 02 在命令行中输入 DIMRADIUS 命令，按【Enter】键确定，在绘图区中选择如图 7-30 所示的圆。
Step 03 将鼠标移动到合适的位置并单击，即可创建半径标注，如图 7-31 所示。

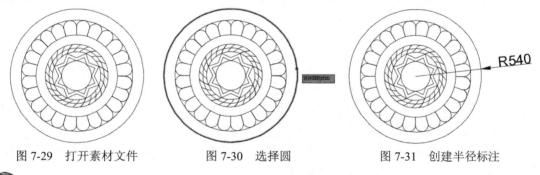

图 7-29 打开素材文件　　　　图 7-30 选择圆　　　　图 7-31 创建半径标注

 提 示

半径标注用于标注圆或圆弧对象，所标注位置可以在圆弧内侧也可以在圆弧外侧。执行此命令还可以输入简写 Dimrad。

7.2.6 实例——连续标注

连续标注主要用于大范围的尺寸标注，比如构造线标注。它可以创建一系列端对端放置的标注，每个连续标注都从前一个标注的第二个尺寸界线处开始。

用户可以通过以下方式执行【连续标注】命令。

- 在菜单栏中执行【标注】|【连续】命令。
- 切换至【注释】选项卡,在【标注】组中单击【连续】按钮。
- 在命令行中输入 DIMCONTINUE 命令。

下面讲解如何连续标注对象,其具体操作步骤如下。

Step 01 打开配套资源中的素材\第7章\【素材 5.dwg】素材文件,如图 7-32 所示。

Step 02 在命令行中输入 DIMCONTINUE 命令,按【Enter】键确认,选择如图 7-33 所示的标注对象。

Step 03 指定 B 点作为连续标注的第二点,指定 C 点作为连续标注的第三点,按【Enter】键确定,如图 7-34 所示。

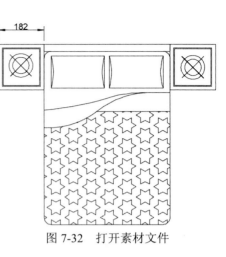

图 7-32 打开素材文件

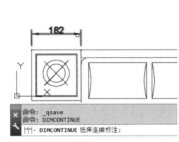

图 7-33 选择标注对象

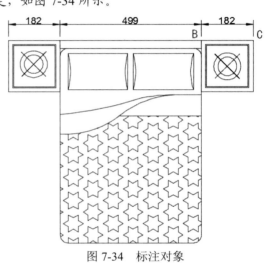

图 7-34 标注对象

7.2.7 基线标注

与连续标注一样,在进行基线标注之前也必须先创建(或选择)一个线性、坐标或角度标注作为基准标注,然后执行 DIMBASELINE 命令,此时命令行提示如下:

指定第二条尺寸界线原点或[放弃(U)/选择(S)]<选择>:

在该提示下,可以直接确定下一个尺寸的第 2 条尺寸界线的起始点。AutoCAD 将按基线标注方式标注出尺寸,直到按【Enter】键结束命令为止。

用户可以通过以下方式执行【基线标注】命令。

- 选择【标注】|【基线】命令。
- 在命令行中输入 DIMBASELINE 命令。

执行命令具体操作过程如下:
```
命令: _dimbaseline
指定第二条延伸线原点或 [放弃(U)/选择(S)] <选择>:   //选择下一个要标注的节点
标注文字 = 1000
指定第二条延伸线原点或 [放弃(U)/选择(S)] <选择>:   //选择下一个要标注的节点
标注文字 = 1500
```

指定第二条延伸线原点或 [放弃(U)/选择(S)] <选择>：//选择下一个要标注的节点
...

当标注完成后，按【Enter】键即可结束该命令，结果如图 7-35 所示。

【基线标注】和【连续标注】实质上是一系列相互对齐的线性标注。在第一次执行标注命令时，不能使用【基线标注】和【连续标注】。因为此两项标注需要以现有的标注对齐。

这里注意观察【连续标注】的标注结果是标注了就近两点之间的距离，而【基线标注】是标注了从基线到捕捉点的距离。

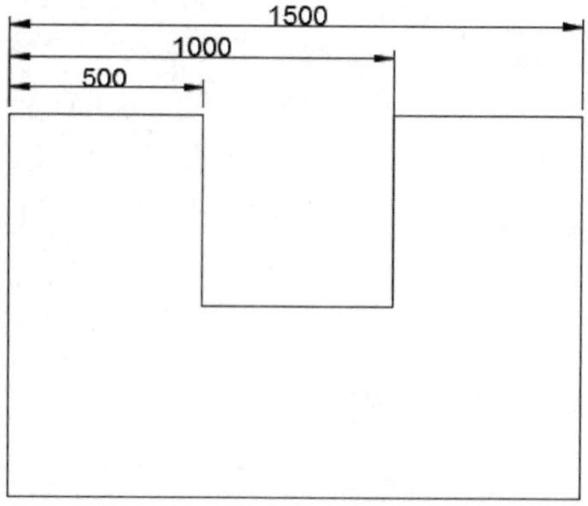

7.2.8 快速标注

图 7-35 基线标注

快速标注适用于图形线条比较简单的线性长度标注，AutoCAD 可以一次记录这些需要标注的线条位置，然后批处理生成标注。

在 AutoCAD 2017 中用户可以通过以下方式执行【快速标注】命令。

- 在命令行中输入 QDIM 命令。
- 选择【标注】|【快速标注】命令。

执行【快速标注】命令，并选择需要标注尺寸的各图形对象，如图 7-36 所示，命令行提示如下：
命令：_qdim
选择要标注的几何图形：找到 1 个
选择要标注的几何图形：找到 1 个，总计 2 个
选择要标注的几何图形：找到 1 个，总计 3 个
指定尺寸线位置或 [连续(C)/并列(S)/基线(B)/坐标(O)/半径(R)/直径(D)/基准点(P)/编辑(E)/设置(T)] <连续>：

然后按【Enter】键确定，即使用了【快速标注】下默认的连续标注方式完成了标注，如图 7-37 所示。由此可见，使用该命令可以进行【连续(C)】【并列(S)】【基线(B)】【坐标(O)】【半径(R)】和【直径(D)】等一系列标注。

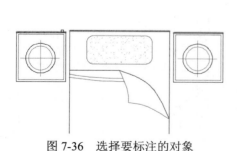

图 7-36 选择要标注的对象 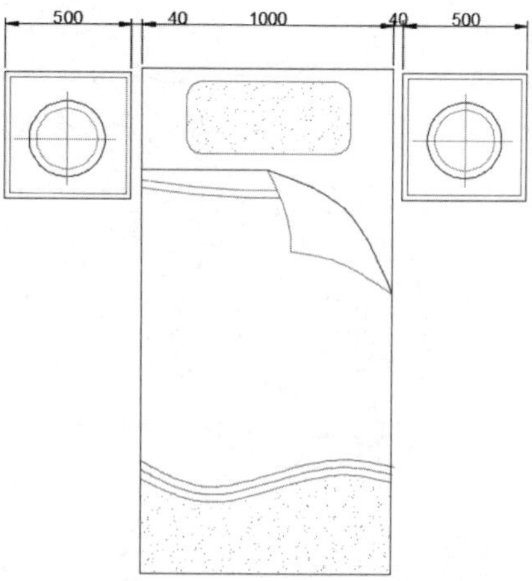　　　　图 7-37 快速标注

7.2.9 实例——角度标注

角度标注用于图形中角度的标注,用户可以通过以下方式执行【角度标注】命令。

Step 01 打开配套资源中的素材\第 7 章\【素材 6.dwg】素材文件,如图 7-38 所示。

Step 02 在命令行中输入 dimangular 命令,选择 A 线段作为第一条直线,选择 B 线段作为第二条直线,然后对其进行标注即可,如图 7-39 所示。

Step 03 使用同样的方法,对其他角度进行标注,效果如图 7-40 所示。

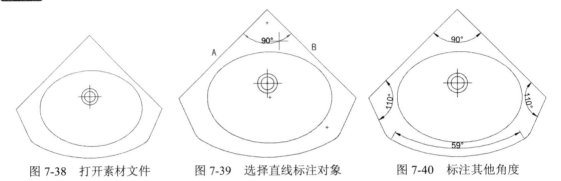

图 7-38 打开素材文件　　图 7-39 选择直线标注对象　　图 7-40 标注其他角度

7.2.10 折弯尺寸标注

当圆弧或圆的圆心位于图形边界之外时,用户可以使用折弯尺寸标注测量并显示其半径。

在 AutoCAD 2017 中,用户可以通过以下 3 种方法实现折弯尺寸标注的操作。

- 在菜单栏中选择【标注】|【折弯】选项。
- 在【注释】组中,单击【线性】右侧的下三角按钮,在弹出的下拉菜单中执行【折弯】命令。
- 在命令行中输入 DIMJOGGED 命令并按【Enter】键确定。

7.2.11 实例——折弯标注

下面讲解如何创建折弯尺寸标注,其具体操作步骤如下。

Step 01 启动 AutoCAD 2017 后,打开配套资源中的素材\第 7 章\【素材 7.dwg】素材文件,在命令行中输入 dimjogged,按【Enter】键确定,在绘图区中选择如图 7-41 所示的圆。

Step 02 在绘图区中的合适位置上单击,指定图示中心位置,移动鼠标,并单击两次,指定尺寸线位置和折弯位置,执行操作后,即可创建折弯尺寸标注,如图 7-42 所示。

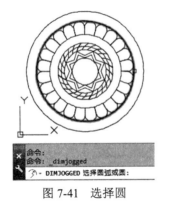
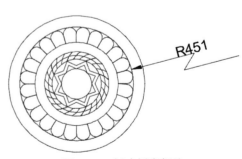

图 7-41 选择圆　　图 7-42 创建折弯标注

7.3 编辑标注尺寸

在 AutoCAD 2017 中,可以对已标注对象的文字、位置及样式等内容进行修改,而不必删除所标注的尺寸对象再重新进行标注。通过这种方法,可以大大提高绘图效率。

1. 编辑标注

在 AutoCAD 2017 中,用户可以通过以下方式执行【编辑标注】命令。

- 在命令行中输入 DIMEDIT 命令。
- 选择【标注】|【对齐文字】|【默认】命令。

通过以上方式,即可编辑已有标注的标注文字内容和放置位置,原始标注如图 7-43 所示,此时命令行提示如下:

输入标注编辑类型[默认(H)/新建(N)/旋转(R)/倾斜(O)]<默认>:

各选项功能如下。

默认(H):选择该选项并选择尺寸对象,可以按默认位置和方向放置尺寸文字。

提 示

如果文字已经过旋转等调整,要想恢复默认可以使用此选项,如果文字样式没有经过改动,那么操作此命令将没有命令动作。

新建(N):选择该选项,可以修改尺寸文字,此时系统将会显示【文字编辑器】选项卡和文字输入窗口。修改或输入尺寸文字后,选择需要修改的尺寸对象即可。命令行提示如下:

```
命令:DIMEDIT                //输入命令并按【Enter】键
输入标注编辑类型 [默认(H)/新建(N)/旋转(R)/倾斜(O)] <默认>:n//输入 N 并按【Enter】键
                           //此时打开【文字编辑器】选项卡,输入文字并单击【关闭文字编辑器】按钮
选择对象:找到 1 个            //选择要更改的标注并按【Enter】键,结果如图 7-44 所示
```

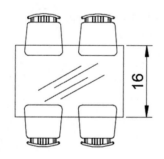 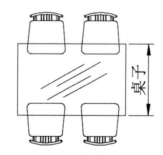

图 7-43 原始尺寸   图 7-44 标注后的效果

旋转(R):选择该选项,可以将尺寸文字旋转一定的角度,同样是先设置角度值,然后选择尺寸对象。命令行提示如下:

```
命令:DIMEDIT                //输入命令并按【Enter】键
输入标注编辑类型 [默认(H)/新建(N)/旋转(R)/倾斜(O)] <默认>:r
                           //输入 r,并按【Enter】键
指定标注文字的角度:20         //输入文字旋转角度并按【Enter】键
选择对象:找到 1 个            //选择要更改的标注并按【Enter】键,结果如图 7-45 所示
```

倾斜(O):选择该选项,可以使非角度标注的尺寸界线倾斜一定角度。这时需要先选择尺寸对象,然后设置倾斜角度值。命令行提示如下:

```
命令:DIMEDIT                //输入命令并按【Enter】键
```

```
输入标注编辑类型 [默认(H)/新建(N)/旋转(R)/倾斜(O)] <默认>: o//输入O并按【Enter】键
选择对象: 找到 1 个                  //选择要更改的标注并按【Enter】键
输入倾斜角度 (按【Enter】键 表示无): 20
                                    //输入标注线倾斜角度并按【Enter】键,结果如图7-46所示
```

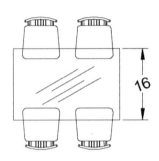
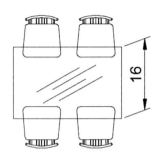

图 7-45　旋转对象　　　　　　　　　图 7-46　倾斜对象

2. 编辑标注文字的位置

选择【标注】|【对齐文字】命令,或使用弹出的子菜单中的命令都可以修改尺寸的文字位置。选择需要修改的尺寸对象后,命令行提示如下:

指定标注文字的新位置或[左(L)/右(R)/中心(C)/默认(H)/角度(A)]:

在默认情况下,可以通过拖动光标来确定尺寸文字的新位置,也可以输入相应的选项指定标注文字的新位置。

【右对齐】修改标注文字命令如下:

```
命令: _dimtedit                     //输入命令并按【Enter】键
选择标注:                            //选择要更改的标注
为标注文字指定新位置或 [左对齐(L)/右对齐(R)/居中(C)/默认(H)/角度(A)]: _r
                                    //输入r并按【Enter】键,结果如图7-47所示
```

【左对齐】修改标注文字命令如下:

```
命令: _dimtedit                     //输入命令并按【Enter】键
选择标注:                            //选择要更改的标注
为标注文字指定新位置或 [左对齐(L)/右对齐(R)/居中(C)/默认(H)/角度(A)]: _l
                                    //输入l并按【Enter】键,结果如图7-48所示
```

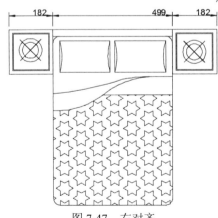
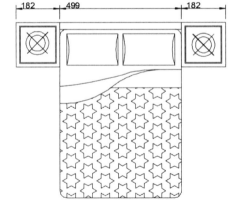

图 7-47　右对齐　　　　　　　　　　图 7-48　左对齐

3. 替代标注

在AutoCAD 2017中,用户可以通过以下方式执行【替代标注】命令。

- 在命令行中输入DIMOVERRIDE命令。

- 选择【标注】|【替代】命令。

通过以上方式，可以临时修改尺寸标注的系统变量设置，并按该设置修改尺寸标注。该操作只对指定的尺寸对象进行修改，并且修改后不影响原系统的变量设置。执行该命令时，命令行提示如下：

输入要替代的标注变量名或[清除替代(C)]:

在默认情况下，输入要修改的系统变量名，并为该变量指定一个新值。然后选择需要修改的对象，这时指定的尺寸对象将按新的变量设置进行相应的更改。如果在命令行提示下输入 C，并选择需要修改的对象，这时可以取消用户已做的修改，并将尺寸对象恢复成在当前系统变量设置下的标注形式。

这里需要注意常用的标注变量名称，这些都是系统变量，详细情况请参见帮助文档，如果记住了这些常见变量，将会很快修改标注的特征。

对尺寸线的设置共有以下 3 种类型。
- 设置尺寸线的颜色：DIMCLRD。
- 设置尺寸线的线型：DIMLTYPE。
- 设置尺寸线的线宽：DIMLWD。

4．更新标注

在 AutoCAD 2017 中，用户可以通过以下方式执行【更新标注】命令。
- 选择【标注】|【更新】命令。
- 单击【标注】工具栏中的【标注更新】按钮。

通过以上方式，都可以更新标注，使其采用当前的标注样式，此时命令行提示如下：

输入标注样式选项[保存(S)/恢复(R)/状态(ST)/变量(V)/应用(A)/?]<恢复>:

5．尺寸关联

尺寸关联是指所标注尺寸与被标注对象有关联关系。如果标注的尺寸值是按自动测量值标注，且尺寸标注是按尺寸关联模式标注的，那么改变被标注对象的大小后相应的标注尺寸也将发生改变，即尺寸界线和尺寸线的位置都将改变到相应的新位置，尺寸值也改变成新测量值。反之，改变尺寸界线起始点的位置，尺寸值也会发生相应的变化。

在平时的操作过程中，如果采取以上修改命令可能会比较慢，依据平时的经验，还常采用以下两种方式修改标注。

（1）修改属性框

选中一个标注样式，然后双击，就会打开【文字编辑器】选项卡，可以根据需要在该选项卡中对标注进行修改，修改完成后单击【关闭文字编辑器】按钮即可。这种方法很方便，对于个别需要修改的标注可以采用这种方法。

（2）使用格式刷

格式刷命令是 MATCHPROP，在菜单栏中选择【修改】|【特性匹配】命令，可以快速地把源对象的基本特性和特殊特性复制到目标对象上。在使用修改属性框的方法修改好一个标注后，就可以连续使用格式刷快速修改其他的标注了。

7.4 综合应用——标注餐厅包间详图

本例通过实例来讲解如何标注餐厅包间详图。

Step 01 打开配套资源中的素材\第7章\【餐厅包间详图.dwg】素材文件，如图7-49所示。

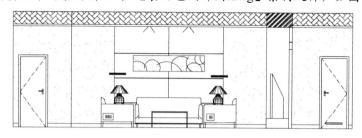

图7-49 打开素材文件

Step 02 在菜单栏中执行【格式】|【标注样式】命令，弹出【标注样式管理器】对话框，单击【新建】按钮，如图7-50所示。

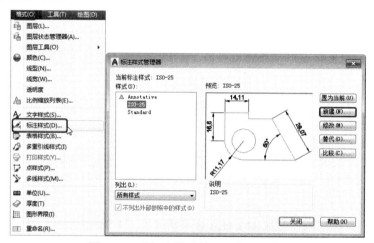

图7-50 【标注样式管理器】对话框

Step 03 弹出【创建新标注样式】对话框，将【新样式名】设置为【标注】，【基础样式】设置为【ISO-25】，并单击【继续】按钮，如图7-51所示。

Step 04 在弹出的【新建标注样式：标注】对话框，打开【线】选项卡，将【基线间距】、【超出尺寸线】和【起点偏移量】都设为70，如图7-52所示。

图7-51 设置新样式名

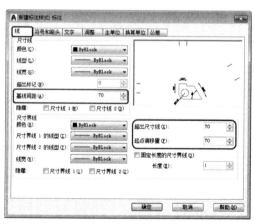

图7-52 设置线参数

Step 05 切换到【符号和箭头】选项卡，在【箭头】组中设置【箭头大小】为150，如图7-53所示。

图7-53 设置箭头大小

Step 06 切换到【文字】选项卡，将【文字高度】设为150，如图7-54所示。

图7-54 设置文字高度

Step 07 切换到【调整】选项卡，在【文字位置】组中，选中【尺寸线上方，带引线】单选按钮，如图7-55所示。

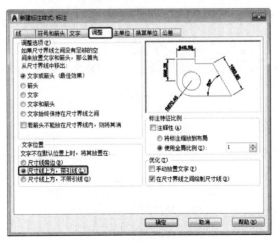

图7-55 设置文字位置

Step 08 切换到【主单位】选项卡,将【精度】设为 0,如图 7-56 所示。

图 7-56 设置主单位参数

Step 09 单击【确定】按钮,返回到【标注样式管理器】对话框,单击【置为当前】和【关闭】按钮,如图 7-57 所示。

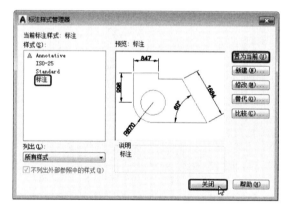

图 7-57 将【标注】样式置为当前

Step 10 选择【线性标注】和【连续标注】工具进行标注,效果如图 7-58 所示。

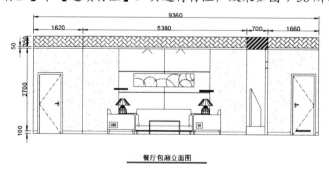

图 7-58 标注后的效果

增值服务：扫码做测试题，并可观看讲解测试题的微课程。

第 8 章 图　层

AutoCAD 中绘制任何对象都是在图层上进行的。图层就好像一张张透明的图纸。整个图形就相当于若干个透明图纸上下叠加的效果。一般情况下，相同的图层上具有相同的线型、颜色、线宽等特性。我们可以根据自己的需要建立、设置图层。比如在建筑设计中，可以将墙体、门窗、家具、灯具分别放置到不同的图层。AutoCAD 允许建立多个图层，但是绘图工作只能在当前图层上进行。

8.1 图层的基本操作

图层是用户组织和管理图形对象的一个有力工具，所有图形对象都具有图层、颜色、线型和线宽 4 个基本属性。用户可以使用不同的图层、颜色、线型和线宽绘制出不同的图形对象，这样不仅可以方便地控制图形对象的显示和编辑，也可以提高绘图效率和准确性。

8.1.1 图层的概念

在 AutoCAD 2017 中，使用图层可以管理和控制复杂的图形。在绘图时，可以把不同种类和用途的图形分别置于不同的图层中，从而实现对相同种类图形的统一管理。形象地说，一个图层就好比是一张透明的图纸，用户可以在上面分别绘制出不同的实体，最后再把这些透明的纸叠加起来，从而得到最终的复杂图形。

在 AutoCAD 2017 中的绘图过程中，图层是最基本的操作，也是最有用的工具之一，对图形文件中各类实体的分类管理和综合控制都具有重要的意义。总的来说，图层具有以下 3 方面的优点。

- 节省存储空间。
- 控制图形的颜色、线条的宽度及线型等属性。
- 统一控制同类图形实体的显示、冻结等特性。

在 AutoCAD 2017 中，可以创建无限个图层，也可以根据需要，在创建的图层中设置每个图层相应的名称、线型、颜色等。熟练地使用图层，可以提高图形的清晰度和绘制效率，在复杂的工程制图中显得尤为重要。

在 AutoCAD 中，把当前正在使用的图层称为当前图层，用户只能在当前图层中创建新图形。当前图层的名称、线型、颜色和状态等信息都显示在【图层】面板上。

8.1.2 实例——创建图层

一般在绘制图形之前设置好图层，然后再进行绘图，也可以在绘图过程中随时根据需要添加新图层、保存已创建的图层或删除图层。

Step 01 启动 AutoCAD 2017，在菜单栏中执行【格式】|【图层】命令，弹出【图层特性管理器】选项板，如图 8-1 所示。

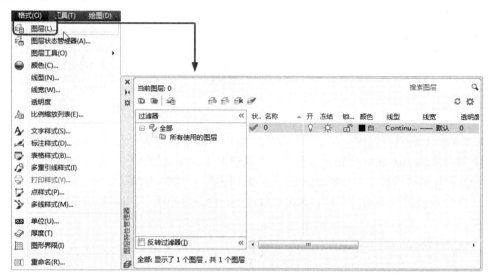

图 8-1 【图层特性管理器】选项板

Step 02 单击【新建图层】按钮，即可新建一个图层，如图 8-2 所示。

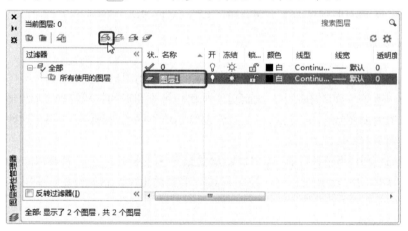

图 8-2 新建图层

8.1.3 实例——设置图层颜色

默认情况下，新图层与当前图层的状态、颜色、线型及线宽等设置相同，用户可以随意设置各图层的颜色。具体操作步骤如下。

Step 01 启动 AutoCAD 2017，在命令行中输入 LA 命令，弹出【图层特性管理器】选项板，新建一个名为【辅助线】的图层，如图 8-3 所示。

Step 02 单击【轮廓线】图层中的【颜色】色块，弹出【选择颜色】对话框，在【索引颜色】选项中选择红色，单击【确定】按钮，如图 8-4 所示。

设置完成后的效果如图 8-5 所示。

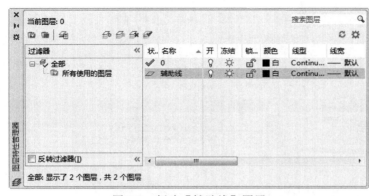

图 8-3　新建【辅助线】图层　　　　　　图 8-4　【选择颜色】对话框

图 8-5　设置图层的颜色

8.1.4　加载或重载线型

在默认情况下,在【选择线型】对话框中的已加载的线型列表框中只有 Continuous 一种线型,如果要使用其他线型,必须将其添加到已加载的线型列表框中。如果想将图层的线型设为其他形式,可以单击【加载】按钮,弹出【加载或重载线型】对话框,如图 8-6 所示。从中可以将选定的线型加载到图层中,并将它们添加到已加载的线型列表框中。单击【文件】按钮,将弹出【选择线型文件】对话框,如图 8-7 所示,从中可以选择其他线型(LIN)的文件。在 AutoCAD 中,acad.lin 文件包含标准线

图 8-6　【加载或重载线型】对话框

型。在【文件】文本框中显示的是当前 LIN 文件名,可以输入另一个 LIN 文件名或单击【文件】按钮,在弹出的【选择线型文件】对话框中选择其他文件。在【可用线型】列表框中显示的是可以加载的线型。要选择或清除列表框中的全部线型,需右击,并在弹出的快捷菜单中选择【选择全部】或【清除全部】命令。

如果要了解哪些线型可用,可以显示在图形中加载的或者存储在 LIN(线型定义)文件中的线型列表。AutoCAD 包括线型定义文件 acad.lin 和 acadiso.lin。选择哪个线型文件取决于使用英制测量系统还是公制测量系统。英制测量系统使用 acad.lin 文件,公制测量系统使用 acadiso.lin 文件。两个线型定义文件都包含若干个复杂线型。

图 8-7 【选择线型文件】对话框

8.1.5 实例——设置图层线型

默认情况下，在【选择线型】对话框中的【已加载的线型】列表框中，只有 Continuous 线型。如果需要其他线型，必须将其添加到【已加载的线型】列表框中。下面通过实例来讲解如何设置图层线型，其具体操作步骤如下。

Step 01 新建图纸文件，打开【图层特性管理器】选项板，新建一个名为【线段】的图层，并单击该图层上的【Continuous】按钮，弹出【选择线型】对话框，单击【加载】按钮，如图 8-8 所示。

Step 02 弹出【加载或重载线型】对话框，在【可用线型】列表框中，选择需要的线型，如选择【ACAD_IS003W100】线型，单击【确定】按钮，如图 8-9 所示。

图 8-8 【选择线型】对话框　　　　图 8-9 【加载或重载线型】对话框

Step 03 返回到【选择线型】对话框，选择刚加载的线型，单击【确定】按钮即可，如图 8-10 所示。
Step 04 将【线段】图层置为当前图层，如图 8-11 所示。

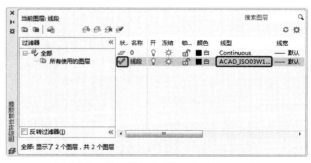

图 8-10 【选择线型】对话框　　　　图 8-11 将【线段】图层置为当前图层

Step 05 关闭该选项板,在命令行中输入 LINE 命令,绘制如图 8-12 所示的三角形。

8.1.6 实例——设置线型比例

在加载线型时,系统除了提供实线线型外,还提供了大量的非连续线型(这些线型包括重复的短线、间隔以及可选择的点)。由于非连续线型受图形尺寸的影响,因此当图形的尺寸不同时,图形中绘制的非连续线型的外观也将不同。

图 8-12 绘制三角形

Step 01 继续 8.1.5 实例的操作,在菜单栏中执行【格式】|【线型】命令,如图 8-13 所示。
Step 02 弹出【线型管理器】对话框,在列表框中选择需要设置的线型,如图 8-14 所示。

图 8-13 【格式】菜单　　　　　图 8-14 【线型管理器】对话框

Step 03 单击【显示细节】按钮,展开【详细信息】选项区,如图 8-15 所示。在【全局比例因子】文本框中输入 10,单击【确定】按钮即可。
Step 04 在绘图区中可以看到图形有所变化,如图 8-16 所示。

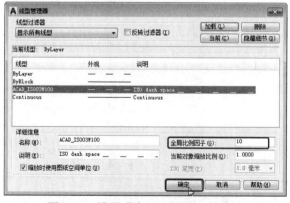

图 8-15 设置【全局比例因子】数值　　　　图 8-16 设置完成后的效果

8.1.7 设置图层线宽

建筑图纸不但要求清晰准确,还需要美观,其中重要的一条因素就是图元线条是否层次分明。

设置不同的线宽，是使图纸层次分明的最好方法之一。如果线宽设置得合理，图纸打印出来就可以很方便地根据线的粗细来区分不同类型的图元。使用线宽，可以用粗线和细线清楚地表现出截面的剖切方式、标高的深度、尺寸线和小标记，以及细节上的不同。

线宽设置就是指改变线条的宽度。在 AutoCAD 中，使用不同宽度的线条表现对象的大小或类型，可以提高图形的表达能力和可读性。例如，通过为不同图层指定不同的线宽，可以很方便地区分新建的、现有的和被破坏的结构。除非选择了状态栏上的【线宽】按钮，否则不显示线宽。除了 TrueType 字体、光栅图像、点和实体填充（二维实体）以外的所有对象，都可以显示线宽。在平面视图中，宽多段线忽略所有用线宽设置的宽度值。仅当在视图中而不是在【平面】中查看宽多段线时，多段线才显示线宽。在模型空间中，线宽以像素显示，并且在缩放时不发生变化。因此，在模型空间中精确表示对象的宽度时，则不应使用线宽。例如，如果要绘制一个实际宽度为 5mm 的对象，就不能使用线宽而应该用宽度为 5mm 的多段线来表现对象。

具有线宽的对象将以指定的线宽值打印。这些值的标准设置包括【随层】、【随块】和【默认】，它们的单位可以是英寸或毫米，默认单位是毫米。所有图层的初始设置均由 LWDEFAULT 系统变量控制，其值为 0.25mm。线宽值为 0.025mm 或更小时，在模型空间显示为 1 像素宽，并将以指定打印设备允许的最细宽度打印。在命令行中所输入的线宽值将舍入到最接近的预定义值。

要设置图层的线宽，可以在【图层特性管理器】选项板的【线宽】列中单击该图层对应的线宽【默认】，弹出【线宽】对话框，有 20 多种线宽可供选择，如图 8-17 所示。也可以在菜单栏中选择【格式】|【线宽】命令，弹出【线宽设置】对话框，通过调整线宽比例，使图形中的线宽显示得更宽或更窄，如图 8-18 所示。

通过【线宽设置】对话框，可以设置线宽单位和默认值，以及显示比例。也可以通过以下几种方法来访问【线宽设置】对话框：在命令行中输入 LWEIGHT 命令；在状态栏的【线宽】按钮上右击，在弹出的快捷菜单中选择【设置】命令；或者在【选项】对话框的【用户系统配置】选项卡中单击【线宽设置】按钮。在弹出的【线宽设置】对话框中可以设置当前线宽，设置线宽单位，控制【模型】选项卡上线宽的显示及其显示比例，以及设置图层的默认线宽值等。

图 8-17 【线宽】对话框

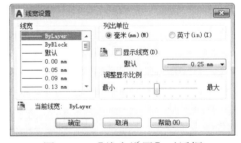
图 8-18 【线宽设置】对话框

8.2 保存、恢复和编辑图层状态

恢复图层状态时，将恢复保存图层状态时指定的设置（图层状态和图层特性）。用户可以指定要在图层状态管理器中恢复的特定设置。未选定的图层特性设置在图形中保持不变。

8.2.1 实例——在命名图层状态中保存图层设置

在恢复和编辑图层状态之前，首先需要对图层设置进行保存。

Step 01 启动 AutoCAD 2017，在菜单栏中选择【格式】|【图层状态管理器】命令，弹出【图层状态管理器】对话框，如图 8-19 所示。

Step 02 单击【新建】按钮，弹出【要保存的新图层状态】对话框，在【新图层状态名】文本框中输入图层状态名称，在【说明】文本框中输入说明信息，如图 8-20 所示。

图 8-19　【图层状态管理器】对话框　　　　图 8-20　【要保存的新图层状态】对话框

Step 03 单击【确定】按钮，返回到【图层状态管理器】对话框，设置完成后的效果如图 8-21 所示，单击【关闭】按钮即可。

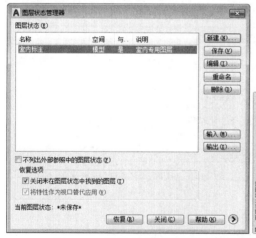

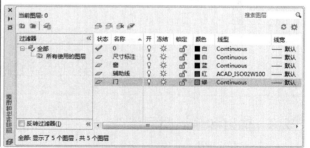

图 8-21　设置完成后的效果　　　　图 8-22　新建图层

8.2.2 实例——将图层添加到图层状态

下面通过实例来讲解如何将图层添加到图层状态，其具体操作步骤如下。

Step 01 继续 8.2.1 实例的操作，在命令行中输入【LA】命令，新建图层，并参照图 8-22 设置图层的颜色和线型。

Step 02 单击【图层状态管理器】按钮，在【图层状态管理器】对话框中单击【编辑】按钮，弹出【编辑图层状态：室内标注】对话框，单击【将图层添加到图层状态】按钮，如图 8-23 所示。

Step 03 弹出【选择要添加到图层状态的图层】对话框，在列表框中，选择需要添加的图层，如图 8-24 所示。

图 8-23　【编辑图层状态：室内标注】对话框　　图 8-24　【选择要添加到图层状态的图层】对话框

Step 04 单击【确定】按钮，返回【编辑图层状态：室内标注】对话框，在列表中显示了已添加的图层，单击【确定】按钮，如图 8-25 所示。

Step 05 返回到【图层状态管理器】对话框，如图 8-26 所示，单击【关闭】按钮即可。

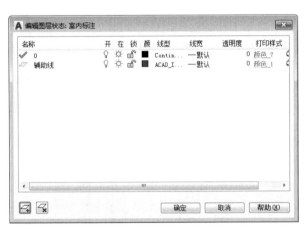

图 8-25　显示已添加的图层　　　　　　　图 8-26　【图层状态管理器】对话框

8.2.3　输出和输入图层状态

用户可以从其他图形中输入图层设置，并输出图层状态。

用户可以输入保存在图形文件（DWG、DWS 和 DWT）中的图层状态，还可以从图层状态（LAS）文件中输入图层状态。从图形文件输入图层状态时，用户可以从【图层状态管理器】对话框中选择要输入的多个图层状态。输出图层状态时，图层状态将创建为 LAS 文件。

如果图层状态从图形中输入且包含在当前图形中无法加载或不可用的图层特性（例如线型或打印样式），则该特性将自动从源图形中输入。

如果图层状态从 LAS 文件中输入并且包含图形中不存在的线型或打印样式特性，将显示一条信息，通知用户无法恢复特性。

从 LAS 文件或其他图形中输入与当前图形中的图层状态相同的图层状态时，可以选择覆盖现有图层状态或不将其输入。图层状态可以输入到程序的早期版本。

☂ 注　意

当图层状态包含多个无法从 LAS 文件中恢复的特性时，显示的信息仅指示遇到的第一个无法恢复的特性。

当前图形不包含任何命名图层状态时，将保留 LMAN 图层状态名，如图 8-27 所示。如果当前图形包含图层状态，则 LMAN 图层状态名显示在原始图层状态名后，并带有前缀 LMAN。

图 8-27　【图层状态-未找到图层状态】对话框

8.2.4　实例——重命名图层状态

创建图层状态后，用户可随时更改图层状态的名称。

Step 01 启动 AutoCAD 2017，在菜单栏中选择【格式】|【图层状态管理器】命令，弹出【图层状态管理器】对话框，新建一个图层状态，并选择该图层状态，单击【重命名】按钮，此时，图层状态变为可编辑状态，如图 8-28 所示。

Step 02 输入名称后，单击【关闭】按钮即可，如图 8-29 所示。

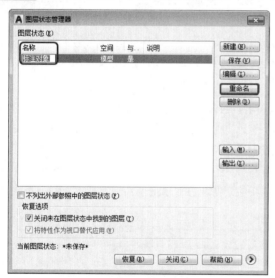

图 8-28　【图层状态管理器】对话框

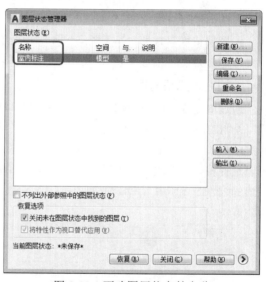

图 8-29　更改图层状态的名称

8.2.5　实例——删除图层状态

当一个图层状态不再需要时，可以将其删除。

Step 01 继续 8.2.4 节的操作，在菜单栏中选择【格式】|【图层状态管理器】命令，弹出【图层状态管理器】对话框，如图 8-30 所示。

Step 02 在【图层状态】列表框中，选择需要删除的图层状态，单击【删除】按钮，弹出信息提示框，单击【是】按钮即可，如图 8-31 所示。

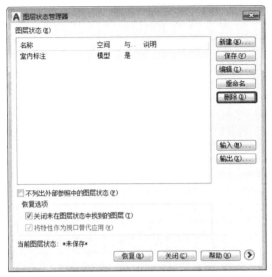

图 8-30 【图层状态管理器】对话框

图 8-31 信息提示框

8.2.6 控制图层状态

要控制图层的状态，有以下两种方法。

- 图层控制：单击【图层】工具栏中的【图层控制】下拉按钮，在弹出的下拉列表中单击任意一个图层前面的图标，可以改变图层的状态。例如，图 8-32 所示为单击辅助线图层前面的【开/关图层】图标，将其关闭。
- 图层特性管理器：在【图层特性管理器】选项板中选择一个或多个图层，然后单击其中任意一个图层前面的图标，即可改变所选图层状态，图 8-33 所示为【窗】冻结图层。

1. 打开/关闭图层

通过单击【开/关】列中的【灯泡】图标可以打开/关闭图层。打开的图层上的小灯泡为金黄色，关闭的图层上的小灯泡为蓝色。关闭图层可以使该图层上的图形呈不可见状态。如果在处理特定图层或图层集的细节时需要无遮挡的视图，或者不需要打印某些图形信息（例如构造线等），可以选择将该图层关闭。关闭的图层，其上的图形对象不可见，也不会打印输出。但在进行三维图形的编辑时，使用 HIDE 命令时它们仍然会遮盖其他对象。在切换图层的开/关状态时，不会重新生成图形。

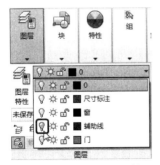

图 8-32 关闭辅助线图层的显示

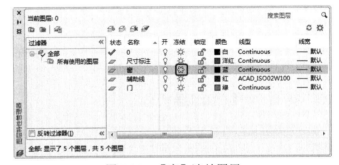

图 8-33 【窗】冻结图层

（1）图层关闭

关闭选定对象所在的图层，命令执行方式有以下两种。

- 选择【格式】|【图层工具】|【图层关闭】命令。
- 在命令行中输入 LAYOFF，并按【Enter】键确定。

常用此命令来关闭某图层，以减少该图层对观察、绘制和修改图形的干扰。

（2）打开所有图层

打开图层中的所有图层，命令执行方式有以下两种。

- 选择【格式】|【图层工具】|【打开所有图层】命令。
- 在命令行中输入 LAYON，并按【Enter】键确定。

在绘制图形时，经常要关闭某些图层。在绘制过程中，可以利用此命令打开所有图层，以便观察。

（3）图层隔离

图层隔离是指在绘图窗口中仅保留选择的图层，命令执行方式有以下两种。

- 选择【格式】|【图层工具】|【图层隔离】命令。
- 在命令行中输入 LAYISO，并按【Enter】键确定。

在绘图窗口中仅保留选择的某图层，不但有利于单独对该图层中的图元进行操作，也有助于观察该图层中的图元。

（4）将图层隔离到当前视口

将对象的图层隔离到当前视口，命令执行方式有以下两种。

- 选择【格式】|【图层工具】|【将图层隔离到当前视口】命令。
- 在命令行中输入 LAYVPI，并按【Enter】键确定。

（5）取消图层隔离

打开使用【上一个图层】隔离命令关闭的图层，命令执行方式有以下两种。

- 选择【格式】|【图层工具】|【取消图层隔离】命令。
- 在命令行中输入 LAYUNISO，并按【Enter】键确定。

2．冻结/解冻图层

冻结图层上的对象将不能被编辑和修改，图形对象不可见，也不会被打印输出，并且不会遮盖其他图层的对象，解冻一个或多个图层将导致重新生成图形，因而冻结和解冻图层比打开和关闭图层需要更多的时间。

（1）图层冻结

冻结选定的图层，命令执行方式有以下两种。

- 选择【格式】|【图层工具】|【图层冻结】命令。
- 在命令行中输入 LAYFRZ，并按【Enter】键确定。

（2）解冻所有图层

解冻所有图层，命令执行方式有以下两种。

- 选择【格式】|【图层工具】|【解冻所有图层】命令。
- 在命令行中输入 LAYTHW，并按【Enter】键确定。

3．锁定/解锁图层

通过单击【锁定】列中的锁定图标，可以对一个图层进行锁定或解锁。锁定的图层显示为一个蓝色闭合的锁，解锁的图层显示为一个黄色打开的锁。锁定某个图层时，该图层上的所有对象均不可修改，直到解锁该图层。通过锁定图层，可以减小对象被意外修改的可能性，但是仍然可以将对象捕捉等操作应用于锁定图层上的对象，并且可以执行不会修改对象的其他操作。例如，可以使锁定图层作为当前图层，并为其添加对象，也可以使用查询命令（例如 LIST），使用对象捕捉指定锁定图层上对象上的点，以及更改锁定图层上对象的绘制次序等。

（1）图层锁定

锁定选定的图层，命令执行方式有以下两种。

- 选择【格式】|【图层工具】|【图层锁定】命令。
- 在命令行中输入 LAYLCK，并按【Enter】键确定。

（2）图层解锁

解锁选定的图层，命令执行方式有以下两种。

- 选择【格式】|【图层工具】|【图层解锁】命令。
- 在命令行中输入 LAYULK，并按【Enter】键确定。

4．可打印性

单击【打印】列中的打印机图标，可以控制该图层是否在打印时被打印输出，不可打印的图层显示为一个带红色圆圈的打印机，如图 8-34 所示。

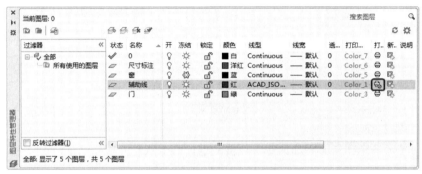

图 8-34 可打印性对比效果

8.2.7 实例——切换当前图层

在绘制图形时，常常需要将图形绘制在不同的图层上，此时需要切换当前图层。

Step 01 启动 AutoCAD 2017，切换至【默认】选项卡，在【图层】面板上单击【图层】按钮，如图 8-35 所示。

Step 02 选择所要切换的图层即可。

图 8-35 切换当前图层

8.2.8 实例——改变对象所在的图层

在 AutoCAD 2017 中，用户可以非常方便地改变对象所在的图层。

Step 01 打开配套资源中的素材\第 8 章\【马桶.dwg】素材文件，如图 8-36 所示。

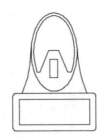

图 8-36　打开素材文件

Step 02 在命令行中输入 LA 命令，将【坐便器】图层置为当前图层，如图 8-37 所示。

Step 03 在菜单栏中执行【格式】|【图层工具】|【更改为当前图层】命令，如图 8-38 所示。

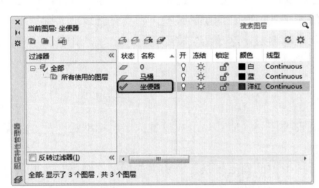

图 8-37　将【坐便器】图层置为当前图层　　　　图 8-38　执行【更改为当前图层】命令

Step 04 根据命令行的提示，选择要更改到当前图层的对象，按【Enter】键确定，效果如图 8-39 所示。

8.2.9　过滤图层

根据选定的条件过滤图层。在【图层特性管理器】选项板的【过滤器】树状列表框中选择一个图层过滤器后，列表框中将显示符合过滤条件的图层。单击【新建特性过滤器】按钮，弹出【图层过滤器特性】对话框，如图 8-40 所示。在【过滤器名称】文本框中输入图层特性过滤器的名称。在【过滤器定义】列表框中可以使用一个或多个图层特性定义过滤器，例如，可以将过滤器定义为显示所有的红色或蓝色且正在使用的图层。要包含多种颜色、线型或线宽，则在下一行复制该过滤器，然后选择一种不同的设置。

图 8-39　设置完成后的效果

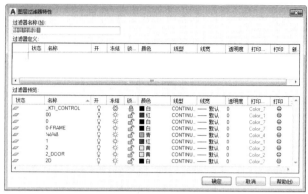

图 8-40 【图层过滤器特性】对话框

图层特性过滤器在【图层过滤器特性】对话框中定义。在该对话框中可以选择要包含在过滤器定义中的以下任何特性：图层名、颜色、线型、线宽和打印样式，图层是否正被使用，打开还是关闭图层，在当前视口或所有视口中冻结图层还是解冻图层，锁定图层还是解锁图层。是否设置打印图层。

使用通配符按名称过滤图层。图层特性过滤器中的图层可能会因图层特性的改变而改变。例如，如果定义了一个名为 Site 的图层特性过滤器，该图层特性过滤器包括名称中包含字符 Site 并且线型为【连续】的所有图层；随后又修改了其中某些图层的线型，则具有新线型的图层将不再属于图层特性过滤器 Site，并且在应用此过滤器时，这些图层将不再显示出来。并且图层特性过滤器可以嵌套在其他特性过滤器或组过滤器下。

8.2.10 转换图层

使用【图层转换器】对话框可以修改图形的图层，使其与用户设置的图层标准相匹配，将图层转换为所建立的图形标准。

使用【图层转换器】对话框可以将某个图形中的图层转换为已定义的标准，例如，如果从一家不遵循贵公司图层约定的公司接收到一个图形，可以将该图形的图层名称和特性转换为贵公司的标准。可以将当前图形中使用的图层映射到其他图层，然后使用这些映射转换当前图层。如果图形包含同名的图层，图层转换器可以自动修改当前图层的特性，使其与其他图层中的特性相匹配。可以将图层转换映射保存在文件中，以便日后在其他图形中使用。

启用【图形转换器】对话框执行图层转换，如图 8-41 所示，命令执行方式有以下两种。

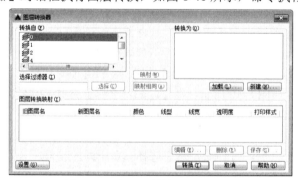

图 8-41 【图形转换器】对话框

- 选择【工具】|【CAD 标准】|【图层转换器】命令。

- 在命令行中输入 LAYTRANS，并按【Enter】键确定。

将图形的图层转换为标准图层设置的操作步骤如下。

Step 01 选择【工具】|【CAD 标准】|【图层转换器】命令。

Step 02 在弹出的【图层转换器】对话框中，执行以下操作之一。

① 单击【加载】按钮，从图形、图形样板或图形标准文件中加载图层。在弹出的【选择图形文件】对话框中，选择所需的文件，然后单击【打开】按钮，如图 8-42 所示。

图 8-42 【选择图形文件】对话框

② 单击【新建】按钮，定义新的图层。在弹出的【新图层】对话框中，输入新图层的名称，选择其特性，然后单击【确定】按钮，如图 8-43 所示。如果加载了其他文件，其中包含与【转换为】列表框中所显示的图层同名的图层，则保留该列表框中第一个加载的图层特性，忽略重复的图层特性。

Step 03 将当前图形中的图层映射到要转换的图层，使用以下方法来映射图层。

① 要从一个列表向另一个列表映射所有同名的图层，单击【映射】按钮，如图 8-44 所示。

图 8-43 【新图层】对话框

图 8-44 单击【映射】按钮

② 要映射【转换自】列表框中单独的图层，请选择一个或多个图层。在【转换为】列表框中选择要使用其特性的图层，然后单击【映射】按钮，定义映射。可以为每个或每组待转换的图层重复使用此方法。要删除映射，在【图层转换映射】列表框中选择映射，然后单击【删除】按钮。要删除所有映射，在列表框中右击，然后在弹出的快捷菜单中选择【全部删除】命令。

Step 04 可以在【图层转换器】对话框中执行以下操作。

① 要修改【图层转换映射】列表框中映射图层的特性，选择要修改其特性的映射，然后单击【编

辑】按钮。在弹出的【编辑图层】对话框中，可以修改映射图层的线型、颜色、线宽或打印样式，然后单击【确定】按钮。

② 要自定义图层转换的步骤，单击【设置】按钮。在弹出的【设置】对话框中，勾选所需要的复选框，然后单击【确定】按钮，如图 8-45 所示。

③ 要将图层映射保存到文件中，单击【保存】按钮。在弹出的【保存图层映射】对话框中输入文件名，然后单击【保存】按钮，如图 8-46 所示。

图 8-45　【设置】对话框　　　　　图 8-46　【保存图层映射】对话框

Step 05　单击【转换】按钮，执行指定的图层转换。

8.3　综合应用——绘制饮水机

下面介绍如何绘制台式饮水机，以综合应用前面所学习的知识，如图 8-47 所示。其具体操作步骤如下。

Step 01　启动 AutoCAD 2017，按【Ctrl+N】组合键，弹出【选择样板】对话框，在该对话框中选择 acadiso，如图 8-48 所示，然后单击【打开】按钮。

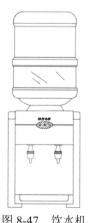

图 8-47　饮水机　　　　　　　　图 8-48　选择 acadiso

Step 02　在命令行中执行 LA 命令，打开【图层特性管理器】选项板，选择相应图层，如图 8-49 所示。

Step 03　在命令行中执行 RECTANG 命令，在绘图区中指定第一个角点，然后在命令行中输入

（@250,-399）坐标作为第二个角点，按【Enter】键确定，绘制的矩形如图 8-50 所示。

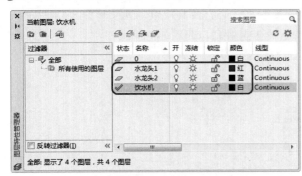 

图 8-49　【图层特性管理器】选项板　　　　　　　图 8-50　绘制矩形

Step 04 在命令行中执行 FILLET 命令，输入 R，按【Enter】键确定，输入 2，按【Enter】键确定，输入 m，按【Enter】键确定，在绘图区中对矩形上方的两个角进行圆角，完成后按【Enter】键确认，效果如图 8-51 所示。

Step 05 在命令行中执行 LINE 命令，在绘图区中以矩形左下角的端点为基点，向左引导鼠标，输入 30，按【Enter】键确定，然后向上引导鼠标，输入 363，按【Enter】键完成绘制，绘制直线效果如图 8-52 所示。

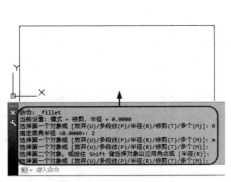 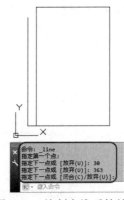

图 8-51　圆角后的效果　　　　　　　　　　图 8-52　绘制直线后的效果

Step 06 在命令行中执行 RECTANG 命令，在绘图区中以直线上方的端点为第一个角点，在命令行中输入 D，将矩形的长度和宽度分别设置为 30、32，按【Enter】键确定，完成后的效果如图 8-53 所示。

Step 07 在命令行中执行 FILLET 命令，输入 R，按【Enter】键确定，输入 5，按【Enter】键确定，在绘图区中对新绘制的矩形的左上角进行圆角，完成后的效果如图 8-54 所示。

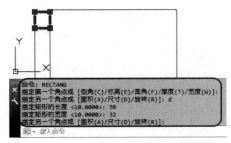 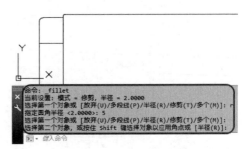

图 8-53　绘制矩形后的效果　　　　　　　　　图 8-54　圆角后的效果

Step 08 在命令行中执行 RECTANG 命令,在绘图区中以左下角的角点为矩形的第一个角点,在命令行中输入 D,将矩形的长度和宽度分别设置为 60、15,绘制矩形,效果如图 8-55 所示。

Step 09 在命令行中执行 TRIM 命令,在绘图区中修剪对象,如图 8-56 所示。

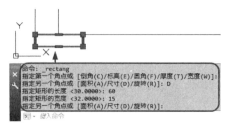
图 8-55 绘制矩形

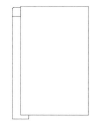
图 8-56 修剪对象

Step 10 选择图 8-57 所示的对象。

Step 11 在命令行中执行 MIRROR 命令,在绘图区中指定 A 点和 B 点作为镜像的第一点和第二点,按【Enter】键完成镜像,如图 8-58 所示。

图 8-57 选择对象

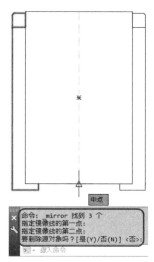
图 8-58 镜像后的效果

Step 12 使用【分解】工具,选择如图 8-59 所示的矩形,按空格键进行确认,将其进行分解。

Step 13 选择 A 线段,依次向上偏移 40、215、83、2,偏移对象后的效果如图 8-60 所示。

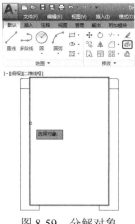
图 8-59 分解对象

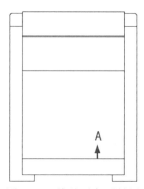
图 8-60 偏移对象后效果

Step 14 选择 A 线段，使用【偏移】工具，向右偏移 125，如图 8-61 所示。
Step 15 使用【圆心】工具，指定 A 点作为椭圆的中心点，将轴的端点设置为 35，将另一条半轴的长度设置为 15，绘制椭圆，如图 8-62 所示。

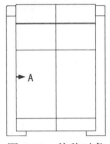

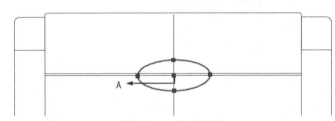

图 8-61　偏移对象　　　　　　　　　　　　图 8-62　绘制椭圆

Step 16 在命令行中输入 TR 命令，修剪对象，如图 8-63 所示。
Step 17 使用【圆】工具，绘制 3 个半径为 3 的圆，然后调整其位置，如图 8-64 所示。

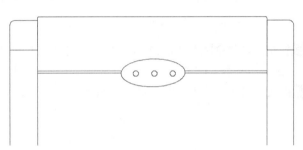

图 8-63　修剪对象　　　　　　　　　　　　图 8-64　绘制圆

Step 18 在命令行中输入 HATCH 命令，将【图案填充图案】设置为【ANSI31】，将填充图案比例设置为 2，然后填充对象，如图 8-65 所示。
Step 19 使用【多行文字】工具输入文字，将【文字高度】设置为 10，在【格式】选项组中单击【粗体】B 和【斜体】I 按钮，如图 8-66 所示。

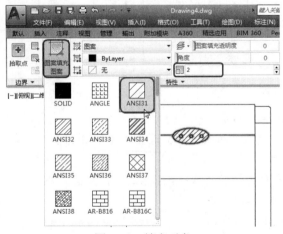

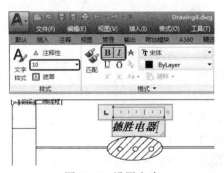

图 8-65　填充对象　　　　　　　　　　　　图 8-66　设置文字

Step 20 使用【矩形】工具，绘制一个长度为 210、宽度为 28 的矩形，将其放置在如图 8-67 所示的位置处。

Step 21 使用【圆角】工具，在命令行中输入 2，将【圆角半径】设置为 10，在命令行中输入 M，然后对矩形进行圆角，如图 8-68 所示。

图 8-67 绘制矩形

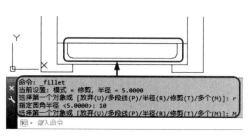

图 8-68 圆角矩形

Step 22 在菜单栏中执行【LA】命令，打开【图层特性管理器】选项板，将【水龙头1】图层置为当前图层，如图 8-69 所示。

Step 23 使用【多段线】工具，绘制多段线，如图 8-70 所示。

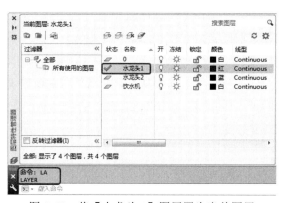

图 8-69 将【水龙头1】图层置为当前图层

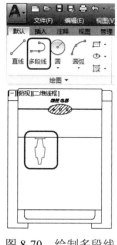

图 8-70 绘制多段线

Step 24 使用【直线】工具，绘制直线，如图 8-71 所示。

Step 25 在菜单栏中执行【HATCH】命令，将【图案填充图案】设置为【ANSI31】，填充效果如图 8-72 所示。

Step 26 使用【镜像】工具，指定 A 点和 B 点作为镜像的第一点和第二点，如图 8-73 所示。

Step 27 按【Enter】键确定，镜像后的效果如图 8-74 所示。

Step 28 选择镜像后的水龙头，更换图层，如图 8-75 所示。

Step 29 在命令行中输入【LA】命令，打开【图层特性管理器】选项板，新建【水桶】图层，并将其置为当前图层，如图 8-76 所示。

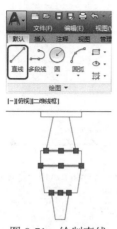

图 8-71　绘制直线

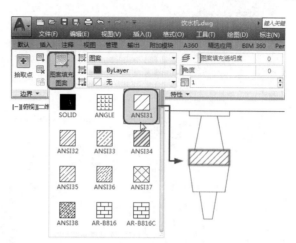

图 8-72　填充后的效果

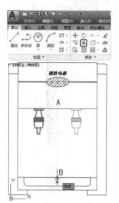

图 8-73　指定镜像的第一点和第二点

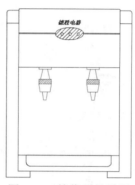

图 8-74　镜像后的效果

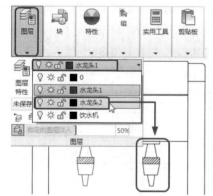

图 8-75　更换图层

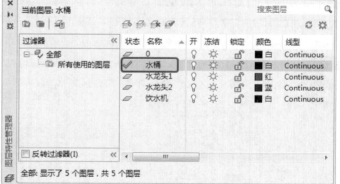

图 8-76　新建图层并置为当前图层

Step 30 使用【直线】工具，绘制直线，效果如图 8-77 所示。

Step 31 在命令行中执行 ARC 命令，以新绘制线段的左上角的角点为起点，输入坐标(@-28,10)作为第二个点，输入坐标(@-22,20)作为端点，绘制圆弧，效果如图 8-78 所示。

Step 32 在命令行中执行 MIRROR 命令，以在绘图区中指定镜像的第一点和第二点，按【Enter】键确定，镜像后的效果如图 8-79 所示。

Step 33 执行【REC】命令，在圆弧的上方绘制一个长为 280、宽为 35 的矩形，然后执行【圆角】命令，将圆角半径设置为 25，对绘制的矩形下方的两个角点进行圆角，效果如图 8-80 所示。

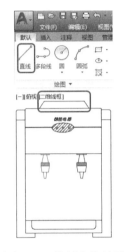

图 8-77　绘制直线效果

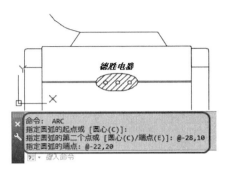

图 8-78　绘制圆弧效果

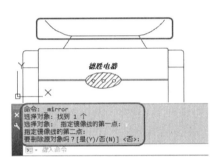

图 8-79　镜像后的效果

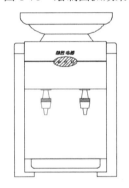

图 8-80　绘制矩形并进行圆角后的效果

Step 34 在命令行中执行 RECTANG 命令，以新绘制的矩形左上角的角点为第一个角点，输入坐标（@280，10）作为另一个角点绘制矩形。然后在命令行中执行 FILLET 命令，对绘制的矩形的左上角和右上角进行圆角操作，圆角半径为 5，进行圆角处理后的效果如图 8-81 所示。

Step 35 执行【REC】命令，在绘图区中以新绘制矩形的左上角的端点为第一个角点，输入坐标（@270，90）作为另一个角点绘制矩形，绘制完成后的效果如图 8-82 所示。

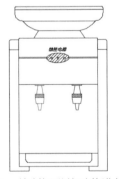

图 8-81　绘制矩形并对其进行圆角

图 8-82　绘制矩形后的效果

Step 36 执行【REC】命令，在绘图区中绘制一个长、宽分别为 280、40 的矩形，效果如图 8-83 所示。

Step 37 在命令行中执行【CHAMFER】命令，对 Step 36 绘制的矩形的左下角和右下角进行倒角操作，倒角距离设为 5。然后对 Step 36 绘制的矩形的左上角和右上角进行倒角操作，倒角距离设为 9，效果如图 8-84 所示。

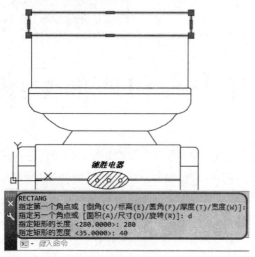

图 8-83 绘制矩形

图 8-84 对矩形进行倒角后的效果

Step 38 在命令行中执行 LINE 命令，连接倒角的角点绘制如图 8-85 所示的两条直线。

Step 39 使用同样的方法绘制其他对象，绘制完成后，将绘图区中水平垂直相交的直线删除，效果如图 8-86 所示。

图 8-85 绘制直线后的效果

图 8-86 绘制完成后的效果

增值服务：扫码做测试题，并可观看讲解测试题的微课程。

第 9 章 图块、设计中心和外部参照

块也称为图块，是 AutoCAD 图形设计中的一个重要概念。在绘制图形时，如果图形中有大量相同或相似的内容，或者所绘制的图形与已有的图形文件相同，则可以把要重复绘制的图形创建成块（也称为图块），并根据需要为块创建属性，指定块的名称、用途及设计者等信息，在需要时直接插入它们，从而提高绘图效率，用户也可以把已有的图形文件以参照的形式插入到当前图形中（即外部参照），或是通过 AutoCAD 设计中心浏览、查找、预览、使用和管理 AutoCAD 图形、块、外部参照等不同的资源文件。

9.1 图块操作

块是一个或多个图形对象的集合，常用于绘制复杂、零碎和重复的图形。在室内设计中，经常会遇到需要绘制大量相同或相似的图形，如桌子、床等。AutoCAD 提供了图块功能，按需要的比例和转角插入，即可将该图块插入到图形中的任意位置。运用 AutoCAD 的图块功能，不仅可以提高制图的效率，而且可以缩小文件的大小，节约计算机的资源空间。

9.1.1 定义图块

图块是一个或多个对象的集合，是一个整体，即单一的对象。图块可以由绘制在几个图层上的若干对象组成，图块中保存图层的信息。创建一个新的图块有以下几种方式。

- 在菜单栏中选择【绘图】|【块】|【创建】命令。
- 单击【块定义】工具栏中的【创建块】按钮。
- 在命令行中输入 BLOCK 命令或 BMAKE 命令。

通过以上方式，可以弹出【块定义】对话框，如图 9-1 所示。对话框中各选项组功能如下。

图 9-1 【块定义】对话框

- 名称：输入块的名称。块的创建不是目的，目的在于块的引用。块的名称为日后提取该块提供了搜索依据。块的名称可以长达 255 个字符。
- 基点：设置块的插入基点位置。为日后将块插入到图形中提供参照点。此点可任意指定，但为了日后使块的插入一步到位，减少"移动"等工作，建议将此基点定义为与组成块的对象集具有特定意义的点，比如端点、中点等。

- 对象：设置组成块的对象。其中，单击【选择对象】按钮，可切换到绘图窗口选择组成块的各对象；单击【快速选择】按钮，可以在弹出的【快速选择】对话框中设置所选择对象的过滤条件；选中【保留】单选按钮，创建块后仍在绘图窗口上保留组成块的各对象；选中【转换为块】单选按钮，创建块后将组成块的各对象保留，并把它们转换成块；选中【删除】单选按钮，创建块后删除绘图窗口组成块的源对象。
- 方式：设置组成块的对象的显示方式。勾选【按统一比例缩放】复选框，设置对象是否按统一比例进行缩放；勾选【允许分解】复选框，设置对象是否允许被分解。
- 设置：设置块的基本属性。
- 说明：用来输入当前块的说明部分。

在【块定义】对话框中设置完毕后，单击【确定】按钮，即可完成创建块的操作。

9.1.2 实例——创建装饰画块

下面讲解如何创建装饰画块，其具体操作步骤如下。

Step 01 打开配套资源中的素材\第9章\【装饰画.dwg】素材文件，如图9-2所示。

Step 02 在命令行中输入【BLOCK】命令，弹出【块定义】对话框，将【名称】设置为【装饰画】，在【对象】选项组中单击【选择对象】按钮，如图9-3所示。

Step 03 根据命令行的提示，选择如图9-4所示的对象。

图9-2 打开素材文件

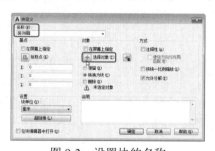

图9-3 设置块的名称

图9-4 选择对象

Step 04 按【Enter】键进行确认，返回【块定义】对话框，单击【拾取点】按钮，根据命令行的提示指定块的基点，如图9-5所示。

Step 05 设置完成后单击【确定】按钮即可，效果如图9-6所示。

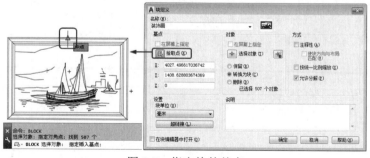

图9-5 指定块的基点

图 9-6　创建装饰画块　　　　　图 9-7　【写块】对话框

9.1.3　存储图块

在命令行中输入 WBLOCK 命令，将弹出【写块】对话框，如图 9-7 所示。

在【写块】对话框中设置完毕后，单击【确定】按钮，即可完成存储块的操作。

如果用户将当前窗口中的所有图形对象创建为图块，则可以选中【整个图形】单选按钮，系统将以坐标原点为基点，将所有对象集成一个图块。

BLOCK 和 WBLOCK 命令的区别如下：
- BLOCK 是创建内部块，该命令创建的块能在当前图形中使用。
- WBLOCK 是创建外部块，该命令创建的块既可以在当前图形中使用，也可以被其他图形调用。

如果一个块已经用 BLOCK 命令存储为内部块，那么再使用 WBLOCK 命令，默认情况下，系统将会继续使用内部块的名称作为外部图块的名称，并将内部块转换为外部块。

9.1.4　实例——插入图块

图块的重复使用是通过插入图块的方式来实现的。所谓插入图块，就是指将已经定义的图块插入到当前的图形文件中。在绘制图形的过程中，不仅可以在当前文件中反复插入在当前图形中创建的图块，还可以将另一个文件的图形以插入图块的形式插入到当前图形中。下面通过实例来讲解如何插入图块，其具体操作步骤如下。

Step 01 新建一个空白图纸，在命令行中输入【INSERT】命令，弹出【插入】对话框，单击【浏览】按钮，如图 9-8 所示。

Step 02 单击【浏览】按钮，弹出【选择图形文件】对话框，选择配套资源中的素材\第 9 章\【蝴蝶.dwg】素材文件，单击【打开】按钮，如图 9-9 所示。

图 9-8　【插入】对话框

第 9 章 图块、设计中心和外部参照

图 9-9 【选择图形文件】对话框

Step 03 返回到【插入】对话框,勾选【插入点】、【比例】、【旋转】选项组下方的【在屏幕上指定】复选框和左下角的【分解】复选框,如图 9-10 所示。

Step 04 单击【确定】按钮,根据命令行提示进行操作,即可插入图块,效果如图 9-11 所示。

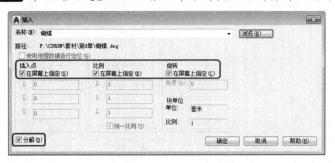

图 9-10 勾选【在屏幕上指定】和【分解】复选框　　　图 9-11 插入图块

 提　示

插入图块有以下几种方式。
- 在【块】面板中单击【插入】按钮。
- 选择【插入】|【块】命令。
- 在命令行中输入 INSERT 命令。

【插入】对话框中各选项功能如下。
- 名称:用于选择块或图形的名称。
- 插入点:用于设置块的插入点位置。可直接在 X、Y、Z 文本框中输入点坐标,也可以通过勾选【在屏幕上指定】复选框,在屏幕上指定插入点位置。
- 比例:用于设置块的插入比例。可直接在 X、Y、Z 文本框中输入块在 3 个方向的比例,也可以通过勾选【在屏幕上指定】复选框,在屏幕上指定块比例。此外,该选项组中的【统一比例】复选框用于确定所插入块在 X、Y、Z 3 个方向的插入比例是否相同。勾选该复选框,表示比例将相同,用户只需在 X 文本框中输入比例值即可。

205

- 旋转：用于设置块插入时的旋转角度。可直接在【角度】文本框中输入角度值，也可以勾选【在屏幕上指定】复选框，在屏幕上指定旋转角度。
- 分解：勾选该复选框，可以将插入的块分解成组成块的各基本对象。

9.2 图块属性

属性是将数据附着到块上的标签或标记，是块的组成部分，以增强图块的通用性。

9.2.1 设置图块属性

属性中可能包含的数据包括建筑构件的编号、注释等。插入带有变量属性的块时，会提示用户输入要与块一同存储的数据。

1．创建与附着图块属性

要创建图块属性，首先要创建描述属性特征的属性定义，然后将属性附着到目标块上，即可将信息也附着到块上。定义属性有以下几种方式。

- 在命令行中输入 ATTDEF 命令。
- 选择【绘图】|【块】|【定义属性】命令。

通过以上方式，可以弹出【属性定义】对话框，如图 9-12 所示。

在该对话框中包含【模式】、【属性】、【插入点】和【文字设置】4 个选项组。各选项组功能分别介绍如下。

- 模式：用于设置属性模式。其中，【不可见】复选框用于控制是否显示属性，【固定】复选框用于控制属性值是否为固定，【验证】复选框用于控制是否校验输入的属性值，【预设】复选框用于控制是否使用预设属性值。
- 属性：用于定义块的属性。其中，【标记】文本框用于输入属性的标记，【提示】文本框用于输入插入块时系统显示的提示信息，【默认】文本框用于输入属性的默认值。
- 插入点：在屏幕上指定点或者直接在文本框中输入 X、Y、Z 的坐标值。
- 文字设置：用于设置属性文字的格式，包括对正、文字样式、文字高度和旋转等选项。

在【属性定义】对话框中设置完成后，单击【确定】按钮，即可完成一次属性定义的操作。

2．在图形中插入带属性定义的块

在创建带有附加属性的块时，需要同时选择块属性作为块的成员对象。带有属性的块创建完成后，就可以使用【插入】对话框，在文档中插入该块。

3．编辑块属性

所谓块的属性，实际上是指为块附着数据或文字等具有变量性质的信息，将它们与几何图形捆绑在一起组成一个块。

要修改属性定义，可通过以下几种方式。

- 在命令行中输入 BATTMAN 命令。
- 执行【修改】|【对象】|【属性】|【块属性管理器】命令。

通过以上方式，可以弹出【块属性管理器】对话框，如图 9-13 所示。

在【块属性管理器】对话框中，单击【编辑】按钮，将弹出【编辑属性】对话框，可以重新设置属性定义的构成、文字特性和图形特征等，如图 9-14 所示。

图 9-12 【属性定义】对话框

图 9-13 【块属性管理器】对话框

在【块属性管理器】对话框中，单击【设置】按钮，将弹出【块属性设置】对话框，可以设置在【块属性管理器】对话框中能够显示的内容，如图 9-15 所示。

图 9-14 【编辑属性】对话框

图 9-15 【块属性设置】对话框

9.2.2 实例——轴线编号属性块的创建与应用

本实例主要通过绘制施工图的轴线编号属性块，来说明属性块的应用方法，具体操作步骤如下。

Step 01 先绘制一个半径为 400 的圆，如图 9-16 所示。

Step 02 在命令行中输入【ATTDEF】命令，弹出【属性定义】对话框，在【标记】文本框中输入一个属性标记值 A，在【提示】文本框中输入轴线编号 A，在【默认】文本框中输入默认值 A，在【文字设置】选项组中设置【文字高度】为 500，设置【对正】为【正中】，然后单击【确定】按钮，如图 9-17 所示。这时图框消失，出现跟随光标，在圆心位置单击，就会出现如图 9-18 所示的轴线编号，这样就完成了块属性的定义。

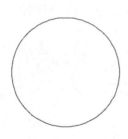

图 9-16 绘制圆

图 9-17 【属性定义】对话框

Step 03 执行【绘图】|【块】|【创建】命令，将弹出如图 9-19 所示的对话框，将属性与轴线圈一起创建为图块，设置块名为【A】，并设置基点。

图 9-18 创建图块　　　　　　　　　图 9-19 定义块

Step 04 在弹出的【编辑属性】对话框中，保持默认设置，单击【确定】按钮即可，如图 9-20 所示。

Step 05 此时编号值 A 已经被定义成块，效果如图 9-21 所示。

图 9-20 【编辑属性】对话框　　　　　图 9-21 定义完成的块

Step 06 在命令行中输入 WBLOCK 命令，弹出如图 9-22 所示的对话框，在【源】选项组中选中【块】单选按钮，块名为【A】，最后单击【确定】按钮，完成外部块的定义。

Step 07 在命令行中输入 INSERT 命令，弹出【插入】对话框，如图 9-23 所示，在对话框中进行设置。

图 9-22 定义外部块　　　　　　　　图 9-23 【插入】对话框

Step 08 在弹出的【编辑属性】对话框中，将【块名】设置 B，如图 9-24 所示。

Step 09 单击【确定】按钮，即可插入新的编号值，如图 9-25 所示。

图 9-24 【编辑属性】对话框

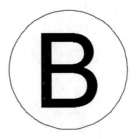

图 9-25 插入编号值 B

9.2.3 设置动态块

动态块具有灵活性和智能性。用户在操作时可以轻松地更改图形中的动态块参照。可以通过自定义夹点或自定义特性来操作动态块参照中的几何图形。这使得用户可以根据需要在位调整块，而不用搜索另一个块以插入或重定义现有的块。

动态块的编辑主要是通过【块编辑器】来完成的，通过如下方法可以打开块编辑器。

- 在定义块时，在【块定义】对话框中勾选【在块编辑器中打开】复选框，单击【确定】按钮，就会打开如图 9-26 所示的块编辑器。
- 执行 BEDIT 命令，打开如图 9-27 所示的【编辑块定义】对话框。

通过在【块编辑器】中将参数和动作添加到块，可以将动态行为添加到新的或现有的块定义。

要使块成为动态块，至少添加一个参数，然后添加一个动作，并将该动作与参数相关联。添加到块定义中的参数和动作类型定义了块参照在图形中的作用方式。

图 9-26 块编辑器

图 9-27 【编辑块定义】对话框

9.3 外部参照图形

外部参照是一种非常实用的图形关联的实用方式，下面首先讲解它和块的区别及联系，来加深对外部参照的理解。

9.3.1 外部参照与外部块

一个 DWG 图形文件可以当作块插入到另一个图形文件中，如果把图形作为块插入时，块定义和所有相关联的几何图形都将存储在当前图形数据库中，并且修改原图形后，块不会随之更新。

与这种方式相比，外部参照（external reference，Xref）提供了另一种更为灵活的图形引用方法。使用外部参照可以将多个图形链接到当前图形中，并且作为外部参照的图形会随着原图形的修改而更新。此外，外部参照不会明显地增加当前图形的文件大小，从而可以节省磁盘空间，也利于保持系统的性能。

外部参照图形的使用具有以下特点。

1．独立操作性

当一个图形文件被作为外部参照插入到当前图形中时，外部参照中每个图形的数据仍然分别保存在各自的源图形文件中，当前图形中所保存的只是外部参照的名称和路径。无论一个外部参照文件多么复杂，AutoCAD 都会把它作为一个单一对象来处理，而不允许进行分解。用户可对外部参照进行比例缩放、移动、复制、镜像或旋转等操作，还可以控制外部参照的显示状态，但这些操作都不会影响到源图形文件。

2．自动更新性

AutoCAD 允许在绘制当前图形的同时，显示多达 32 000 个图形参照，并且可以对外部参照进行嵌套，嵌套的层次可以为任意多层。当打开或打印附着有外部参照的图形文件时，AutoCAD 自动对每一个外部参照图形文件进行重载，从而确保每个外部参照图形文件反映的都是它们的最新状态。

9.3.2 实例——通过外部参照创建办公桌

下面通过外部参照创建办公桌，其具体操作步骤如下。

Step 01 启动 AutoCAD 2017 软件，新建图纸文件，将其进行保存，将【文件名】设置为【通过外部参照创建办公桌】，在菜单栏中执行【插入】|【DWG 参照】命令，如图 9-28 所示。

Step 02 弹出【选择参照文件】对话框，选择配套资源中的素材\第 9 章\【素材 1.dwg】素材文件，如图 9-29 所示。

图 9-28　执行【DWG 参照】命令

图 9-29　选择参照文件

Step 03 弹出【附着外部参照】对话框，选中【附着型】单选按钮，在【路径类型】下拉列表中，选择【完整路径】选项，在【插入点】选项组中，取消勾选【在屏幕上指定】复选框，确认 X、Y、Z 文本框值均为 0，如图 9-30 所示。

Step 04 单击【确定】按钮，从而将外部参照文件插入到当前文件中，如图 9-31 所示。

图 9-30 【附着外部参照】对话框

图 9-31 插入外部参照文件

Step 05 重复 Step 01~ Step 04 步骤，将【素材 2.dwg】文件插入到文件中，效果如图 9-32 所示。

Step 06 重复 Step 01~ Step 04 步骤，将【素材 3.dwg】文件插入到文件中，如图 9-33 所示。

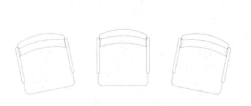

图 9-32 插入【素材 2.dwg】效果

图 9-33 插入【素材 3.dwg】效果

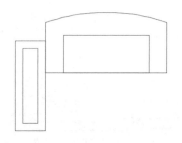

图 9-34 绘制矩形并进行偏移

Step 07 在菜单栏中执行【文件】|【打开】命令，打开配套资源中的素材\第 9 章\【素材 3.dwg】素材文件，绘制一个长度为 600、宽度为 1800 的矩形，并使用【偏移】工具，向内进行偏移，将偏移距离设置为 150，并调整其颜色和位置，效果如图 9-34 所示。

Step 08 按【Ctrl+S】组合键保存【素材 3.dwg】文件，然后关闭该文件，返回到【通过外部参照创建办公桌.dwg】图纸文件中，此时系统的右下角将显示【外部参照文件已修改】提示信息，单击【重载素材 3】链接，则示图中的图形对象将会发生相应改变，如图 9-35 所示。

Step 09 至此，该办公桌椅绘制完成了，按【Ctrl+S】组合键保存即可。

9.3.3 附着外部参照

用户可以使用以下方法附着外部参照。

- 在菜单栏中执行【插入】|【DWG 参照】命令。
- 在命令行中输入 XATTACH 命令。

使用设计中心将外部参照附着到图形中。使用设计中心可以进行简单附着、预览图形参照及其描述，以及通过拖动快速放置。

通过从设计中心拖动外部参照，或通过右键快捷菜单中的【附着为外部参照】命令来附着外部参照。

如果外部参照包含任何可变的块属性，它们将被忽略。

在当前图形中不能直接引用外部参照中的命名对象，但可以控制外部参照图层的可见性、颜色和线型。

图 9-35　重载文件后的效果

9.3.4 实例——附着并管理外部参照

下面讲解如何附着并管理外部参照——蝴蝶，其操作步骤如下。

Step 01 附着外部参照的过程与插入外部块的过程类似，其命令调用方式为：在命令行中输入 XATTACH 命令，调用该命令后，系统将弹出【选择参照文件】对话框，如图 9-36 所示。

Step 02 打开配套资源中的素材\第 9 章\【蝴蝶.dwg】素材文件，单击【打开】按钮弹出【附着外部参照】对话框，如图 9-37 所示。

图 9-36　【选择参照文件】对话框

该对话框中的【插入点】、【比例】和【旋转】等选项组与【插入】对话框中的相同，其他选项组的作用如下。

- 路径类型：设置是否保存外部参照的完整路径。如果选择【完整路径】选项，则外部参照的路径将保存到图形数据库中，否则将只保存外部参照的名称而不保存其路径。

第9章 图块、设计中心和外部参照

图 9-37 【附着外部参照】对话框

> **注 意**
>
> 用于定位外部参照的已保存路径可以是完整路径，也可以是相对（部分指定）路径，或者没有路径。

- 参照类型：指定外部参照是【附着型】还是【覆盖型】，其含义如下。
- 附着型：在图形中附着附着型外部参照时，如果其中嵌套有其他外部参照，则将嵌套的外部参照也包含在内。
- 覆盖型：在图形中附着覆盖型外部参照时，任何嵌套在其中的覆盖型外部参照都将被忽略，而且其本身也不能显示。

Step 03 单击【确定】按钮，插入外部块后，选择插入的外部块，系统会出现【外部参照】选项卡，在【选项】组中单击【外部参照】按钮，显示【外部参照】选项板，如图9-38所示。

图中 Drawing 5 是新建的所在文件，然后使用上面3个步骤把原来定义的【窗户】块附着为 Drawing 5 的一个参照图形。由于【蝴蝶】块进行过块编辑操作，所以，外部参照管理器提示它已经进行过编辑，需要重载以更新文件，这时右击【蝴蝶】块，在弹出的快捷菜单中执行【重载】命令，如图 9-39 所示。

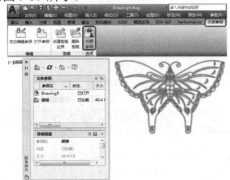

图 9-38 【外部参照】选项板

图 9-39 执行【重载】命令

如果选择【附着】命令，表示附着【001】块的一个副本参照；如果选择【拆离】命令，表示分离开参照；如果选择【卸载】命令，就会取消显示。

注 意

【卸载】与【拆离】不同,【卸载】并不删除外部参照的定义,而仅取消外部参照的图形显示(包括其所有副本)。

Step 04 在外部参照列表中选择一个或多个参照并右击,在弹出的快捷菜单中执行【绑定】命令,如图 9-40 所示,可以将指定的外部参照断开与源图形文件的链接,并转换为块对象,成为当前图形的永久组成部分。选择该命令后将弹出【绑定外部参照/DGN 参考底图】对话框,如图 9-41 所示。

在该对话框中有两个单选按钮,作用如下。

- 绑定:将外部参照中的对象转换为块参照。命名对象定义将添加到带有n前缀的当前图形中。
- 插入:也将外部参照中的对象转换为块参照。命名对象定义将合并到当前图形中,但不添加前缀。

注 意

外部参照定义中除了包含图形对象以外,还包括图形的命名对象,如块、标注样式、图层、线型和文字样式等。为了区别外部参照与当前图形中的命令对象,AutoCAD 将外部参照的名称作为其命名对象的前缀,并用符号【|】来分隔。

图 9-40 执行【绑定】命令

Step 05 单击【确定】按钮,这时【001】块从列表框中消失,因为它已经不是一个参照文件了,而是作为一个块参照了,如图 9-42 所示。

图 9-41 【绑定外部参照/DGN 参考底图】对话框

图 9-42 块参照

9.4 AutoCAD 设计中心

AutoCAD 设计中心是 AutoCAD 中一个非常有用的工具。它有着类似于 Windows 资源管理器的界面,可管理图块、外部参照、光栅图像,以及来自其他源文件或应用程序的内容,将位于本地计算机、局域网或互联网上的图块、图层、外部参照和用户自定义的图形内容复制并粘贴到当前绘图区中。同时,如果在绘图区中打开多个文档,在多文档之间也可以通过简单的拖放操作来实现图形的复制和粘贴。粘贴内容除了包含图形本身外,还包含图层定义、线型和字体等内容。这样,资源就可以得到再利用和共享,提高了图形管理和图形设计的效率。

9.4.1 设计中心的功能

在 AutoCAD 2017 中，使用 AutoCAD 设计中心可以完成以下工作。

（1）浏览用户计算机、网络驱动器和 Web 页上的图形内容（如图形或符号库等）。

（2）在定义表中查看图形文件中命名对象（如块、图层等）的定义，然后将定义插入、附着、复制和粘贴到当前图形中。

（3）更新（重定义）块定义。

（4）创建指向常用图形、文件夹和 Internet 网址的快捷方式。

（5）向图形中添加内容（如外部参照、块和填充等）。

（6）在新窗口中打开图形文件。

（7）将图形、块和填充拖动到工具选项板上以便于访问。

9.4.2 使用设计中心

使用 AutoCAD 设计中心，可以方便地在当前图形中插入块，引用光栅图像及外部参照，在图形之间复制块、复制图层、线型、文字样式、标注样式，以及用户定义的内容等。在 AutoCAD 中，设计中心是一个与绘图窗口相对独立的窗口，因此在使用时应先启动 AutoCAD 设计中心。启动设计中心可以通过以下几种方式。

- 按【Ctrl+2】组合键。
- 在命令行中输入 ADCENTER 或 ADC 命令。
- 在菜单栏中执行【工具】|【选项板】|【设计中心】命令。

通过以上方式，可以打开【设计中心】选项板，如图 9-43 所示。

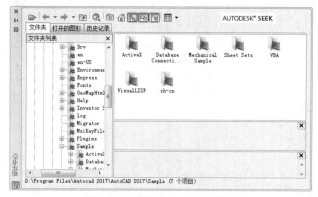

图 9-43 【设计中心】选项板

AutoCAD 设计中心主要由上部的工具栏按钮和各种视图构成，其含义和功能如下。

- 【文件夹】选项卡：显示设计中心的资源，可以将设计中心的内容设置为本地计算机的桌面，或是本地计算机的资源信息，也可以是网上邻居的信息。
- 【打开的图形】选项卡：显示当前打开的图形列表。单击某个图形文件，然后单击列表中的一个定义表，可以将图形文件的内容加载到内容区中。
- 【历史记录】选项卡：显示设计中心中以前打开的文件列表。双击列表中的某个图形文件，可以在【文件夹】选项卡的树状视图中定位此图形文件，并将其内容加载到内容区中。
- 【树状图切换】按钮：可以显示或隐藏树状视图。
- 【收藏夹】按钮：在内容区中显示【收藏夹】文件夹的内容。【收藏夹】文件夹包含经常访问项目的快捷方式。
- 【预览】按钮：控制显示和不显示预览视图。
- 【说明】按钮：控制显示和不显示说明视图。
- 【视图】按钮：指定控制板中内容的显示方式。
- 【搜索】按钮：单击该按钮后，可以在弹出的【搜索】对话框中查找图形、块和非图形对象。

9.4.3 在设计中心查找内容

使用 AutoCAD 设计中心的查找功能，可以通过【搜索】对话框快速查找如图形、块、图层和尺寸样式等图形内容或设置，单击【搜索】按钮，弹出【搜索】对话框，如图 9-44 所示。

1. 查找文件

在【搜索】下拉列表框中选择【图形】选项，在【于】下拉列表框中选择查找的位置，即可查找图形文件。用户可以使用【图形】、【修改日期】和【高级】选项卡来设置文件名、修改日期和高级查找条件。

设置查找条件后，单击【立即搜索】按钮开始搜索，搜索结果将显示在对话框下部的列表框中。

2. 查找其他信息

在【搜索】下拉列表框中选择【块】等其他选项，在【于】下拉列表框中选择搜索路径，在【搜索名称】文本框中输入要查找的名称，然后单击【立即搜索】按钮开始搜索，可以搜索相应的图形信息，如图 9-45 所示。

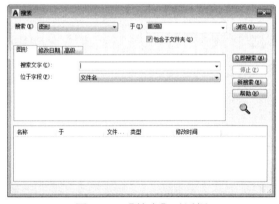

图 9-44 【搜索】对话框　　　　　　　图 9-45 选择【块】选项

9.4.4 通过设计中心添加内容

可以在【设计中心】选项板左侧对显示的内容进行操作。单击内容区中的项目可以按层次顺序显示详细信息。例如，选择图形图像将显示若干图标，包括代表块的图标。双击【块】图标将显示图形中每个块的图像，如图 9-46 所示。

1. 向图形中添加内容

使用以下方法可以在内容区中向当前图形添加内容。
- 将某个项目拖动到某个图形的图形区中，将按照默认设置（如果有）将其插入。
- 在内容区中的某个项目上右击，将弹出快捷菜单，选择相应的命令即可。

- 双击块将弹出【插入】对话框，双击【图案填充】将弹出【边界图案填充】对话框。

可以预览图形内容（如内容区中的图形、外部参照或块等），还可以显示文字说明，如图 9-47 所示。

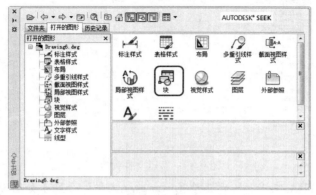

图 9-46 双击块图标

图 9-47 预览图形内容

2．通过设计中心更新块定义

与外部参照不同，当更改块定义的源文件时，包含此块的图形的块定义并不会自动更新。通过设计中心，可以决定是否更新当前图形中的块定义。块定义的源文件可以是图形文件或符号库图形文件中的嵌套块。在内容区中的块或图形文件上右击，然后在弹出的快捷菜单中选择【仅重定义】或【插入并重定义】命令，可以更新选定的块。

3．通过设计中心打开图形

在设计中心，可以通过以下方式在内容区中打开图形：使用快捷菜单、拖动图形的同时按住【Ctrl】键，或将图形图标拖至绘图区域的图形区外的任意位置。图形名被添加到设计中心历史记录表中，以便在将来的任务中快速访问。

9.4.5 实例——通过设计中心更新块定义

下面通过设计中心更新块定义，其操作步骤如下。

Step 01 在命令行中输入 ADCENTER 命令，按【Enter】键，打开【设计中心】选项板，选择【文件夹】选项卡，展开 AutoCAD 2017-Simplified Chinese 文件夹下的 Sample 文件夹，显示如图 9-48 所示的文件内容。

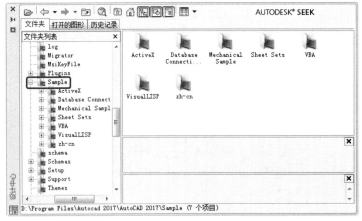

图 9-48 显示文件内容

Step 02 在左侧展开 VBA 文件,然后选择 Tower.dwg 文件,会显示如图 9-49 所示的详细文件内容。

图 9-49 选择 Tower.dwg 文件

Step 03 在右侧的内容区中找到【块】文件并双击,会显示如图 9-50 所示的具体块。

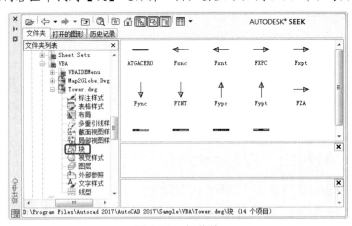

图 9-50 加载块

第9章 图块、设计中心和外部参照

Step 04 选择一个块并右击，弹出如图 9-51 所示的快捷菜单。

 提 示

如果选择【仅重定义】命令，既可对块进行重新定义，也可以进行其他的操作，如块编辑、插入等。

图 9-51 快捷菜单

9.4.6 实例——将设计中心的项目添加到工具选项板中

下面将设计中心的项目添加到工具选项板中，其操作步骤如下。

Step 01 打开设计中心，在菜单栏中选择【工具】|【选项板】|【设计中心】命令。

Step 02 在设计中心树状视图或内容区域中，在文件夹、图形文件或块上右击，弹出如图 9-52 所示的快捷菜单。

Step 03 选择【创建块的工具选项板】命令，将创建一个新的工具选项板，包含所选文件夹或图形中的所有块和图案填充，如图 9-53 所示。

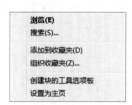

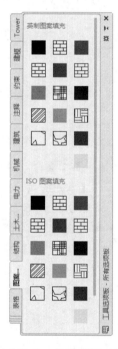

图 9-52 快捷菜单　　　图 9-53 创建的【工具选项板-所有选项板】

9.5 综合应用——创建洗衣机图块

下面以制作洗衣机图块来巩固本章的学习内容。

Step 01 使用【矩形】工具，在绘图区绘制一个【长度】为597、【宽度】为624的矩形，如图 9-54 所示。

Step 02 使用【偏移】工具，将矩形的上侧边向下偏移161、170、600，如图 9-55 所示。

Step 03 使用【圆角】工具，将【半径】设置为80，修剪模式设为修剪，将矩形下方的两个角点进行圆角处理，如图 9-56 所示。

图 9-54　绘制矩形　　　　图 9-55　偏移直线　　　　图 9-56　圆角矩形

Step 04 使用【修剪】工具，对绘制的图形进行修剪，完成后的效果如图 9-57 所示。

Step 05 使用【圆】工具，绘制一个半径为 30 的圆，使用【复制】工具，将其向右复制 93、179，然后使用【移动】工具，将绘制的圆移动到合适的位置，完成后的效果如图 9-58 所示。

Step 06 使用【矩形】工具，在绘图区绘制一个【长度】为 36、【宽度】为 6 的矩形，使用【复制】工具，将绘制的矩形向右复制 100、187，然后使用【移动】工具，将其移动到合适的位置，完成后的效果如图 9-59 所示。

  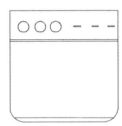

图 9-57　修剪图形　　图 9-58　复制并移动圆后的效果　图 9-59　复制并移动矩形后的效果

Step 07 使用【图案填充】工具，将【图案填充图案】设置为【ANSI31】，将【填充图案比例】设置为 35，然后对其进行填充，如图 9-60 所示。

Step 08 按【Enter】键进行确认，在命令行中输入【BLOCK】命令，弹出【块定义】对话框，将【名称】设置为【洗衣机】，然后在【对象】选项组中单击【选择对象】按钮，选择洗衣机对象，如图 9-61 所示。

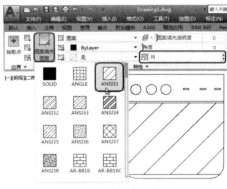

图 9-60　填充对象

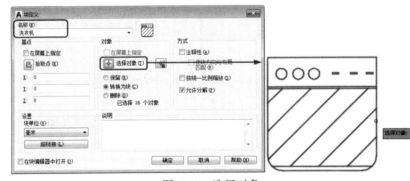

图 9-61　选择对象

Step 09 单击【基点】选项组下方的【拾取点】按钮,拾取如图 9-62 所示的点,按【Enter】键进行确认,返回至【块定义】对话框,单击【确定】按钮即可。

Step 10 此时洗衣机对象已经编辑成块了,效果如图 9-63 所示。

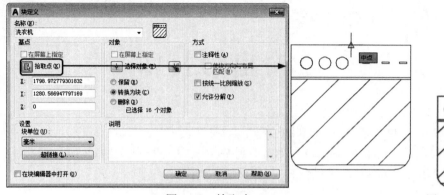

图 9-62 拾取点　　　　　　　　图 9-63 洗衣机图块

增值服务：扫码做测试题，并可观看讲解测试题的微课程。

第 10 章 输出与打印

在 AutoCAD 2017 中绘制完图形后，用户可以通过打印机进行图形输出，也可以创建 Web 格式的文件（DWF），以及发布 AutoCAD 图形文件到 Web 页中，并输送到站点上以供其他用户通过 Internet 访问，还可以创建成文件以供其他应用程序使用。

10.1 模型空间和布局空间

在进行图纸输出以前，首先必须确定所需的图形图纸已经绘制完成，在图纸的图幅限定下确定图纸输出的比例，并且进行布局排版，最后打印出图。在进行图纸输出以前，必须掌握模型空间和布局空间的概念。

10.1.1 模型空间

在 AutoCAD 2017 中，有两种截然不同的环境（或空间），从中可以创建图形中的对象。使用模型空间可以创建和编辑模型，使用布局空间可以构造图纸和定义视图。

通常，由几何对象组成的模型是在【模型空间】的三维空间中创建的，特定视图的最终布局和此模型的注释是在【图纸空间】的二维空间中创建的。人们在模型空间中绘制并编辑模型，而且 AutoCAD 在开始运行时就会自动默认为模型空间。

可以在绘图区域底部附近的两个或多个选项卡上访问这些空间：【模型】选项卡及一个或多个【布局】选项卡。

激活【模型】选项卡的方法如下。

- 切换至【模型】选项卡。
- 在任何【布局】选项卡上右击，在弹出的快捷菜单中执行【激活模型选项卡】命令。

 提 示

> 如果【模型】选项卡和【布局】选项卡都处于隐藏状态，则单击位于应用程序窗口底部状态栏上的【模型】按钮。

10.1.2 布局空间

布局空间是为图纸打印输出而量身定做的，在布局空间中，可以轻松地完成图形的打印与发布。在使用布局空间时，所有不同比例的图形都可以按 1∶1 比例出图，而且图纸空间的视窗由用户自己定义，可以使用任意尺寸和形状。相对于模型空间，布局空间环境在打印出图方面更方便，也更准确。在布局空间中，不需要对标题栏图块及文本等进行缩放操作，可以节省许多时间。

第 10 章 输出与打印

布局空间作为模拟图纸的平面空间，可以理解为覆盖在模型空间上的一层不透明的纸，需要从布局空间中看模型空间的内容时，必须进行开【视口】操作，也就是【开窗】。布局空间是一个二维空间，在模型空间中完成的图形是不可再编辑的。布局空间是图纸布局环境，可以在这里指定图纸大小、添加标题栏、显示模型的多个视图，以及创建图形标注和注释等。

10.1.3 模型空间与布局空间的切换

在 AutoCAD 2017 中，可以进行模型空间和布局空间的相互切换，也可以创建和管理打印布局。

提 示

也可以在状态栏中单击【模型】或者【布局】按钮进行切换，如图 10-1、图 10-2 所示。

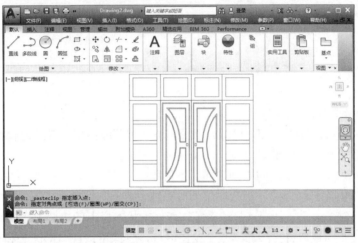

图 10-1 模型空间

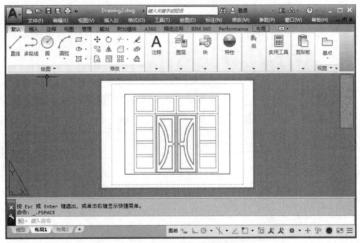

图 10-2 布局空间

10.2 布局的管理

布局是从 AutoCAD 2000 开始在图纸空间中增加的新选项，通过它可以为一幅图设置多个不同的布局。布局作为一种空间环境，模拟图纸页面，在图纸的可打印区域显示图形视图，进行直观的打印设置。

10.2.1 布局

每个布局都代表一张单独的打印输出图纸，创建新布局后，就可以在布局中创建浮动视口。视口中的各个视图都可以使用不同的打印比例，并能够控制视口中图层的可见性。在默认情况下，新图形最开始有两个【布局】选项卡，即【布局1】和【布局2】。如果使用图形样板或打开现有图形，图形中的【布局】选项卡可能以不同名称命名。

可以使用【创建布局】向导创建新布局。要执行该命令，可以在命令行中输入 LAYOUTWIZARD，向导会提示有关布局设置的信息，包括如下：

- 新布局的名称。
- 与布局相关联的打印机。
- 布局要使用的图纸尺寸。
- 图形在图纸上的方向。
- 标题栏。
- 视口设置信息。
- 布局中视口配置的位置。

可以从布局视口访问模型空间，以编辑对象、冻结和解冻图层，以及调整视图等。创建视口对象后，可以从布局视口访问模型空间，以执行以下任务：

- 在布局视口内部的模型空间中创建和修改对象。
- 在布局视口内部平移视图并更改图层的可见性。

当有多个视口时，如果要创建或修改对象，请使用状态栏上的【最大化视口】按钮最大化布局视口。最大化的布局视口将扩展布满整个绘图区域，将保留该视口的圆心和布局可见性设置，并显示周围的对象。

在模型空间中可以进行平移和缩放操作，但是恢复视口返回图纸空间后，也将恢复布局视口中对象的位置和比例。

 提 示

可以在图形中创建多个布局，每个布局都可以包含不同的打印设置和图纸尺寸。但是为了避免在转换和发布图形时出现混淆，通常建议每个图形只创建一个布局。

10.2.2 管理布局

AutoCAD 中的布局命令可实现布局的创建、删除、复制、保存和重命名等各种操作。创建布局以后，可以继续在模型空间中进行绘制并编辑图形，在 AutoCAD 2017 中，可以采用以下两种方法管理布局。

- 在【布局】选项卡上右击，弹出如图 10-3 所示的快捷菜单，可以管理布局。
- 在命令行中输入 LAYOUT 命令，并按【Enter】键确定。

图 10-3 快捷菜单

10.3 视口

在 AutoCAD 2017 中，用户可以创建多个视口，以便显示不同的视图。视口就是指显示用户模型的不同视图区域，可以将整个绘图区域划分成多个部分，每个部分作为一个单独的视口。各个视口可以独立地进行缩放和平移，但是各个视口能够同步进行图形的绘制，对一个视口中图形的修改可以在别的视口中体现出来。通过单击不同的视口区域，可以在不同的视口之间进行切换。

10.3.1 创建视口

在 AutoCAD 2017 中，视口可以分成两种类型：平铺视口和浮动视口。在绘图时，为了方便编辑，常常需要将图形的局部进行放大，以显示细节。当需要观察图形的整体效果时，仅使用单一的绘图视口已无法满足需要。此时可使用 AutoCAD 的平铺视口功能，在模型空间中将绘图窗口划分为若干视口。而在布局空间中创建视口时，可以确定视口的大小，并且可以将其定位于布局空间的任意位置，因此，布局空间的视口通常称为浮动视口。

1．创建平铺视口

在菜单栏执行【视图】|【视口】|【新建视口】命令，弹出【视口】对话框，如图 10-4 所示。在【新建视口】选项卡中可以显示标准视口配置列表和创建并设置新平铺视口，如图 10-5 所示。

图 10-4 【视口】对话框

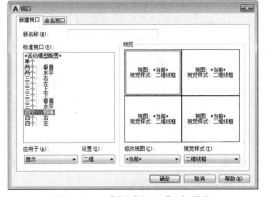

图 10-5 【新建视口】选项卡

2．创建浮动视口

在布局空间中，用户可调用【视口】对话框来创建一个或多个矩形浮动视口，如同在模型空间中创建平铺视口一样。

3．创建多边形视口

在 AutoCAD 中，还可以创建非标准浮动视口，如图 10-6 所示，创建多边形视口的方法有以下两种。

- 执行【视图】|【视口】|【多边形视口】命令。
- 单击【视口】工具栏中的【多边形视口】按钮。

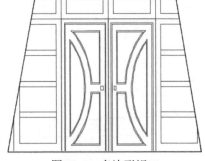

图 10-6 多边形视口

 提　示

在创建多边形视口时，一定要先切换到布局空间，该命令才能够使用。

10.3.2 显示控制浮动视口

在设置布局时，可以将视口视为模型空间中的视图对象，对它进行移动和调整大小。浮动视口可以相互重叠或者分离。因为浮动视口是 AutoCAD 对象，所以在图纸空间中排放布局时不能编辑模型，要编辑模型必须切换到模型空间。将布局中的视口设为当前后，就可以在浮动视口中处理模型空间对象了。在模型空间中的一切修改都将反映到所有图纸空间视口中。

在浮动视口中，还可以在每个视口选择性地冻结图层。冻结图层后，就可以查看每个浮动视口中的不同几何对象。通过在视口中平移和缩放，还可以指定显示不同的视图。

- 删除、新建和调整浮动视口：在布局空间中，选择浮动视口边界，然后按【Delete】键即可删除浮动视口。删除浮动视口后，执行【视图】|【视口】|【新建视口】命令，可以创建新的浮动视口，此时需要指定创建浮动视口的数量和区域，如图 10-7 所示。

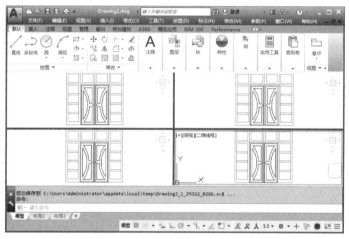

图 10-7 创建新的浮动视口

- 在浮动视口中旋转视图。
- 在浮动视口中，执行 MVSETUP 命令后根据命令提示可以旋转整个视图。
- 最大化与还原视图：在命令行中输入 VPMAX 命令或者 VPMIN 命令，并且选择要处理的视图即可，或者双击浮动视口的边界也可以，如图 10-8 所示。

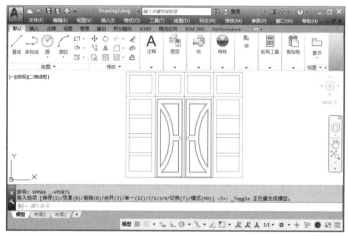

图 10-8 还原视图

- 设置视口的缩放比例：单击当前的浮动视口，在状态栏的【注释比例】列表框中选择需要的比例，如图 10-9 所示。

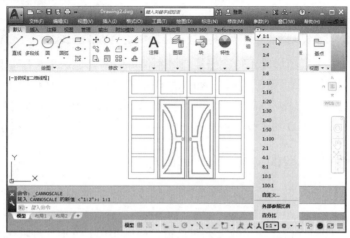

图 10-9　设置视口的缩放比例

10.3.3　编辑视口

可以在 AutoCAD 中对视口进行编辑，如剪裁视口、独立控制浮动视口的可见性，以及对齐两个浮动视口中的视图和锁定视口等。

1．剪裁视口

可以在命令行中输入 VPCLIP 命令并按【Enter】键，或者先选择视口再右击，在弹出的快捷菜单中执行【视口剪裁】命令，如图 10-10 所示。

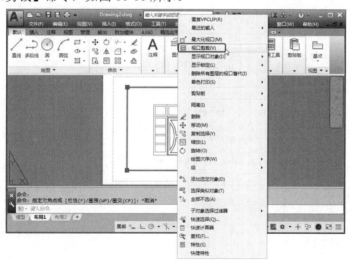

图 10-10　执行【视口剪裁】命令

2．锁定视口视图

在图纸空间选择视口并右击，在弹出的快捷菜单中选择【显示锁定】命令，在弹出的子菜单中选择【是】或者【否】命令，可以锁定或者解锁浮动视口。视口锁定的是视图的显示参数，并不影响视口本身的编辑。

3．对齐两个浮动视口中的视图

可以在命令行中输入 MOVE 命令并按【Enter】键，选择要移动的对象，移动到视图对齐。

也可以在命令行中输入 MVSETUP 命令并按【Enter】键，选择相应的视图并且对齐。

10.4 输出图形文件

AutoCAD 2017 提供了图形输入与输出接口。不仅可以将其他应用程序中处理好的数据传送给 AutoCAD，以显示其图形，还可以将在 AutoCAD 中绘制好的图形打印出来，或者把它们的信息传送给其他应用程序。此外，AutoCAD 2017 强化了 Internet 功能，可以创建 Web 格式的文件（DWF），以及发布 AutoCAD 图形文件到 Web 页。

10.4.1 输出为其他类型的文件

在 AutoCAD 2017 中，执行图形文件输出命令的方法如下。

- 命令：EXPORT。

调用该命令后，即可弹出【输出数据】对话框，如图 10-11 所示。可以在【保存于】下拉列表框中设置文件输出的路径，在【文件名】文本框中输入文件名称，在【文件类型】下拉列表框中选择文件的输出类型，如【图元文件】、ACIS、【平板印刷】、【封装 PS】、【DXX 提取】、【位图】、3D Studio 及块等。

图 10-11 【输出数据】对话框

设置文件的输出路径、名称及文件类型后，单击对话框中的【保存】按钮，将切换到绘图窗口中，可以选择需要以指定格式保存的对象。

10.4.2 打印输出到文件

对于打印输出到文件，在设计工作中常用的是输出为光栅图像。在 AutoCAD 2017 中，打印输出时，可以将 DWG 的图形文件输出为 JPG、BMP、TIF、TGA 等格式的光栅图像，以便在其他图像软件中如 Photoshop 中进行处理，还可以根据需要设置图像大小。

10.4.3 实例——添加绘图仪

本例讲解如何添加绘图仪，操作步骤如下。

Step 01 如果系统中为用户提供了所需图像格式的绘图仪，可以直接选用，若系统中没有所需图

像格式的绘图仪，则需要利用【添加绘图仪向导】进行添加。在菜单栏中执行【文件】|【绘图仪管理器】命令，如图 10-12 所示，此时弹出如图 10-13 所示的对话框。

图 10-12　执行【绘图仪管理器】命令

图 10-13　添加绘图仪对话框

Step 02 双击【添加绘图仪向导】快捷方式图标，弹出【添加绘图仪-简介】对话框，如图 10-14 所示。

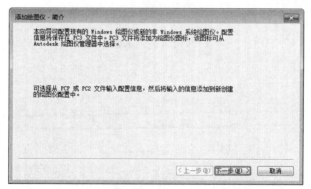
图 10-14　【添加绘图仪-简介】对话框

Step 03 单击【下一步】按钮，弹出【添加绘图仪-开始】对话框，如图 10-15 所示，选中【我的电脑】单选按钮。

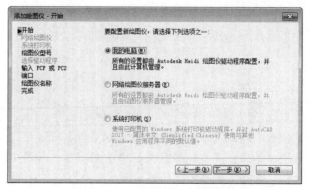
图 10-15　选中【我的电脑】单选按钮

Step 04 单击【下一步】按钮,弹出【添加绘图仪-绘图仪型号】对话框,如图10-16所示。在【生产商】列表框中选择【光栅文件格式】选项,在【型号】列表框中选择【TIFF Version6(不压缩)】选项。

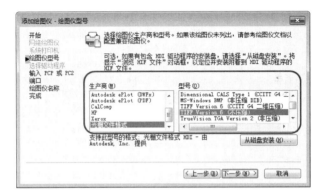

图 10-16 【添加绘图仪-绘图仪型号】对话框

Step 05 单击【下一步】按钮,弹出【添加绘图仪-输入 PCP 或 PC2】对话框,如图10-17所示。

Step 06 单击【下一步】按钮,弹出【添加绘图仪-端口】对话框,如图10-18所示。

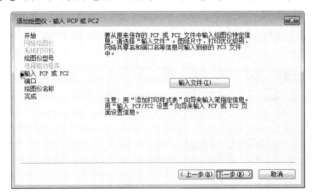

图 10-17 【添加绘图仪-输入 PCP 或 PC2】对话框

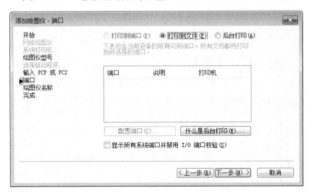

图 10-18 【添加绘图仪-端口】对话框

Step 07 单击【下一步】按钮,弹出【添加绘图仪-绘图仪名称】对话框,如图10-19所示。

Step 08 单击【下一步】按钮,弹出【添加绘图仪-完成】对话框,如图10-20所示。

Step 09 单击【完成】按钮,即可完成绘图仪的添加操作。

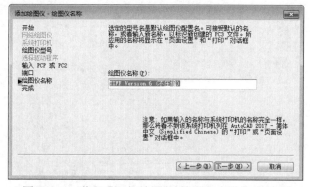

图 10-19　弹出【添加绘图仪-绘图仪名称】对话框

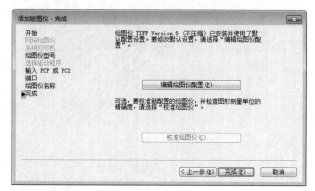

图 10-20　弹出【添加绘图仪-完成】对话框

10.4.4　实例——设置图像尺寸

本例讲解如何在输出时设置图像尺寸，操作步骤如下。

Step 01 在菜单栏中执行【文件】|【打印】命令，弹出【打印-模型】对话框，在【打印机/绘图仪】选项组中选择【PublishToWeb PNG.pc3】选项，然后在【图纸尺寸】选项组中选择合适的图纸尺寸。

Step 02 如果选项中所提供的尺寸不能满足要求，可以单击【名称】右侧的【特性】按钮，弹出【绘图仪配置编辑器-PublishToWeb PNG.pc3】对话框，选择【自定义图纸尺寸】选项，如图 10-21 所示。

Step 03 单击【添加】按钮，弹出【自定义图纸尺寸-开始】对话框，如图 10-22 所示，选中【创建新图纸】单选按钮。

Step 04 单击【下一步】按钮，弹出【自定义图纸尺寸-介质边界】对话框，如图 10-23 所示，设置图纸的宽度、高度等。

Step 05 单击【下一步】按钮，弹出【自定义图纸尺寸-图纸尺寸名】对话框，如图 10-24 所示。

图 10-21　选择【自定义图纸尺寸】选项

Step 06 单击【下一步】按钮，弹出【自定义图纸尺寸-完成】对话框，如图 10-25 所示。

图 10-22 【自定义图纸尺寸-开始】对话框

图 10-23 设置图纸的宽度、高度

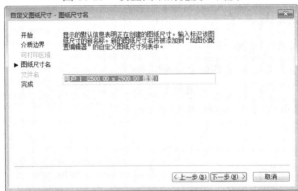

图 10-24 【自定义图纸尺寸-图纸尺寸名】对话框

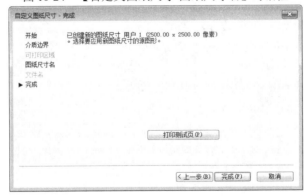

图 10-25 【自定义图纸尺寸-完成】对话框

10.4.5 实例——输出图像

本例介绍如何输出图像，操作步骤如下。

Step 01 在【打印-模型】对话框中，参照前面的方法设置好相关参数。

Step 02 单击【确定】按钮，弹出【浏览打印文件】对话框，如图 10-26 所示。在【文件名】文本框中输入文件名，然后单击【保存】按钮，完成打印，最终完成将 DWG 图形输出为光栅图形的操作。

图 10-26 【浏览打印文件】对话框

10.4.6 网上发布

利用提供的网上发布向导，即使用户不熟悉 HTML 编码，也可以方便、迅速地创建格式化的 Web 页，该 Web 页包含 AutoCAD 图形的 DWF、PNG 或 JEPG 图像。一旦创建了 Web 页，就可以将其发布到 Internet 上。

执行网上发布操作的命令为 PUBLISHTOWEB。

10.5 打印样式

为了使打印出的图形更符合要求，在对图形对象进行打印之前，应先创建需要的打印样式，在设置打印样式后还可以对其进行编辑。

10.5.1 创建打印样式表

创建打印样式表是在【打印-模型】对话框中进行的，打开该对话框的方法有以下 4 种。

- 单击快速访问区中的【打印】按钮。
- 单击【菜单浏览器】按钮，在弹出的菜单中执行【文件】|【打印】命令。
- 直接按【Ctrl+P】组合键。
- 在命令行中执行 PLOT 命令。

创建打印样式表的具体操作过程如下。

Step 01 单击快速访问区中的【打印】按钮，弹出【打印-模型】对话框，在【打印样式表】下拉列表中选择【新建】选项，如图 10-27 所示。

图 10-27　选择【新建】选项

Step 02 弹出【添加颜色相关打印样式表-开始】对话框，选中【创建新打印样式表】单选按钮，然后单击【下一步】按钮，如图 10-28 所示。

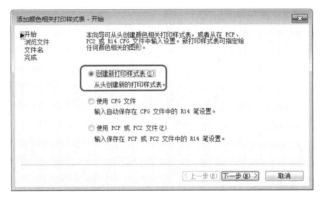

图 10-28　选中【创建新打印样式表】单选按钮

Step 03 弹出【添加颜色相关打印样式表-文件名】对话框，在【文件名】文本框中输入【平面图】文本，单击【下一步】按钮，如图 10-29 所示。

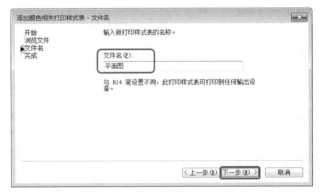

图 10-29　输入【平面图】文本

Step 04 弹出【添加颜色相关打印样式表-完成】对话框，单击【完成】按钮，如图 10-30 所示，完成打印样式表的创建。

第 10 章　输出与打印

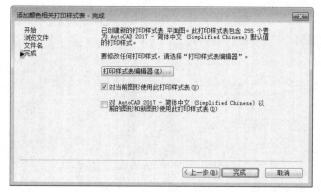

图 10-30　【添加颜色相关打印样式表-完成】对话框

10.5.2　编辑打印样式表

编辑打印样式表的具体操作步骤如下。

Step 01 在菜单栏中执行【文件】|【打印样式管理器】命令，打开系统保存打印样式表的文件夹，双击要修改的打印样式表，这里双击名为 DWF Virtual Pens.ctb 的打印样式表，如图 10-31 所示。

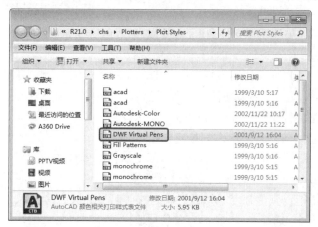

图 10-31　双击 DWF Virtual Pens.ctb 的打印样式表

Step 02 弹出【打印样式表编辑器-DWF Virtual Pens.ctb】对话框，切换至【表视图】选项卡，在该选项卡下选择需要修改的选项，这里在【线宽】右侧的第一个下拉列表中选择 0.3000 毫米选项，如图 10-32 所示。

Step 03 切换至【表格视图】选项卡，在【特性】选项组中可以设置对象打印的颜色、抖动、灰度等，这里在【特性】选项组的【颜色】下拉列表中选择【蓝】选项，然后单击【保存并关闭】按钮，如图 10-33 所示。

在【打印样式表编辑器】对话框的【表格视图】选项卡中，部分选项的含义如下。

- 【颜色】选项：指定对象的打印颜色。打印样式颜色的默认设置为【使用对象颜色】。如果指定打印样式颜色，在打印时该颜色将替代使用对象的颜色。
- 【抖动】选项：打印机采用抖动来靠近点图案的颜色，使打印颜色看起来似乎比 AutoCAD 颜色索引（ACI）中的颜色要多。如果绘图仪不支持抖动，将忽略抖动设置。为避免由细矢量抖动所带来的线条打印错误，抖动通常是关闭的。关闭抖动还可以使较暗的颜色看起来更清晰。在关闭抖动时，AutoCAD 将颜色映射到最接近的颜色，从而导致打印时颜色范围较小，无论使用对象颜色还是指定打印样式颜色，都可以使用抖动。

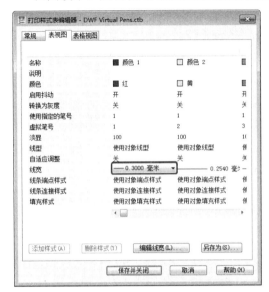

图 10-32　选择 0.3000 毫米选项

图 10-33　设置特性的颜色

- 【灰度】选项：如果绘图仪支持灰度，则将对象颜色转换为灰度。如果关闭【灰度】选项，AutoCAD 将使用对象颜色的 RGB 值。
- 【笔号】选项：指定打印使用该打印样式的对象时要使用的笔。可用笔的范围为 1～32。如果将打印样式颜色设置为【使用对象颜色】，或正编辑颜色相关打印样式表中的打印颜色，则不能更改指定的笔号，其设置为【自动】。
- 【虚拟笔号】选项：在 1～255 之间指定一个虚拟笔号。许多非笔式绘图仪都可以使用虚拟笔模仿笔式绘图仪。对于许多设备而言，都可以在绘图仪的前面板上对笔的宽度、填充图案、端点样式、合并样式和颜色淡显进行设置。
- 【淡显】选项：指定颜色强度。该设置确定打印时 AutoCAD 在纸上使用的墨的多少。有效范围为 0～100。选择 0 将显示为白色；选择 100 将以最大的浓度显示颜色。要启用淡显，则必须将【抖动】选项设置为【开】。
- 【线型】选项：用样例和说明显示每种线型的列表。打印样式线型的默认设置为【使用对象线型】。如果指定一种打印样式线型，则打印时该线型将替代对象的线型。
- 【自适应】选项：调整线型比例以完成线型图案。如果未将【自适应】选项设置为【开】，直线将有可能在图案的中间结束。如果线型缩放比例更重要，那么应先将【自适应】选项设为【关】。
- 【线宽】选项：显示线宽及其数字值的样例。可以毫米为单位指定每个线宽的数值。打印样式线宽的默认设置为【使用对象线宽】。如果指定一种打印样式线宽，打印时该线宽将替代对象的线宽。
- 【端点】选项：提供线条端点样式，如柄形、方形、圆形和菱形。线条端点样式的默认设置为【使用对象端点样式】。如果指定一种直线端点样式，打印时该直线端点样式将替代对象的线端点样式。
- 【连接】选项：提供线条连接样式，如斜接、倒角、圆形和菱形。线条连接样式的默认设置为【使用对象连接样式】。如果指定一种直线合并样式，打印时该直线合并样式将替代对象的线条合并样式。

- 【填充】选项：提供填充样式，如实心、棋盘形、交叉线、菱形、水平线、左斜线、右斜线、方形点和垂直线。填充样式的默认设置为【使用对象填充样式】。如果指定一种填充样式，打印时该填充样式将替代对象的填充样式。
- 【添加样式】按钮：向命名打印样式表添加新的打印样式。打印样式的基本样式为【普通】，它使用对象的特性，不默认使用任何替代样式。创建新的打印样式后必须指定要应用的替代样式。颜色相关打印样式表包含 255 种映射到颜色的打印样式，不能向颜色相关打印样式表中添加新的打印样式，也不能向包含转换表的命名打印样式表中添加打印样式。
- 【删除样式】按钮：从打印样式表中删除选定样式。被指定了这种打印样式的对象将以【普通】样式打印，因为该打印样式已不再存在于打印样式表中。不能从包含转换表的命名打印样式表中删除打印样式，也不能从颜色相关打印样式表中删除打印样式。
- 【编辑线宽】按钮：单击此按钮将弹出【编辑线宽】对话框。共有 28 种线宽可以应用于打印样式表中的打印样式。如果存储在打印样式表中的线宽列表不包含所需的线宽，可以对现有的线宽进行编辑。不能在打印样式表的线宽列表中添加或删除线宽。

10.6 保存与调用打印设置

保存打印设置在以后打印相同图形对象时可以将其调出使用，可以节省再次进行打印设置的时间。

10.6.1 保存打印设置

下面讲解如何保存打印设置，其具体操作步骤如下。

Step 01 启动 AutoCAD 2017，单击快速访问区中的【打印】按钮，弹出【打印-模型】对话框。
Step 02 在【页面设置】选项组中单击【添加】按钮，如图 10-34 所示，弹出【添加页面设置】对话框，在【新页面设置名】文本框中输入要保存的打印设置名称，这里输入【室内】，然后单击【确定】按钮，如图 10-35 所示。当保存图形文件时，即可将打印参数一起保存。

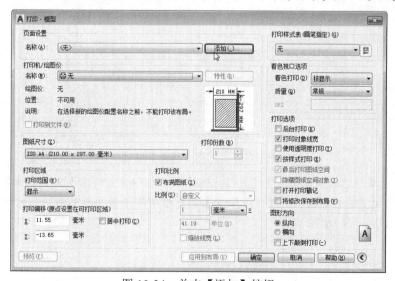

图 10-34　单击【添加】按钮

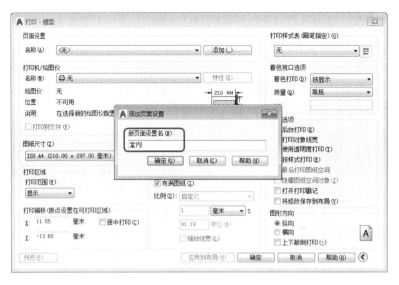

图 10-35　【添加页面设置】对话框

10.6.2　调用打印设置

将打印设置保存到计算机中后，在需要时即可调用该设置，具体操作步骤如下。

Step 01 启动 AutoCAD 2017，单击快速访问区中的【打印】按钮，弹出【打印-模型】对话框，在【页面设置】选项组的【名称】下拉列表中选择【输入】选项，如图 10-36 所示。

图 10-36　选择【输入】选项

Step 02 弹出【从文件选择页面设置】对话框，选择保存打印设置的图形文件，如图 10-37 所示。弹出【输入页面设置】对话框，在【页面设置】列表框中显示该图形文件中的打印设置名称，单击【确定】按钮，如图 10-38 所示。

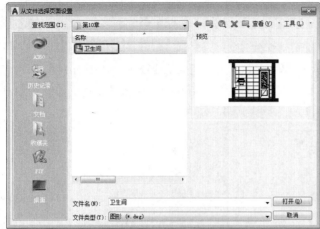

图 10-37 选择图形文件

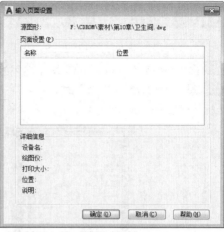

图 10-38 【输入页面设置】对话框

10.7 打印预览及打印

打印预览的效果和打印输出后的效果是完全相同的，打印预览的具体操作步骤如下。

Step 01 启动 AutoCAD 2017，单击快速访问区中的【打印】按钮，弹出【打印-模型】对话框，对打印样式进行设置。

Step 02 单击【预览】按钮，进入打印预览状态，效果如图 10-39 所示。若打印预览效果符合要求，即可单击【打印】按钮打印图形对象，如图 10-40 所示。

打印预览状态下工具栏中各按钮的功能如下。

- 【打印】按钮：单击该按钮可直接打印图形文件。
- 【平移】按钮：该功能与视图缩放中的平移操作相同，这里不再赘述。
- 【缩放】按钮：单击该按钮后，光标变成形状，按住鼠标左键向下拖动鼠标，图形文件视图窗口变小，向上拖动鼠标，图形文件视图窗口变大。
- 【窗口缩放】按钮：单击该按钮光标变成形状，框选图形文件，视图中的图形文件会变大。
- 【缩放为原窗口】按钮：单击该按钮还原窗口。
- 【关闭】按钮：单击该按钮退出打印预览窗口。

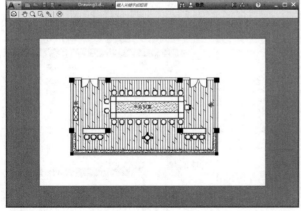

图 10-39 打印预览图形

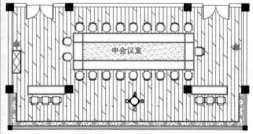

图 10-40 打印图形对象

10.8 综合应用——打印立面图

本节将讲解如何打印立面图，以巩固前面所学知识。

Step 01 启动软件后，打开配套资源中的素材\第 10 章\【卫生间.dwg】文件，如图 10-41 所示。

Step 02 弹出【打印-模型】对话框，单击【名称】后的【添加】按钮，弹出【添加页面设置】对话框，设置一个新的名称，用户可以随意设置，如图 10-42 所示。

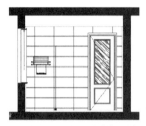

图 10-41 打开素材文件　　　　　　图 10-42 设置新页面名称

Step 03 在【打印机/绘图仪】组中选择一种打印机，如果没有安装打印机，可以选择 PublishToweb JPG.pc3 选项，如图 10-43 所示。

Step 04 弹出【打印-未找到图纸尺寸】对话框，选择【使用默认图纸尺寸 SunHi-Res（1600.00×1280.00 像素）】选项，如图 10-44 所示。

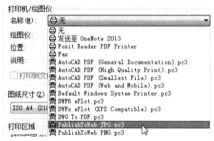
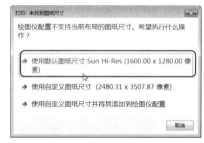

图 10-43 选择打印机　　　　　　图 10-44 【打印-未找到图纸尺寸】对话框

Step 05 在弹出的【打印-模型】对话框的【打印区域】组中将【打印范围】设为【窗口】，如图 10-45 所示。在场景中框选绘制的图形，如图 10-46 所示。

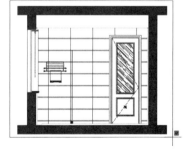

图 10-45 设置打印范围　　　　　　图 10-46 框选绘制的图形

Step 06 将【图形方向】设置为【横向】，单击【预览】按钮，如图 10-47 所示。

图 10-47　设置图形方向

Step 07　进行预览，效果如图 10-48 所示。

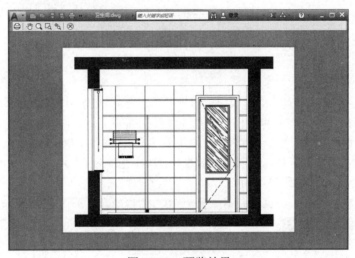

图 10-48　预览效果

增值服务：扫码做测试题，并可观看讲解测试题的微课程。

第 11 章 绘制室内常用图例

本章主要介绍了如何绘制室内基本图形，以及这些图形的绘制方法，使读者能够灵活地理解并运用图形的含义、类型和尺寸。

11.1 门的绘制

在室内设计过程中，门的绘制是必不可少的，本节将重点讲解各种门的绘制方法，在实际操作过程中用户可以根据需要设置不同的门的宽度。

11.1.1 绘制单开门

单开门是供人日常生活活动进出的门，门扇高度常在 1 900~2 100mm，宽度单扇门为 800~1 000mm，本例将介绍如何绘制单开门，其具体操作步骤如下。

Step 01 使用【矩形】工具，绘制一个长度为长度为 820、宽度为 2 060 的矩形，如图 11-1 所示。
Step 02 再次使用【矩形】工具，绘制一个长度为 720、宽度为 2 000 的矩形，然后使用【移动】工具，移动对象的位置，如图 11-2 所示。
Step 03 使用【偏移】工具，将偏移距离设置为 20，偏移矩形，如图 11-3 所示。

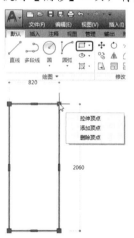 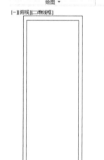 

图 11-1 绘制矩形　　　　图 11-2 移动矩形的位置　　　　图 11-3 偏移对象

Step 04 使用【矩形】工具，绘制一个长度为 507、宽度为 820 的矩形，如图 11-4 所示。
Step 05 使用【偏移】工具，将偏移距离设置为 20，并使用【圆弧】工具，绘制圆弧，效果如图 11-5 所示。
Step 06 使用【修剪】工具，修剪对象，如图 11-6 所示。

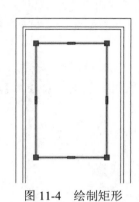 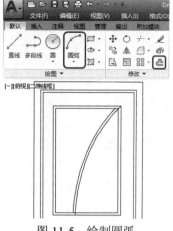

图 11-4 绘制矩形　　　　　　　图 11-5 绘制圆弧

Step 07 使用【镜像】工具，镜像修剪后的图形，指定 A 点和 B 点作为镜像的第一点和第二点，如图 11-7 所示。

Step 08 使用【直线】和【圆弧】工具，绘制图形，效果如图 11-8 所示。

 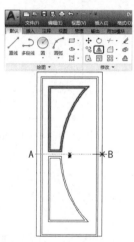 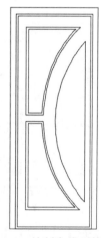

图 11-6 修剪矩形对象　　　　图 11-7 镜像对象　　　　图 11-8 绘制完成后的效果

Step 09 使用【偏移】工具，将绘制的直线和圆弧向内偏移，如图 11-9 所示。

Step 10 使用【修剪】工具，修剪对象，效果如图 11-10 所示。

Step 11 使用【矩形】工具，绘制一个长度为 45、宽度为 40 的矩形，最终效果如图 11-11 所示。

图 11-9 偏移对象　　　　图 11-10 修剪对象　　　　图 11-11 最终效果

11.1.2 绘制双开门

双开门是指两个门扇的门。一般在门洞宽度较大时，为了开启方便与美观而设计成双开门。其中一个门扇安装锁具。另一个门安装枷锁并附带插销。本例将介绍如何绘制双开门，其具体操作步骤如下。

Step 01 使用【矩形】工具，绘制一个长度为 2 040、宽度为 2 120 的矩形，如图 11-12 所示。

Step 02 使用【矩形】工具，绘制一个长度为 1 800、宽度为 2 000 的矩形，并使用【移动】工具，移动矩形的位置，如图 11-13 所示。

Step 03 使用【矩形】工具，绘制两个长度为 700、宽度为 410 的矩形，再绘制一个长度为 700、宽度为 905 的矩形，适当调整矩形的位置，如图 11-14 所示。

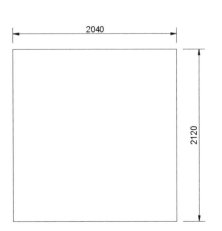

图 11-12　绘制矩形　　　图 11-13　绘制矩形并调整其位置　　　图 11-14　绘制矩形并调整位置

Step 04 将选中的矩形进行分解，如图 11-15 所示。

Step 05 使用【偏移】工具，将上侧边依次向下偏移 305、20、115、20、115、20，如图 11-16 所示。

Step 06 使用【图案填充】工具，将【图案填充图案】设置为【AR-SAND】，将【填充图案比例】设置为 2，然后填充对象，如图 11-17 所示。

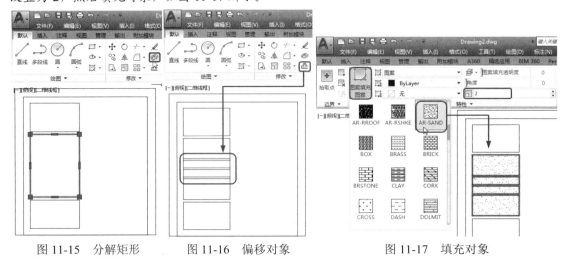

图 11-15　分解矩形　　　图 11-16　偏移对象　　　图 11-17　填充对象

Step 07 按【Enter】键确定，使用【直线】工具，绘制直线，效果如图 11-18 所示。

Step 08 使用【镜像】工具，对图形进行镜像，效果如图 11-19 所示。

图 11-18 绘制直线

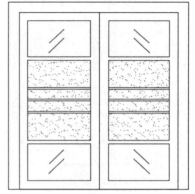

图 11-19 镜像图像后效果

11.1.3 绘制推拉门

本例将介绍如何绘制推拉门，其特点是不占用空间，具体操作步骤如下。

Step 01 使用【矩形】工具，绘制一个长度为 1 200、宽度为 2 300 的矩形，如图 11-20 所示。

Step 02 使用【矩形】工具，绘制两个长度为 570、宽度为 2 270 的矩形，并调整两个矩形的位置，如图 11-21 所示。

图 11-20 绘制矩形

图 11-21 绘制矩形并调整位置

Step 03 使用【矩形】工具，绘制两个长度为 570、宽度为 2 210 的矩形，适当调整矩形的位置，如图 11-22 所示。

Step 04 将【图案填充图案】设置为【AR-RROOF】，将【角度】设置为 45，将【填充图案比例】设置为 50，然后进行填充，如图 11-23 所示。

Step 05 使用【分解】工具,将填充后的图案进行分解,将选中的线段删除,如图 11-24 所示。

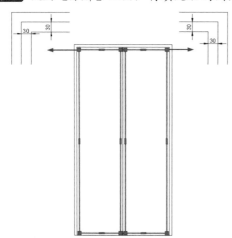

图 11-22 调整矩形的位置

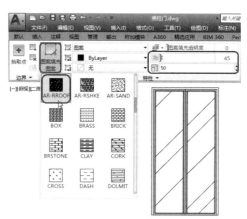

图 11-23 填充对象

Step 06 使用【多段线】工具,绘制多段线,如图 11-25 所示。

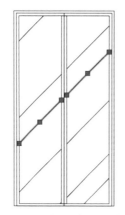

图 11-24 分解图案并删除对象

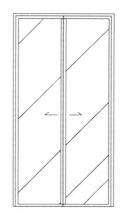

图 11-25 绘制多段线

11.1.4 绘制车库升降门

下面通过实例来讲解如何绘制车库升降门,其具体操作步骤如下。

Step 01 使用【矩形】工具,绘制一个长度为 2 100、宽度为 1 950 的矩形,如图 11-26 所示。
Step 02 使用【矩形】工具,绘制一个长度为 1 920、宽度为 1 770 的矩形,并使用【移动】工具,调整对象的位置,如图 11-27 所示。

图 11-26 绘制矩形

图 11-27 绘制并调整矩形的位置

第 11 章 绘制室内常用图例

Step 03 将绘制的矩形进行分解，在命令行中输入【ARRAYRECT】命令，选择上侧边，将【列数】设置为 1，将【行数】设置为 15，将【介于】设置为-120，阵列矩形，如图 11-28 所示。

Step 04 按【Enter】键确定，效果如图 11-29 所示。

图 11-28 矩形阵列　　　　　　图 11-29 最终效果

11.2 窗的绘制

窗和门一样也是在绘制室内设计中不可或缺的。下面将讲解各种窗的绘制，包括平开窗、转角窗、百叶窗。

11.2.1 绘制平开窗

平开窗是最为常用的窗户。下面详细讲解平开窗的绘制，具体操作方法如下。

Step 01 使用【矩形】工具，绘制长度为 1 600、宽度为 240 的矩形，如图 11-30 所示。

Step 02 使用【分解】工具，将 Step 01 创建的矩形进行分解，然后使用【偏移】工具，将矩形的上下两侧边分别向内偏移 80，如图 11-31 所示。

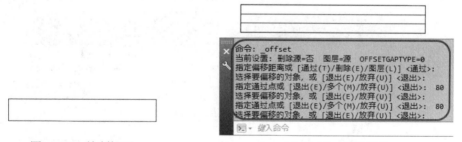

图 11-30 绘制矩形　　　　　　图 11-31 偏移对象

11.2.2 绘制转角窗

转角窗也是最为常用的窗户之一。下面讲解如何绘制转角窗，具体操作方法如下。

Step 01 使用【多段线】工具，绘制相互垂直长度为 1 300 的多段线，如图 11-32 所示。

Step 02 使用【偏移】工具，将偏移距离设为 80，以偏移后的多段线为偏移对象，如图 11-33 所示。

247

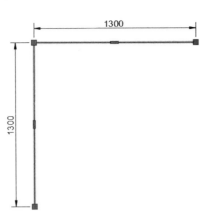

图 11-32 绘制多段线　　　　　　　图 11-33 偏移多段线

Step 03 使用【直线】工具，连接多段线的端点，如图 11-34 所示。

Step 04 使用【直线】工具，将直线长度设为 300，进行绘制，完成后的效果如图 11-35 所示。

Step 05 使用【直线】工具，绘制如图 11-36 所示的剖切符号。

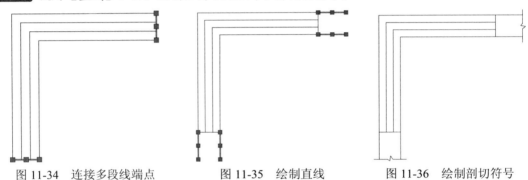

图 11-34 连接多段线端点　　图 11-35 绘制直线　　图 11-36 绘制剖切符号

11.2.3 绘制百叶窗

下面讲解如何绘制百叶窗，其具体操作步骤如下。

Step 01 使用【圆】工具，绘制一个半径为 270 的圆，如图 11-37 所示。

Step 02 使用【偏移】工具，将圆向内部偏移 40，如图 11-38 所示。

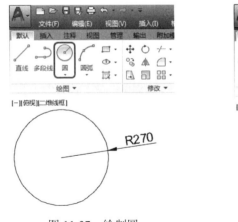

图 11-37 绘制圆　　　　　　　图 11-38 偏移对象

Step 03 在命令行中输入【HATCH】命令，将【图案填充图案】设置为【LINE】，将【填充图案比例】设置为 10，然后填充图案，如图 11-39 所示。

Step 04 按【Enter】键确定，效果如图 11-40 所示。

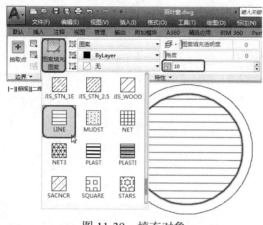

图 11-39　填充对象　　　　　　　　图 11-40　设置完成后的效果

11.3　电梯和楼梯的绘制

电梯和楼梯是室内设计中最为常用的，本节将对常用的电梯和楼梯的绘制进行详细讲解。

11.3.1　绘制电梯

本案例讲解如何绘制电梯，具体操作方法如下。

Step 01 使用【多段线】工具，在任意位置处指定第一点，将其向下引导鼠标，输入 4 500，向右引导鼠标，输入 1 200，向上引导鼠标，输入 4 500，如图 11-41 所示。

Step 02 使用【多段线】工具，指定任意一点，向下引导鼠标，输入 3 900，向右引导鼠标，输入 125，向上引导鼠标，输入 3 900，按【Enter】键确定，再次执行【多段线】命令，指定一点，向下引导鼠标，输入 3 775，向右引导鼠标，输入 50，向上引导鼠标，输入 3 375，并使用【移动】工具，调整其位置，如图 11-42 所示。

Step 03 选择如图 11-43 所示的多段线，使用【镜像】工具，对其进行镜像复制。

Step 04 使用【直线】工具，在如图 11-44 所示的位置处绘制直线。

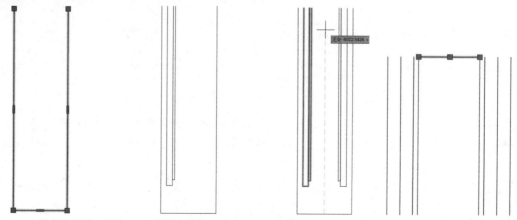

图 11-41　绘制多段线　　图 11-42　绘制多段线并调整其位置　　图 11-43　镜像对象　　图 11-44　绘制直线

Step 05 选中绘制的直线，在命令行中输入【ARRAYRECT】命令，将【列数】设置为1，将【行数】设置为13，将【介于】设置为-300，阵列矩形，如图11-45所示。

Step 06 按【Enter】键确定，使用【复制】工具，选择绘制的电梯，将其进行复制，然后使用【旋转】工具，将复制后的电梯进行旋转，如图11-46所示。

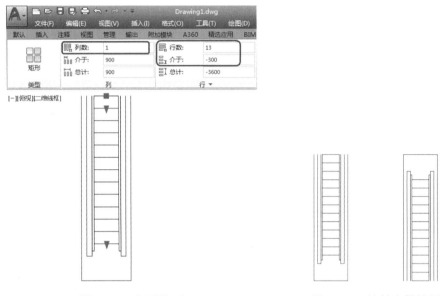

图11-45　矩形阵列　　　　　　　　图11-46　旋转电梯效果

11.3.2　绘制楼梯

下面讲解楼梯的绘制，其具体操作方法如下。

Step 01 使用【直线】工具，开启正交模式，绘制一条长度为3 600的水平直线，如图11-47所示。

Step 02 使用【多段线】和【移动】工具，绘制如图11-48所示的图形。

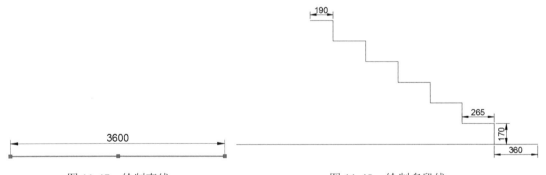

图11-47　绘制直线　　　　　　　　图11-48　绘制多段线

Step 03 使用【直线】工具，结合【145°极轴追踪】功能，绘制直线，如图11-49所示。

Step 04 使用【圆弧】工具，结合【端点捕捉】功能，依次输入点坐标值（@-215,75）和（@-233,-22），绘制圆弧，如图11-50所示。

Step 05 使用【偏移】工具，将垂直直线向左依次偏移11、26、60、25、1218、26、104、24，如图11-51所示。

Step 06 使用【复制】命令，将倾斜直角和圆弧进行复制操作，效果如图11-52所示。

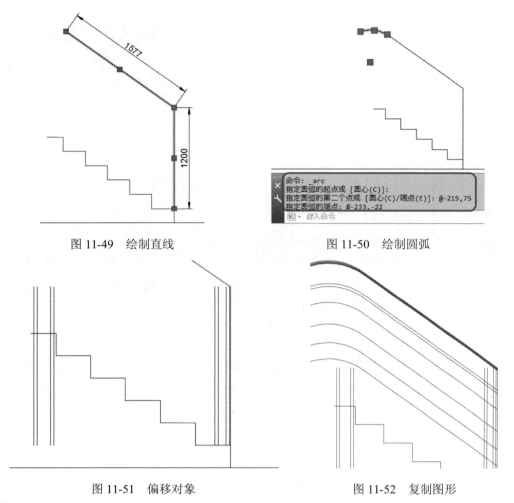

图 11-49 绘制直线　　　　图 11-50 绘制圆弧

图 11-51 偏移对象　　　　图 11-52 复制图形

Step 07 使用【延伸】工具，延伸图形，使用【修剪】工具，修剪图形，如图 11-53 所示。
Step 08 使用【多段线】工具，绘制如图 11-54 所示的多段线。

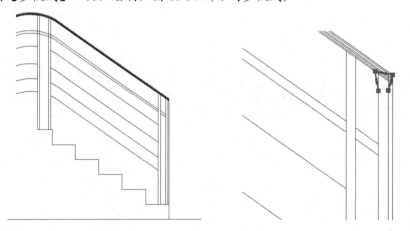

图 11-53 修剪图形　　　　图 11-54 绘制多段线

Step 09 使用【修剪】工具，修剪图形，如图 11-55 所示。

至此，楼梯就制作完成了，最终效果如图 11-56 所示。

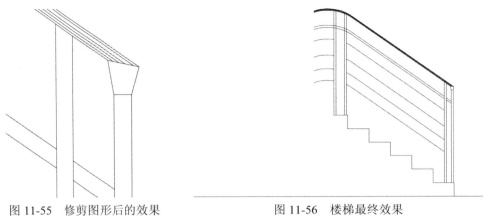

图 11-55　修剪图形后的效果　　　　图 11-56　楼梯最终效果

11.4　符号的绘制

在室内设计过程中，有些符号具有不同的意义，本节将重点讲解室内设计过程中常用的符号，包括立面指向符号、剖切符号、标高符号。

11.4.1　绘制立面指向符号

立面指向符号可以帮助用户在平面图中识别立面表现的区域，绘制的操作步骤如下。

Step 01 在命令行中输入【REC】命令，绘制一个长度为 130、宽度为 130 的矩形，如图 11-57 所示。

Step 02 在命令行中输入【RO】命令，将新绘制的矩形旋转 45°，如图 11-58 所示。

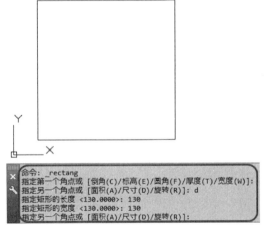 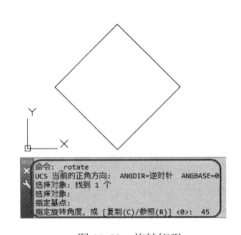

图 11-57　绘制矩形　　　　　　　　图 11-58　旋转矩形

Step 03 在命令行中输入【C】命令，以矩形的中心为基点，绘制一个半径为 65 的圆，如图 11-59 所示。

Step 04 在命令行中输入【LINE】命令，绘制直线，如图 11-60 所示。

Step 05 在命令行中输入 H 命令，将【填充图案】设置为【SOLID】图案，效果如图 11-61 所示。

Step 06 使用【多行文字】工具，将【文字高度】设置为 50，创建多行文字，绘制完成的立面指向符号效果如图 11-62 所示。

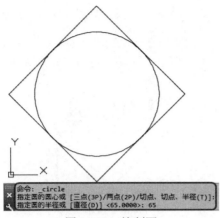
图 11-59　绘制圆

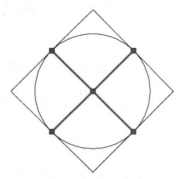
图 11-60　绘制直线

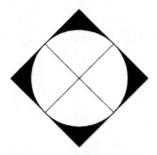
图 11-61　填充图形对象

图 11-62　立面指向符号

11.4.2　绘制剖切符号

剖切符号可以表现剖面图所表现的区域，剖切符号的绘制过程如下。

Step 01 使用【圆】工具绘制半径为 216 的圆，如图 11-63 所示。

Step 02 选择【直线】工具，绘制过圆心长度为 1 300 的直线，如图 11-64 所示。

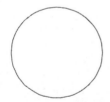
图 11-63　绘制圆

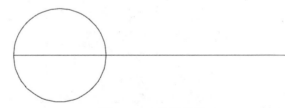
图 11-64　绘制直线

Step 03 使用【多行文字】工具，将【文字高度】分别设置为 120、100，如图 11-65 所示。

Step 04 使用【多段线】工具，将宽度设置为 3，在直线的右侧进行绘制，完成后的效果如图 11-66 所示。

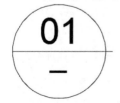
图 11-65　绘制多行文字

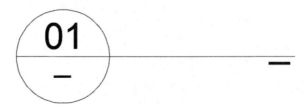
图 11-66　绘制完成后的剖切符号

11.4.3 绘制标高符号

标高符号可以表示室内某一部分的标高，例如，建筑标高或吊顶标高等。

Step 01 新建图纸文件，在命令行中输入【REC】命令，绘制一个长度为 80、宽度为 40 的矩形，如图 11-67 所示。

Step 02 在命令行中输入【LINE】命令，然后绘制直线，如图 11-68 所示。

图 11-67　绘制矩形

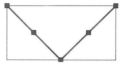
图 11-68　绘制直线

Step 03 在命令行中输入【X】命令，分解矩形，在命令行中输入【E】命令，删除直线，如图 11-69 所示。

Step 04 在命令行中输入【LEN】命令，在命令行中输入【DE】命令，将长度增量设置为 120，然后选择要修改的直线，如图 11-70 所示。

图 11-69　删除直线　　　　　　　　　　图 11-70　拉长对象

Step 05 在命令行中输入【ATT】命令，弹出【属性定义】对话框，在【属性】参数栏中设置【标记】为 0.000，设置【提示】为【请输入标高值】，设置【默认】为 0.000，将【文字高度】设置为 35，如图 11-71 所示。

Step 06 单击【确定】按钮，将文字放置在前面绘制的图形上，如图 11-72 所示。

图 11-71　【属性定义】对话框　　　　　　图 11-72　创建属性图块

Step 07 在命令行中输入【B】命令，弹出【块定义】对话框，将名称设置为【标高】，然后选择标高符号，单击【拾取点】按钮，拾取图形的下方交点为基点，如图 11-73 所示。

Step 08 单击【确定】按钮,弹出【编辑属性】对话框,输入数值【0.000】,如图 11-74 所示,单击【确定】按钮,返回绘图区域,完成标高符号的绘制,如图 11-74 所示。

图 11-73 【块定义】对话框

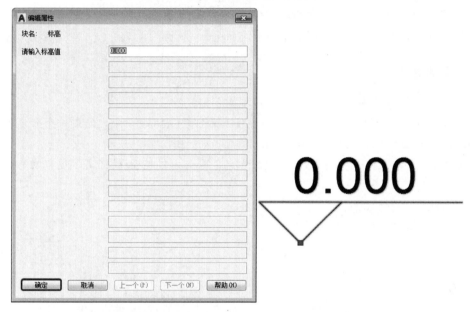

图 11-74 绘制完成的标高符号效果

第 12 章
绘制室内家具图例

增值服务：扫码做测试题，并可观看讲解测试题的微课程。

本章主要介绍了室内常用家具平面图和立面图的绘制，一副完整的作品对于家具是不可缺少的，下面将对室内设计中常用的家具图例进行讲解。

12.1 绘制餐桌和躺椅

餐桌椅是家居中餐厅主要家具的组成部分，本例介绍了餐桌和椅子的主要绘制方法，主要使用了【矩形】、【偏移】、【圆弧】、【图案填充】等命令。

12.1.1 绘制餐桌

下面详细讲解如何绘制餐桌，具体操作步骤如下。

Step 01 启动 AutoCAD 2017 软件，在命令行中输入【RECTANG】命令，绘制一个长度为 1 400、宽度为 800 的矩形，绘制效果如图 12-1 所示。

Step 02 在命令行中输入【OFFSET】命令，将绘制的矩形向内偏移 50 的距离，偏移效果如图 12-2 所示。

图 12-1 绘制矩形

图 12-2 偏移效果

Step 03 在命令行中输入【FILLET】命令，将绘制的矩形进行圆角处理，将圆角半径设置为 50，圆角完成后的效果如图 12-3 所示。

Step 04 在命令行中输入【CIRCLE】命令，绘制两个半径分别为 50、30 的同心圆，绘制完成后效果如图 12-4 所示。

图 12-3 圆角效果

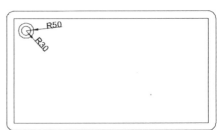

图 12-4 绘制同心圆效果

Step 05 在命令行中输入【MIRROR】命令,将绘制的同心圆进行镜像处理,以矩形的垂直中心线作为镜像线,如图12-5所示。

Step 06 继续执行【MIRROR】命令,同时选中两个同心圆,以矩形的水平中心线作为镜像线,进行镜像处理,镜像效果如图12-6所示。

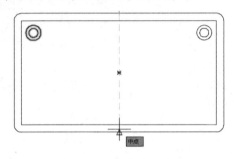

图 12-5　指定镜像线　　　　　　　　图 12-6　镜像效果

Step 07 在命令行中输入【PLINE】命令,绘制一个不规则的四边形,绘制效果如图12-7所示。

Step 08 在命令行中输入【FILLET】命令,将绘制的不规则四边形进行圆角处理,根据命令行提示将圆角半径设置为30,圆角效果如图12-8所示。

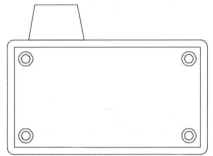
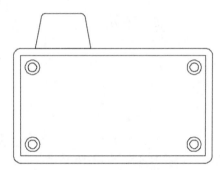

图 12-7　绘制不规则四边形　　　　　图 12-8　圆角效果

Step 09 在命令行中输入【LINE】命令,绘制两条长度为320的平行线,效果如图12-9所示。

Step 10 在命令行中输入【CIRCLE】命令,根据命令行的提示绘制两个半径为25的圆,效果如图12-10所示。

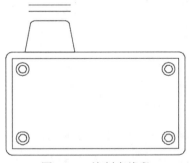
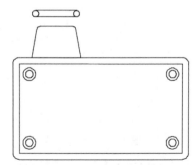

图 12-9　绘制直线段　　　　　　　　图 12-10　绘制圆效果

Step 11 在命令行中输入【LINE】命令,绘制如图12-11所示的两条线段。

Step 12 使用同样的方法绘制其他的餐椅,绘制完成后的效果如图12-12所示。

Step 13 打开配套资源中的素材\第12章\【餐桌装饰品.dwg】素材文件,并将其复制到餐桌的合适位置，添加素材后的餐桌显示效果如图 12-13 所示。

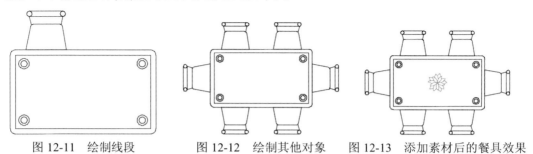

图 12-11　绘制线段　　　　图 12-12　绘制其他对象　　　图 12-13　添加素材后的餐具效果

12.1.2　绘制躺椅

下面介绍如何绘制躺椅，其具体操作步骤如下。

Step 01 在命令行中输入【RECTANG】命令，绘制一个长度为 400、宽度为 270 的矩形，如图 12-14 所示。

Step 02 在命令行中输入【EXPLODE】命令，将绘制的矩形分解，并选中图形，效果如图 12-15 所示。

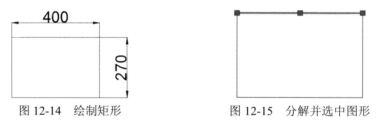

图 12-14　绘制矩形　　　　　　　图 12-15　分解并选中图形

Step 03 在命令行中输入【OFFSET】命令，将分解矩形的最上面的水平线段分别向下偏移 90、180 的距离，偏移效果如图 12-16 所示。

Step 04 在命令行中输入【RECTANG】命令，绘制一个长度为 550、宽度为 750 的矩形，绘制完成后将其移动到合适的位置，如图 12-17 所示。

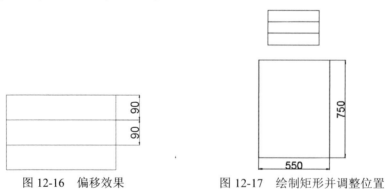

图 12-16　偏移效果　　　　　　　图 12-17　绘制矩形并调整位置

Step 05 在命令行中输入【OFFSET】命令，将如图 12-18 所示的线段向下偏移 750 的距离，偏移效果如图 12-18 所示。

Step 06 在【默认】选项卡的【绘图】面板中单击【圆】按钮，在弹出的下拉列表中选择【相切、相切、半径】选项，如图 12-19 所示。根据命令行的提示分别选择新偏移得到的水平线和最左侧的垂直线，然后将半径设置为 75，最后按【Enter】键确定即可，绘制圆效果如图 12-20 所示。

第 12 章 绘制室内家具图例

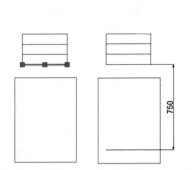
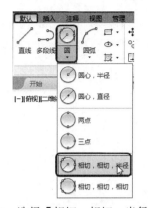

图 12-18　偏移效果　　　图 12-19　选择【相切、相切、半径】选项　　图 12-20　绘制圆效果

Step 07 在命令行中输入【TRIM】命令，按两次【Enter】键确定即可，然后单击需要修剪的线段，修剪效果如图 12-21 所示。

Step 08 在命令行中输入【MIRROR】命令，将修剪后得到的弧线段进行镜像，镜像效果如图 12-22 所示。

Step 09 在命令行中输入【PILNE】命令，绘制一个不规则的四边形，绘制效果如图 12-23 所示。

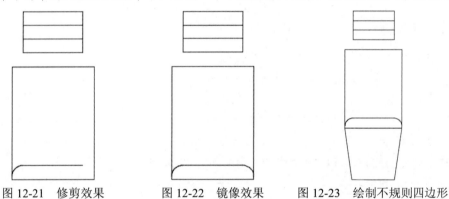

图 12-21　修剪效果　　　　图 12-22　镜像效果　　　　图 12-23　绘制不规则四边形

Step 10 在命令行中输入【RECTANG】命令，绘制一个长度为 200、宽度为 120 的矩形，并将其调整到如图 12-24 所示的位置。

Step 11 在命令行中输入【TRIM】命令，对图形对象进行修剪，修剪效果如图 12-25 所示。

Step 12 在命令行中输入【LINE】命令，连接矩形的两个端点，连接效果如图 12-26 所示。

图 12-24　绘制矩形并调整位置　　　图 12-25　修剪效果　　　图 12-26　连接效果

Step 13 在命令行中输入【PLINE】命令，绘制如图 12-27 所示的躺椅扶手。

Step 14 在命令行中输入【MIRROR】命令,将绘制的躺椅扶手进行镜像处理,效果如图 12-28 所示。

Step 15 在命令行中输入【ARC】命令,绘制如图 12-29 所示的圆弧即可完成躺椅的绘制。

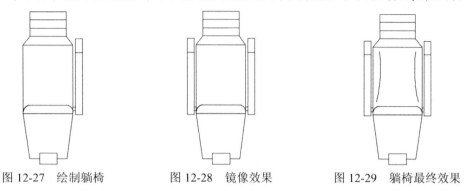

图 12-27　绘制躺椅　　　　图 12-28　镜像效果　　　　图 12-29　躺椅最终效果

12.2　绘制床和床头柜

本例讲解如何绘制床,在绘制床时,主要应用了【矩形】、【偏移】、【路径阵列】、【圆弧】等命令。

12.2.1　绘制床

下面通过实例讲解如何绘制床,具体操作步骤如下。

Step 01 在命令行中输入【RECTANG】命令,绘制一个长度为 1 500、宽度为 2 000 的矩形,绘制效果如图 12-30 所示。

Step 02 在命令行中输入【OFFSET】命令,将绘制的矩形分别向内偏移 30、50 的距离,偏移效果如图 12-31 所示。

Step 03 在命令行中输入【LINE】命令,绘制如图 12-32 所示的线段。

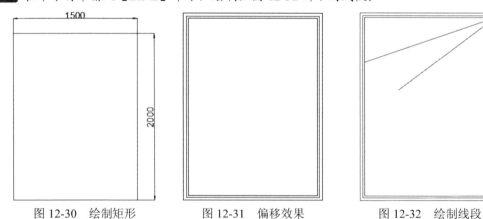

图 12-30　绘制矩形　　　　图 12-31　偏移效果　　　　图 12-32　绘制线段

Step 04 在命令行中输入【TRIM】命令,对最小的矩形进行修剪,效果如图 12-33 所示。

Step 05 在命令行中输入【ARC】命令,根据命令行的提示绘制如图 12-34 所示的圆弧。

Step 06 在命令行中输入【RECTANG】命令,绘制一个长度为 1 500、宽度为 400 的矩形,如图 12-35 所示。

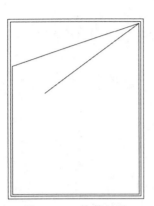
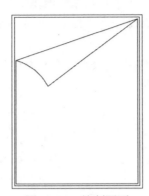
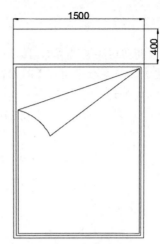

图 12-33　修剪效果　　　图 12-34　绘制圆弧　　　图 12-35　绘制矩形

Step 07 在命令行中输入【LINE】命令，在距离新绘制矩形 30 的距离位置处绘制一条水平线段，如图 12-36 所示。

Step 08 在命令行中输入【RECTANG】命令，在场景中的合适位置处绘制一个长度为 537、宽度为 241 的矩形，绘制效果如图 12-37 所示。

Step 09 在命令行中输入【OFFSET】命令，将新绘制的矩形向内偏移 50 的距离，偏移效果如图 12-38 所示。

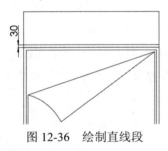
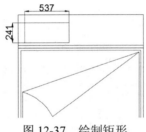
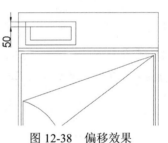

图 12-36　绘制直线段　　　图 12-37　绘制矩形　　　图 12-38　偏移效果

Step 10 在命令行输入【ARC】命令，根据命令行的提示操作，绘制如图 12-39 所示的圆弧。

Step 11 使用同样的方法绘制其他图形对象，效果如图 12-40 所示。

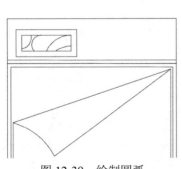
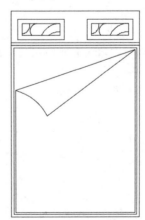

图 12-39　绘制圆弧　　　　图 12-40　完成效果

12.2.2 绘制床头柜

下面通过实例讲解如何绘制床头柜，具体操作步骤如下。

Step 01 在命令行中输入【RECTANG】命令，绘制一个长度为 550、宽度为 340 的矩形，效果如图 12-41 所示。

Step 02 在命令中输入【OFFSET】命令，将绘制的矩形向内偏移 30 的距离，偏移效果如图 12-42 所示。

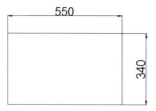
图 12-41　绘制矩形效果

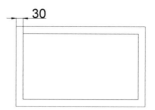
图 12-42　偏移效果

Step 03 在命令行中输入【EXPLODE】命令，将两个矩形进行分解操作，选择如图 12-43 所示的线段，然后按【Delete】键将其删除，删除后的效果如图 12-44 所示。

图 12-43　选择线段

图 12-44　删除效果

Step 04 在命令行中输入【ARC】命令，根据命令行的提示，绘制如图 12-45 所示的圆弧。

Step 05 在命令行中输入【CIRCLE】命令，绘制一个半径为 100 的圆，效果如图 12-46 所示。

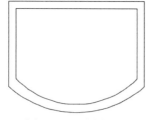
图 12-45　绘制圆弧

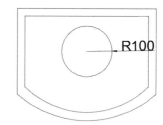
图 12-46　绘制圆

Step 06 在命令行中输入【OFFSET】命令，将绘制的圆向内偏移 40 的距离，偏移效果如图 12-47 所示。

Step 07 在命令行中输入【LINE】命令，绘制两条互相垂直、长度为 240 的线段，绘制效果如图 12-48 所示。

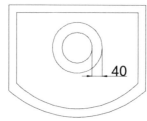
图 12-47　偏移效果

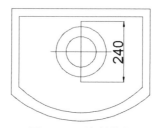
图 12-48　绘制线段

Step 08 执行【LINE】命令，绘制两条倾斜线，效果如图12-49所示。

Step 09 选择绘制的床头柜，在命令行中输入【COPY】命令，将绘制的床头柜复制到床的另一边，效果如图12-50所示。

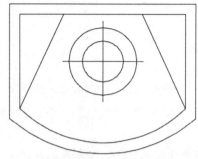

图12-49 绘制倾斜线

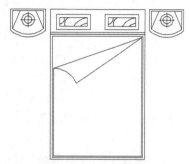

图12-50 完成效果

12.3 绘制淋浴

下面通过实例讲解如何绘制淋浴，具体操作步骤如下。

Step 01 在命令行中输入【RECTANG】命令，绘制一个长度为1 001、宽度为850的矩形，绘制效果如图12-51所示。

Step 02 在命令行中输入【OFFSET】命令，将绘制的矩形向内偏移40的距离，偏移效果如图12-52所示。

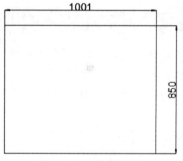

图12-51 绘制矩形

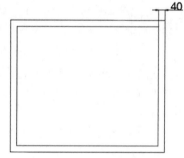

图12-52 偏移效果

Step 03 在命令行中输入【EXPLODE】命令，将偏移得到的矩形分解，然后选择如图12-53所示的图形对象，按【Delete】键将所选对象删除，删除效果如图12-54所示。

图12-53 分解矩形

图12-54 删除效果

Step 04 在命令行中输入【ARC】命令，根据命令行提示操作，绘制如图12-55所示的圆弧。

Step 05 在命令行中输入【PEDIT】命令，根据命令行的提示，选择如图 12-56 所示的图形对象将其转换为多段线。

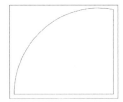 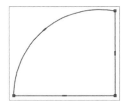

图 12-55　绘制圆弧　　　　　　　图 12-56　将所选对象转换为多段线

Step 06 在命令行中输入【CIRCLE】命令，绘制两个半径分别为 20、15 的同心圆，绘制效果如图 12-57 所示。

Step 07 在命令行中输入【LINE】命令，绘制 3 条相同长度的线段，绘制效果如图 12-58 所示。

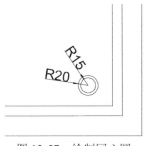 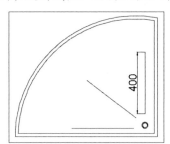

图 12-57　绘制同心圆　　　　　　图 12-58　绘制线段

12.4 绘制坐便器

坐便器主要应用于室内卫生间，下面介绍坐便器平面图的绘制方法，其中主要使用【直线】、【椭圆】、【偏移】、【圆弧】和【修剪】命令。其具体操作步骤如下。

Step 01 在命令行中输入【RECTANG】命令，绘制一个长度为 255、宽度为 560 的矩形，绘制效果如图 12-59 所示。

Step 02 在命令行中输入【OFFSET】命令，将绘制的矩形向内偏移 40 的距离，效果如图 12-60 所示。

Step 03 在命令行中输入【CHAMFER】命令，将偏移得到的矩形进行倒角处理，根据命令行的提示将倒角距离设置为 20，倒角后的显示效果如图 12-61 所示。

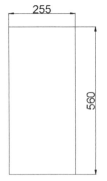 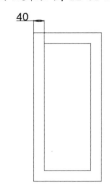 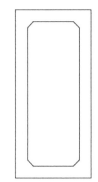

图 12-59　绘制矩形　　　　图 12-60　偏移效果　　　　图 12-61　倒角效果

Step 04 在命令行中输入【EXPLODE】命令,将所有的图形对象进行分解,然后在命令行中输入【OFFSET】命令,将绘制矩形的最上边和最下边的水平线分别向下和向上偏移 80、100、130、150 的距离,将最右侧的垂直线段向左偏移 80 的距离,效果如图 12-62 所示。

Step 05 在命令行中输入【TRIM】命令,对图形对象进行修剪,完成后的显示效果如图 12-63 所示。

Step 06 在命令行中输入【LINE】命令,连接修剪后的线段,然后以最右侧垂直线段的中心点为起点,绘制一条长度为 250 的水平线,如图 12-64 所示。

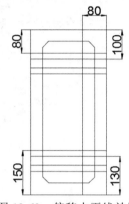
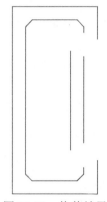
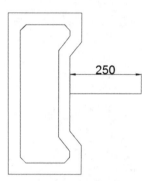

图 12-62 偏移水平线效果　　　图 12-63 修剪效果　　　图 12-64 绘制水平线

Step 07 在命令行中输入【CIRCLE】命令,以新绘制的水平线的右侧端点为圆心绘制一个半径为 190 的圆,绘制效果如图 12-65 所示。

Step 08 在命令行中输入【OFFSET】命令,将水平线分别向上和向下偏移 185 的距离,偏移效果如图 12-66 所示。

Step 09 在命令行中输入【ARC】命令,绘制如图 12-67 所示的圆弧对象。

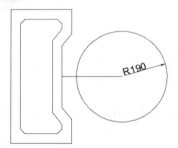
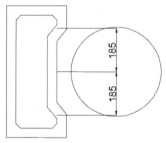
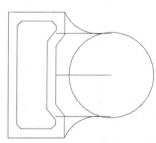

图 12-65 绘制圆　　　　图 12-66 偏移效果　　　　图 12-67 绘制圆弧

Step 10 绘制好圆弧后将偏移的线段删除,继续将水平线向上和向下偏移 70 的距离,偏移效果如图 12-68 所示。

Step 11 在命令行中输入【RECTANG】命令,以偏移得到的线段与圆的交点为矩形起点,绘制一个长度为 30、宽度为 140 的矩形,如图 12-69 所示。

Step 12 绘制好矩形后将偏移得到的线段删除,删除后的显示效果如图 12-70 所示。

Step 13 在命令行中输入【TRIM】命令,对图形对象进行修剪,修剪后的显示效果如图 12-71 所示。

Step 14 在命令行中输入【OFFSET】命令,将水平线分别向上和向下偏移 90 的距离,将最左侧垂直线段向右偏移 273 的距离,偏移效果如图 12-72 所示。

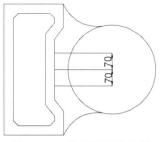
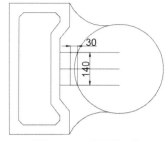
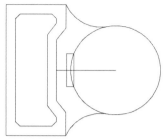

图 12-68　偏移水平线效果　　　图 12-69　绘制矩形　　　图 12-70　删除线段后的效果

Step 15 在命令行中输入【CIRCLE】命令，以前面偏移线段的交点为圆心绘制两个半径为 12 的圆，绘制效果如图 12-73 所示。

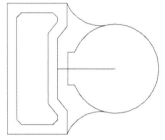
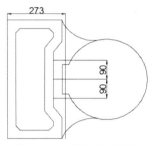
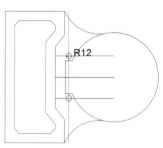

图 12-71　修剪效果 1　　　图 12-72　偏移线段效果　　　图 12-73　绘制圆

Step 16 绘制好圆后将偏移的线段删除，删除后的显示效果如图 12-74 所示。

Step 17 在命令行中输入【TRIM】命令，对图形对象进行修剪，修剪效果如图 12-75 所示。

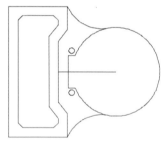
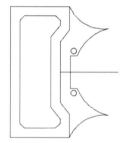

图 12-74　删除线段效果　　　图 12-75　修剪效果 2

Step 18 在命令行中输入【ELLIPSE】命令，根据命令行提示，将椭圆长半轴和短半轴设置为 300 和 190，绘制椭圆效果如图 12-76 所示。

Step 19 在命令行中输入【TRIM】命令，对图形对象进行修剪，效果如图 12-77 所示。

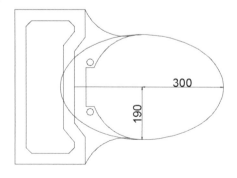
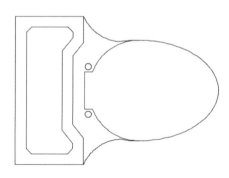

图 12-76　绘制椭圆　　　　　　　　　　图 12-77　修剪效果 3

12.5 绘制洗脸盆

下面介绍洗脸盆平面图的绘制方法，其中主要使用【矩形】、【偏移】、【圆角】和【倒角】命令。其具体操作步骤如下。

Step 01 在命令行中输入【RECTANG】命令，绘制一个长度为 600、宽度为 400 矩形，绘制效果如图 12-78 所示。

Step 02 在命令行中输入【EXPLODE】命令，将绘制的矩形分解，然后在命令行中输入【OFFSET】命令，将最右侧的垂直线段向左偏移 80、240、360 的距离，将最上边的水平线段向下偏移 40、100、200、300 的距离，偏移效果如图 12-79 所示。

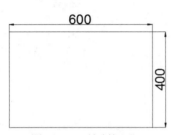
图 12-78 绘制矩形 1

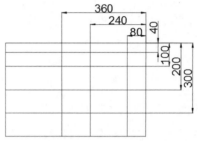
图 12-79 偏移效果

Step 03 在命令行中输入【CIRCLE】命令，以偏移线段的交点为圆心绘制如图 12-80 所示的圆。

Step 04 在命令行中输入【ERASE】命令，将偏移得到的线段删除，然后在命令行中输入【RECTANG】命令，绘制一个长度为 300、宽度为 260 的矩形并将其放置在合适的位置，如图 12-81 所示。

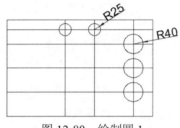
图 12-80 绘制圆 1

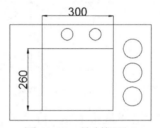
图 12-81 绘制矩形 2

Step 05 在命令行中输入【FILLET】命令，根据命令行的提示将圆角半径设置为 50，圆角效果如图 12-82 所示。

Step 06 在命令行中输入【CIRCLE】命令，以新绘制矩形的几何中心点为圆心绘制一个半径为 40 的圆，效果如图 12-83 所示。

Step 07 在命令行中输入【LINE】命令，绘制如图 12-84 所示的线段即可完成洗脸盆的绘制。

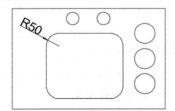
图 12-82 圆角效果

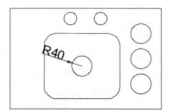
图 12-83 绘制圆 2

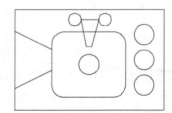
图 12-84 绘制完成后效果

12.6 绘制会议桌

会议桌主要应用于室内办公场所，下面介绍会议桌平面图的绘制方法，其中主要使用【矩形】、【偏移】、【修剪】和【镜像】命令。其具体操作步骤如下。

Step 01 在命令行中输入【RECTANG】命令，绘制一个长度为 450、宽度为 360 的矩形，绘制效果如图 12-85 所示。

Step 02 在命令行中输入【FILLET】命令，将绘制的矩形进行圆角处理，根据命令行的提示将圆角半径设置为 65，圆角效果如图 12-86 所示。

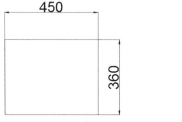 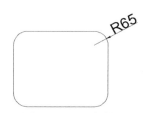

图 12-85　绘制矩形 1　　　　　　　图 12-86　圆角效果

Step 03 在命令行中输入【RECTANG】命令，绘制一个长度为 500、宽度为 70 的矩形，绘制效果如图 12-87 所示。

Step 04 在命令行中输入【CIRCLE】命令，绘制如图 12-88 所示的两个相同的圆。

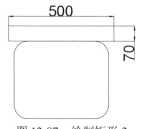 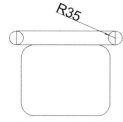

图 12-87　绘制矩形 2　　　　　　　图 12-88　绘制圆

Step 05 在命令行中输入【TRIM】命令，对图形对象进行修剪，修剪效果如图 12-89 所示。

Step 06 在命令行中输入【ARC】命令，绘制如图 12-90 所示的圆弧。

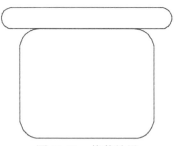 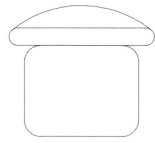

图 12-89　修剪效果　　　　　　　图 12-90　绘制圆弧

Step 07 在命令行中输入【RECTANG】命令，绘制一个长度为和宽度都为 2 010 的矩形，绘制效果如图 12-91 所示。然后在命令行中输入【EXPLODE】命令，将绘制的矩形分解。

Step 08 在命令行中输入【ERASE】命令，将矩形的垂直线段删除，将剩下的水平线段分别向下和向上偏移 630 的距离，偏移效果如图 12-92 所示。

Step 09 在命令行中输入【ARC】命令，以线段的间距为直径绘制如图 12-93 所示的半圆弧。

第 12 章 绘制室内家具图例

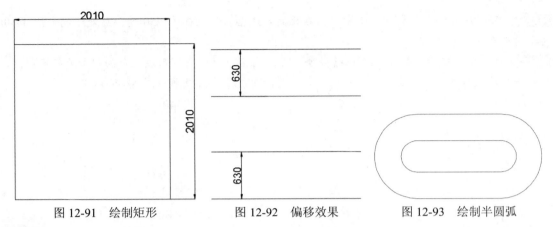

图 12-91 绘制矩形　　图 12-92 偏移效果　　图 12-93 绘制半圆弧

Step 10 使用【复制】【镜像】和【旋转】工具，将绘制好的椅子添加到办公桌旁，完成效果如图 12-94 所示。

Step 11 打开配套资源中的素材\第 12 章\【会议室装饰品.dwg】素材文件，并将其添加到会议桌的合适位置，绘制完成后的最终效果如图 12-95 所示。

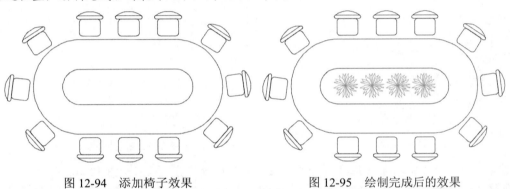

图 12-94 添加椅子效果　　　　　图 12-95 绘制完成后的效果

12.7 绘制家用电器立面图

下面介绍如何绘制家用电器立面图，其中包括微波炉的绘制和饮水机的绘制。

12.7.1 绘制微波炉

下面讲解如何绘制微波炉，具体操作步骤如下。

Step 01 在命令行中输入【RECTANG】命令，绘制一个长度为 750、宽度为 420 的矩形，绘制效果如图 12-96 所示。

Step 02 在命令行中输入【FILLET】命令，将绘制的矩形进行圆角处理，根据命令行的提示将圆角半径设置为 30，圆角效果如图 12-97 所示。

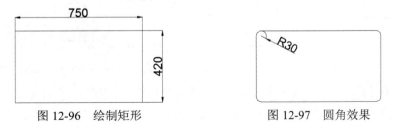

图 12-96 绘制矩形　　　　　图 12-97 圆角效果

269

Step 03 在命令行中输入【LINE】命令，在距离右侧垂直线段向左 250 的距离处绘制如图 12-98 所示的垂直线段。

Step 04 在命令行中输入【RECTANG】命令，在绘图区中以圆角矩形左上角的圆心为矩形起点，绘制一个长度为 440、宽度为 360 的矩形，并进行圆角操作，效果如图 12-99 所示。

图 12-98 绘制垂直线段　　　　图 12-99 绘制矩形并圆角后效果

Step 05 在命令行中输入【OFFSET】命令，将新绘制的矩形向内偏移 50 的距离，偏移效果如图 12-100 所示。

Step 06 在命令行中输入【ARC】命令，绘制如图 12-101 所示的圆弧。

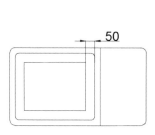

图 12-100 偏移效果　　　　图 12-101 绘制圆弧

Step 07 在命令行中输入【TRIM】命令，对图形对象进行修剪，效果如图 12-102 所示。

Step 08 在命令行中输入【HATCH】命令，根据命令行提示，执行【设置】命令，在弹出的【图案填充和渐变色】对话框中，单击【图案】选项后面的按钮，在弹出的【填充图案选项板】对话框中选择【SACNCR】选项，然后单击【确定】按钮，如图 12-103 所示。

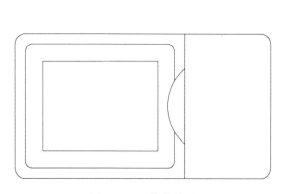

图 12-102 修剪效果　　　　图 12-103 选择【SACNCR】选项

Step 09 返回到【图案填充和渐变色】对话框，在【角度和比例】选项组中将【比例】设置为 3，然后单击【确定】按钮，如图 12-104 所示，填充后的显示效果如图 12-105 所示。

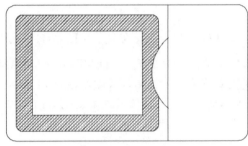

图 12-104　设置【图案填充】参数　　　图 12-105　填充后效果

Step 10 在命令行中输入【LINE】命令，绘制如图 12-106 所示的倾斜线。

Step 11 执行【LINE】命令，绘制如图 12-107 所示的水平线段。

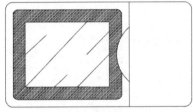
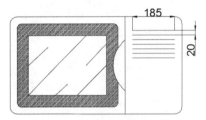

图 12-106　绘制倾斜线　　　　　　　图 12-107　绘制水平线段

Step 12 在命令行中输入【CIRCLE】命令，绘制一个半径为 30 的圆，如图 12-108 所示。

Step 13 在命令行中输入【RECTANG】命令，绘制一个长度为 10、宽度为 25 的矩形，绘制效果如图 12-109 所示。

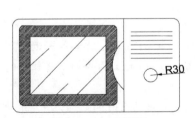
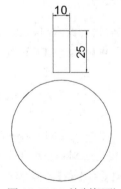

图 12-108　绘制圆　　　　　　　　　图 12-109　绘制矩形

Step 14 在命令行中输入【ARRAYPOLAR】命令，根据命令行提示将绘制的矩形进行环形阵列，将圆心指定为阵列中心点，将项目数设置为 6，阵列完成后的显示效果如图 12-110 所示。

Step 15 在命令行中输入【CIRCLE】命令，绘制一个半径为 50 的圆，绘制效果如图 12-111 所示。

Step 16 在命令行中输入【LINE】命令，绘制如图 12-112 所示的线段。

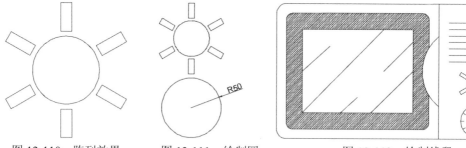

图 12-110　阵列效果　　　图 12-111　绘制圆　　　　图 12-112　绘制线段

Step 17 在命令行中输入【TEXT】命令，在合适的位置处输入文字对象，效果如图 12-113 所示。

Step 18 在命令行中输入【RECTANG】命令，绘制如图 12-114 所示的 2 个相同矩形，并调整其位置和旋转方向，最终效果如图 12-114 所示。

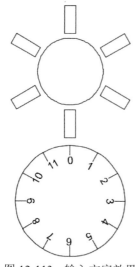
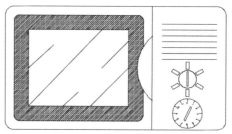

图 12-113　输入文字效果　　　　　　　图 12-114　最终效果

12.7.2 绘制饮水机

下面讲解如何绘制饮水机，具体操作步骤如下。

Step 01 在命令行中输入【RECTANG】命令，绘制一个长度为 430、宽度为 1 000 的矩形，效果如图 12-115 所示。

Step 02 在命令行中输入【EXPLODE】命令，将绘制的矩形分解。然后在命令行中输入【OFFSET】命令，将最下边的水平线段向上偏移 256、950 的距离，效果如图 12-116 所示。

Step 03 在命令行中输入【RECTANG】命令，绘制 17 个相同大小的矩形，将矩形的长度设置为 9，宽度设置为 45，绘制完成效果如图 12-117 所示。

Step 04 执行【RECTANG】命令，绘制一个长度为 230、宽度为 230 的矩形，并将其调整到合适的位置，调整效果如图 12-118 所示。然后在命令行中输入【EXPLODE】命令，将绘制的矩形分解。

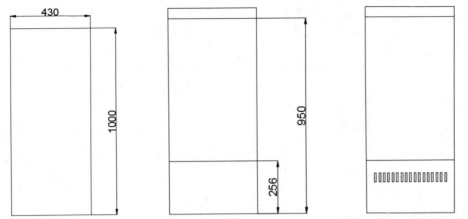

图 12-115 绘制矩形　　图 12-116 分解矩形及偏移线段效果　　图 12-117 绘制矩形效果

Step 05 执行【RECTANG】命令，绘制一个长度为 255、宽度为 90 的矩形，效果如图 12-119 所示。

Step 06 在命令行中输入【OFFSET】命令，将新绘制矩形最上边的水平线段向下偏移 430 的距离，偏移效果如图 12-120 所示。

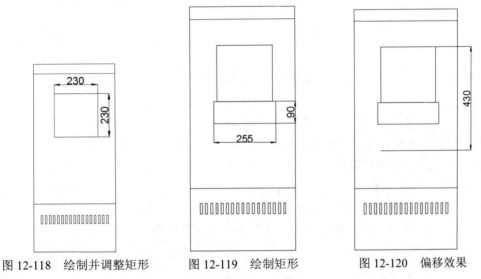

图 12-118 绘制并调整矩形　　图 12-119 绘制矩形　　图 12-120 偏移效果

Step 07 在命令行中输入【LINE】命令，将偏移得到的线段的两则端点与邻近的矩形端点相连接，连接效果如图 12-121 所示。

Step 08 在命令行中输入【RECTANG】命令，绘制一个长度为 25、宽度为 50 的矩形，绘制效果如图 12-122 所示。然后在命令行中输入【EXPLODE】命令，将绘制的矩形分解。

Step 09 在命令行中输入【OFFSET】命令，将新分解矩形的最上面水平线段向下偏移 12 的距离，偏移效果如图 12-123 所示。

Step 10 在命令行中输入【MIRROR】命令，将绘制的饮水机出水口进行镜像操作，镜像效果如图 12-124 所示。

Step 11 选择如图 12-125 的水平线段并将其删除，在命令行中输入【ARC】命令，绘制圆弧，效果如图 12-125 所示。

Step 12 在命令行中输入【LINE】命令，绘制如图 12-126 所示的线段。

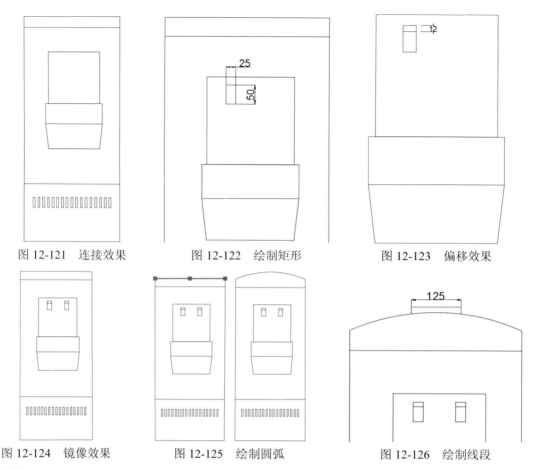

图 12-121 连接效果　　图 12-122 绘制矩形　　图 12-123 偏移效果

图 12-124 镜像效果　　图 12-125 绘制圆弧　　图 12-126 绘制线段

Step 13 在命令行中输入【RECTANG】命令，绘制一个长度为280、宽度为370的矩形，然后将圆角半径设为50，进行圆角操作，效果如图12-127所示。

Step 14 在命令行中输入【RECTANG】命令，绘制两个相同的矩形，将长度设置为300、宽度设置为30，然后调整其位置至合适的位置，调整效果如图12-128所示。

Step 15 调整完位置，完成饮水机的绘制，效果如图12-129所示。

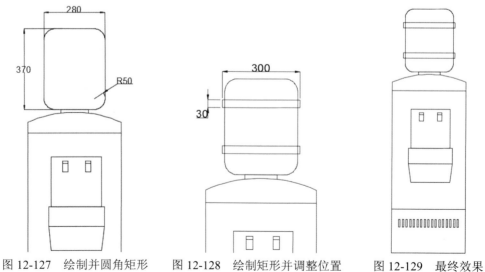

图 12-127 绘制并圆角矩形　　图 12-128 绘制矩形并调整位置　　图 12-129 最终效果

增值服务：扫码做测试题，并可观看讲解测试题的微课程。

第 13 章 绘制三居室平面图

本章以三居室平面图的设计为出发点，希望读者通过本章的学习，在了解室内设计的表达内容和绘制思路的前提下，掌握具体的绘制过程和操作技巧，以快速方便地绘制符合制图标准和施工要求的室内设计图，同时也为后面章节的学习打下坚实的基础。

13.1 室内平面图的绘制

现代室内设计，也称室内环境设计，是建筑设计的组成部分，目的是创造一个优美、舒适的办公或生活环境，下面讲解如何绘制三居室平面图，效果如图 13-1 所示。

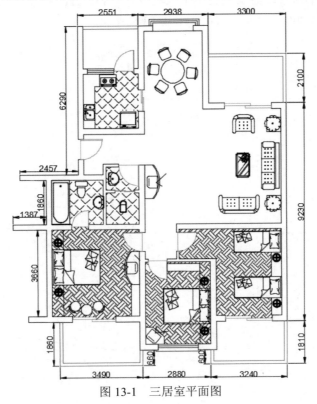

图 13-1　三居室平面图

13.1.1 墙体绘制

下面讲解如何绘制墙体，其具体操作步骤如下。

Step 01　启动 AutoCAD 2017 软件，按【Ctrl+N】组合键，弹出【选择样板】对话框，选择【acadiso

样板，单击【打开】按钮，新建一个空白图纸，如图 13-2 所示。

Step 02 保存新建图纸，将【文件名】设置为【室内平面图】。在命令行中输入 LA 命令，弹出【图层特性管理器】选项板，新建一个【辅助线】图层，将【颜色】设置为红色，并将其置为当前图层，如图 13-3 所示。

图 13-2　新建一个空白图纸

图 13-3　新建图层

Step 03 绘制一个长度为 13 300、宽度为 15 000 的直线，如图 13-4 所示。

Step 04 使用【偏移】工具，将上侧边向下依次偏移 580、120、1 800、1 500、1 040、340、1 100、510、2 100、1 440、2 460、1 200，如图 13-5 所示。

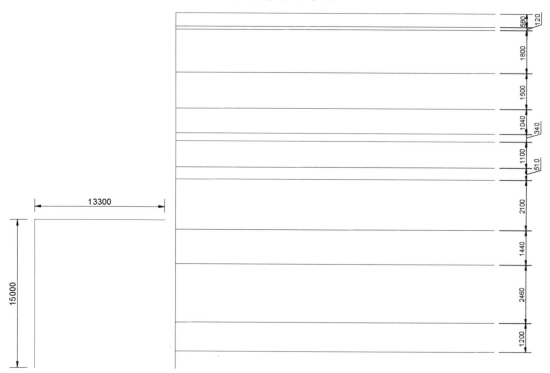

图 13-4　绘制直线　　　　　　　　图 13-5　偏移对象

Step 05 使用【偏移】工具，将左侧边向右依次偏移 393、280、327、900、1 350、979、1 572、2 698、300、3 000，如图 13-6 所示。

Step 06 将选中的两条线段删除，如图 13-7 所示。

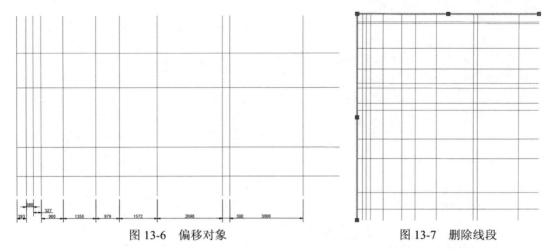

图 13-6　偏移对象　　　　　　　　　图 13-7　删除线段

Step 07 在命令行中输入 LA 命令，弹出【图层特性管理器】选项板，新建【墙体】图层，将颜色设置为【白】，并将【图层】置为当前图层，如图 13-8 所示。

Step 08 在菜单栏中执行【格式】|【多线样式】命令，如图 13-9 所示。

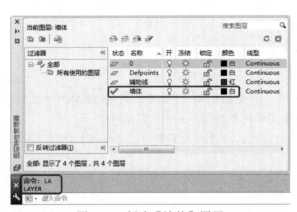

图 13-8　新建【墙体】图层　　　　　　图 13-9　执行【多线样式】命令

Step 09 在弹出的【多线样式】对话框中，单击【新建】按钮，弹出【创建新的多线样式】对话框，将【新样式名】设置为【240 墙体】，单击【继续】按钮，如图 13-10 所示。

Step 10 在弹出的【新建多线样式：240 墙体】对话框中将【图元】的【偏移】分别设置为 120 和-120，单击【确定】按钮，如图 13-11 所示。

Step 11 返回【多线样式】对话框，选择【240 墙体】样式，单击【置为当前】按钮，然后单击【确定】按钮即可，如图 13-12 所示。

Step 12 在命令行中输入【ML】命令，将【对正】设置为【无】，将【比例】设置为 1，然后绘制墙体，如图 13-13 所示。

图 13-10　创建新的多线样式

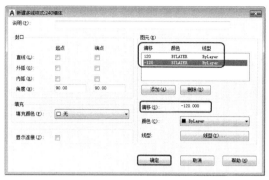

图 13-11　设置偏移图元参数

图 13-12　将【240 墙体】样式置为当前

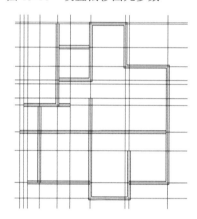

图 13-13　绘制墙体

Step 13 再次打开【多线样式】对话框，单击【新建】按钮，弹出【创建新的多线样式】对话框，将【新样式名】设置为【120 墙体】，单击【继续】按钮，如图 13-14 所示。

Step 14 弹出【新建多线样式：120 墙体】对话框，将【图元】下方的【偏移】分别设置为 60 和 −60，如图 13-15 所示。

图 13-14　新建多线样式

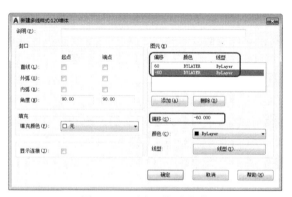

图 13-15　设置偏移参数

Step 15 将创建的【120 墙体】样式置为当前图层，然后单击【确定】按钮，使用【偏移】工具，将 A 线段向右偏移 600，如图 13-16 所示。

Step 16 在命令行中输入 ML 命令，绘制多线，如图 13-17 所示。

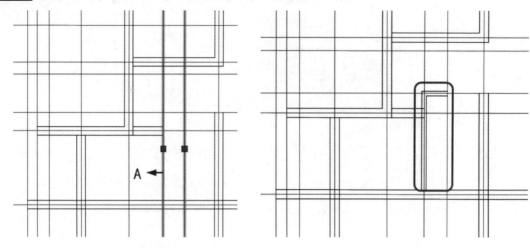

图 13-16　偏移对象　　　　　　　　　图 13-17　绘制多线

Step 17 选择 A 线段，将其向下偏移 600，如图 13-18 所示。

Step 18 在命令行中输入【ML】命令，绘制多线，如图 13-19 所示。

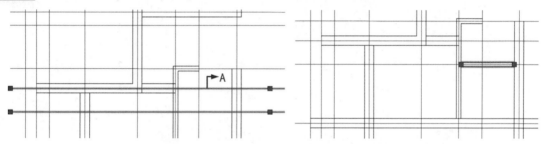

图 13-18　偏移对象　　　　　　　　　图 13-19　绘制多线

Step 19 选择 A 线段，将其向右偏移 1499，如图 13-20 所示。

Step 20 在命令行中输入 ML 命令，绘制多线，如图 13-21 所示。

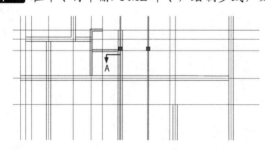 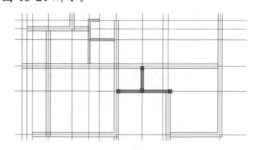

图 13-20　偏移线段　　　　　　　　　图 13-21　绘制多线

Step 21 在命令行中输入 LA 命令，弹出【图层特性管理器】选项板，取消【辅助线】图层的显示，如图 13-22 所示。

Step 22 使用【分解】工具，将多线进行分解，然后使用【修剪】和【延伸】工具，将其进行修剪，如图 13-23 所示。

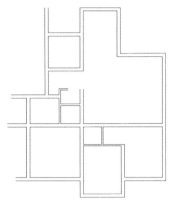

图 13-22 取消图层的显示　　　图 13-23 分解多线并对其进行修剪

Step 23 使用【直线】工具，绘制直线，对墙体进行封口，如图 13-24 所示。

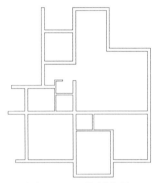

图 13-24 绘制直线

13.1.2 门窗绘制

下面讲解如何绘制门窗，其具体操作步骤如下。

Step 01 将辅助线图层取消隐藏，选择 A 线段，使用【移动】工具，将其向左移动 679，选择 B 线段将其向右偏移 679，如图 13-25 所示。

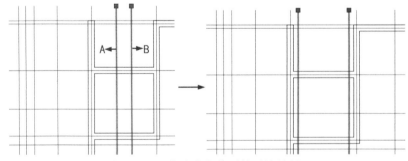

图 13-25 偏移线段前后的对比效果

Step 02 使用【直线】工具，绘制直线，使用【打断于点】工具，将对象进行打断并将打断的线段删除，如图 13-26 所示。

Step 03 将 A 线段向右偏移 500，将 B 线段向左偏移 500，如图 13-27 所示。

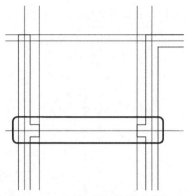
图 13-26 打断对象并删除线段 1

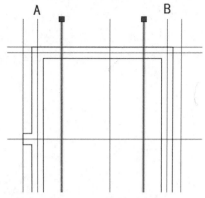
图 13-27 偏移对象 1

Step 04 使用【直线】工具,绘制直线,使用【打断于点】工具,将对象进行打断,将打断的线段和偏移的辅助线删除,如图 13-28 所示。

Step 05 选择 A 线段,将其向左进行偏移,将偏移距离设置为 500、2 000,如图 13-29 所示。

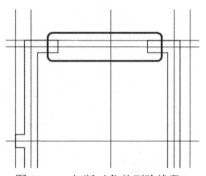
图 13-28 打断对象并删除线段 2

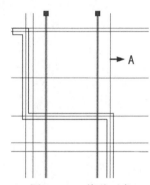
图 13-29 偏移对象 2

Step 06 使用【直线】工具,绘制直线,使用【打断于点】工具,将对象进行打断,将打断的线段和偏移的辅助线删除,如图 13-30 所示。

Step 07 使用【移动】工具,将 A 线段向左移动 399.5,将 B 线段向右移动 1 127,如图 13-31 所示。

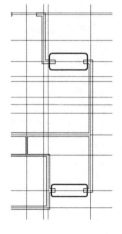
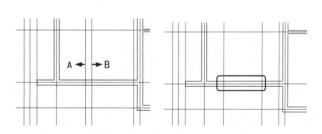

图 13-30 打断对象并删除线段 3　　　　图 13-31 移动对象

Step 08 使用【直线】工具,绘制直线,使用【打断于点】工具,将对象进行打断,将打断的线段删除,如图 13-32 所示。

Step 09 将 A 线段向右偏移 650,将 B 线段向左偏移 650,如图 13-33 所示。

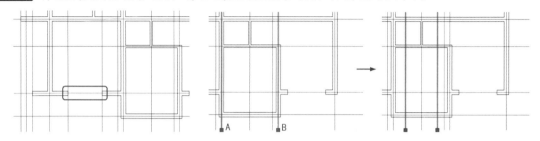

图 13-32 打断对象并删除线段 4　　　　图 13-33 偏移对象前后效果

Step 10 使用【直线】工具,绘制直线,使用【打断于点】工具,将对象进行打断,将打断的线段和偏移的辅助线删除,如图 13-34 所示。

Step 11 选择 A 线段,使用【移动】工具,将其向上移动 248,得到 B 线段,如图 13-35 所示。

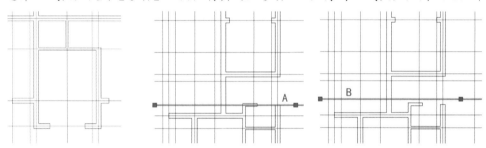

图 13-34 打断对象并删除线段 5　　　　图 13-35 移动线段前后效果

Step 12 使用【直线】工具,绘制直线,使用【打断于点】工具,将对象进行打断,将打断的线段删除,如图 13-36 所示。

Step 13 选择 A 线段,将其向右偏移 700,如图 13-37 所示。

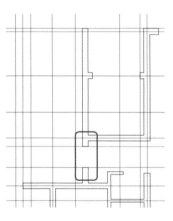 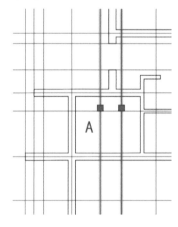

图 13-36 打断线段　　　　图 13-37 偏移线段

Step 14 使用【直线】工具,绘制直线,使用【打断于点】工具,将对象进行打断,将打断的线段删除,如图 13-38 所示。

Step 15 使用同样的方法,将其他房间的墙体进行打断,效果如图 13-39 所示。

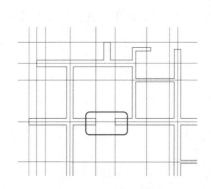

图 13-38 打断对象并删除线段 6

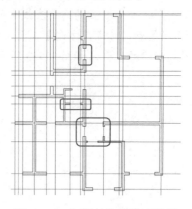

图 13-39 打断其他墙体后效果

Step 16 在命令行中输入【LA】命令,打开【图层特性管理器】选项板,将【辅助线】图层取消显示,新建【门】图层,将【颜色】设置为【绿】,将【门】图层置为当前图层,如图 13-40 所示。

Step 17 在空白位置处,使用【矩形】工具,绘制一个长度为 20、宽度为 700 的矩形,使用【直线】工具,以矩形的右下角点作为第一点,向左引导鼠标,输入 700,绘制直线,如图 13-41 所示。

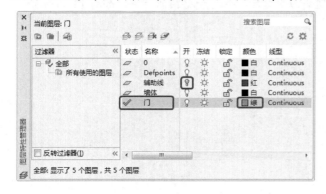

图 13-40 新建【门】图层

图 13-41 绘制矩形和直线

Step 18 使用【起点,端点,方向】工具,指定起点端点,将方向设置为 90°,绘制圆弧,如图 13-42 所示。

Step 19 使用【移动】工具,将绘制完成后的门放置到如图 13-43 所示的位置。

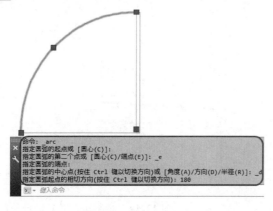

图 13-42 绘制圆弧

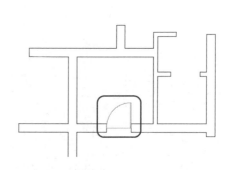

图 13-43 移动门的位置

Step 20 使用【矩形】工具,绘制一个长度为30、宽度为900的矩形,以矩形的左下角点作为第一点,绘制一个长度为852的水平直线,如图13-44所示。

Step 21 使用【起点,端点,方向】工具,绘制圆弧,使用【旋转】工具,将角度设置为-90,然后将其放置到合适的位置,如图13-45所示。

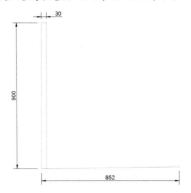
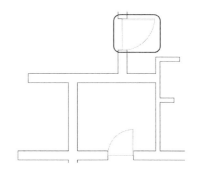

图13-44 绘制矩形和直线　　　　图13-45 绘制圆弧并调整角度和位置

Step 22 使用【复制】、【旋转】和【移动】工具,调整门的位置,如图13-46所示。

Step 23 使用【矩形】工具,绘制门,并进行多次复制,然后调整门的位置,如图13-47所示。

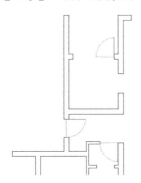
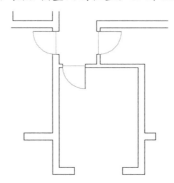

图13-46 复制门并调整方向和位置　　　　图13-47 绘制门并进行复制及调整位置

Step 24 使用【矩形】工具,绘制两个长度为1 000、宽度为100的矩形,如图13-48所示。

Step 25 使用【矩形】工具,绘制两个长度为1 100、宽度为100的矩形,然后使用【复制】工具,复制推拉门,如图13-49所示。

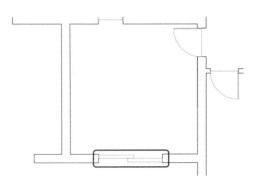
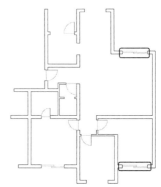

图13-48 绘制矩形　　　　图13-49 绘制矩形并复制推拉门

Step 26 使用【矩形】工具，绘制两个长度为 445.5、宽度 25 的矩形，然后调整两个矩形的位置，如图 13-50 所示。

Step 27 绘制两个长度为 50、宽度为 560 的推拉门，效果如图 13-51 所示。

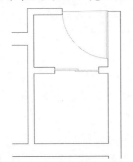

图 13-50　绘制矩形并调整位置

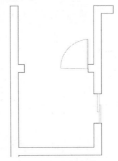

图 13-51　绘制推拉门

Step 28 在命令行中输入【LA】命令，弹出【图层特性管理器】选项板，新建【窗】图层，将【颜色】设置为【蓝】，将【窗】图层置为当前图层，如图 13-52 所示。

Step 29 使用【直线】工具，绘制 A 线段，然后使用【偏移】工具，将其向下依次偏移 84、72，如图 13-53 所示。

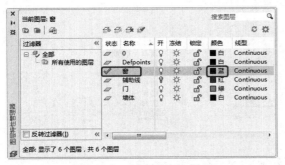

图 13-52　新建【窗】图层

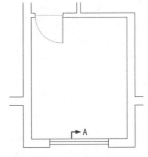

图 13-53　偏移直线

Step 30 使用【多段线】工具，指定 A 点作为起点，向下引导鼠标输入 240，向左引导鼠标输入 110，向下引导鼠标输入 75，向右引导鼠标输入 1918，向上引导鼠标输入 75，向左引导鼠标输入 110，向上引导鼠标输入 240，如图 13-54 所示。

Step 31 使用【多段线】工具，指定 A 点作为起点，向上引导鼠标输入 120，向右引导鼠标输入 1 800，向下引导鼠标输入 120，如图 13-55 所示。

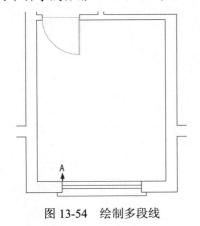

图 13-54　绘制多段线

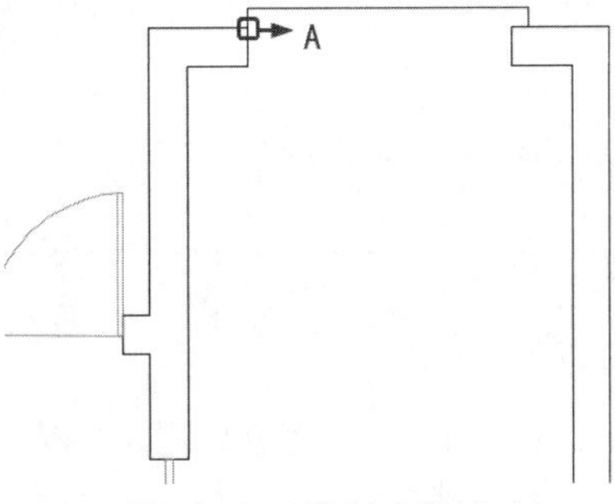

图 13-55　绘制多段线

Step 32 使用【偏移】工具，将绘制的多段线向上依次偏移 80、80，然后使用【直线】工具，绘制直线，如图 13-56 所示。

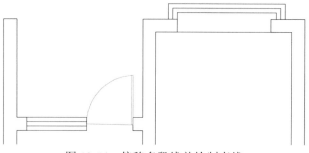

图 13-56　偏移多段线并绘制直线

13.1.3　阳台绘制

下面讲解如何绘制阳台，其具体操作步骤如下。

Step 01 在命令行中输入【LA】命令，弹出【图层特性管理器】选项板，新建【阳台】图层，将【颜色】设置为【洋红】，将【阳台】图层置为当前图层，如图 13-57 所示。

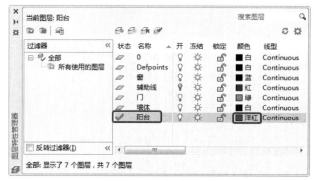

图 13-57　新建图层

Step 02 使用【直线】工具，在如图 13-58 所示的位置处绘制 A 线段，然后使用【偏移】工具，将其向下偏移 120。

Step 03 使用【多段线】工具，指定 A 点作为多段线的第一点，向上引导鼠标输入 2 100，向左引导鼠标输入 3 300，使用【偏移】工具，将绘制的多段线向内偏移 120，如图 13-59 所示。

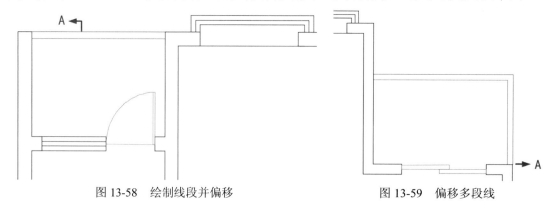

图 13-58　绘制线段并偏移　　　　　　图 13-59　偏移多段线

Step 04 使用同样的方法，绘制阳台，如图 13-60 所示。

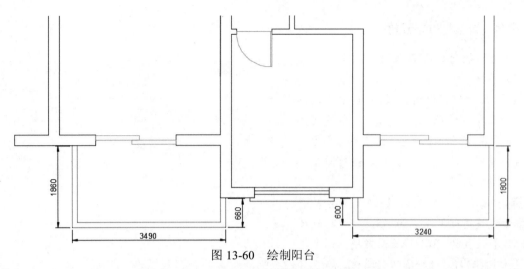

图 13-60 绘制阳台

13.2 室内设计平面图的布置

室内设计平面图的布置是在平面布置图的基础上进行操作的,其中主要对每个房间添加相应的家具,并使用【图案填充】工具对所在的房间进行填充,最后使用【尺寸标注】对其进行标注。

13.2.1 添加家具

下面讲解如何添加家具,其具体操作步骤如下。

Step 01 打开配套资源中的素材\第 13 章\【素材 1.dwg】图形文件,如图 13-61 所示。

Step 02 将【素材 1】中的家具放置到【室内平面图】文档中,如图 13-62 所示。

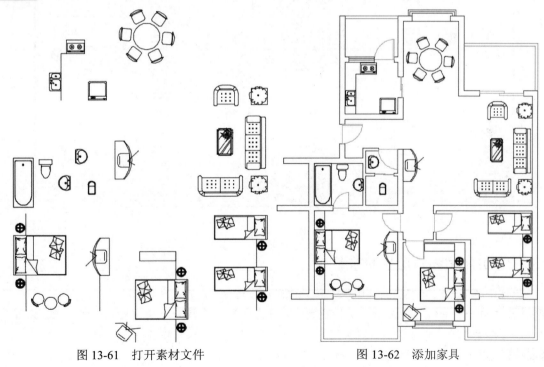

图 13-61 打开素材文件　　　　图 13-62 添加家具

13.2.2 卧室平面布置

下面讲解如何布置卧室，其具体操作步骤如下。

Step 01 在命令行中输入【LA】命令，弹出【图层特性管理器】选项板，新建【图案填充】图层，将【颜色】设置为【白】，然后将【图案填充】图层置为当前图层，如图 13-63 所示。

Step 02 在命令行中输入【HA】命令，将图案填充【角度】设置为 45，将【填充图案比例】设置为 50，将【图案填充图案】设置为 EARTH，对卧室进行填充，如图 13-64 所示。

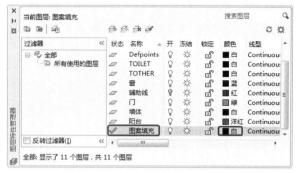

图 13-63　新建【图案填充】图层

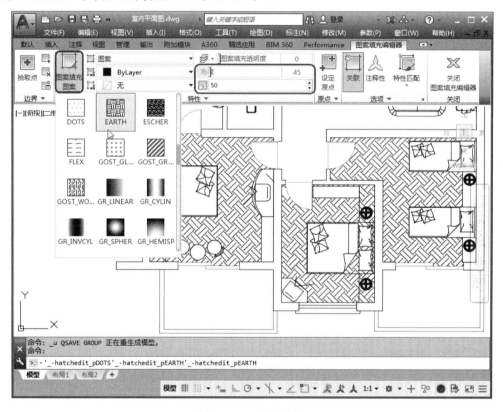

图 13-64　填充卧室

13.2.3 卫生间和厨房平面布置

下面讲解如何布置卫生间和厨房，其具体操作步骤如下。

Step 01 在命令行中输入 HA 命令，将图案填充【角度】设置为 45，将【填充图案比例】设置为 50，将【图案填充图案】设置为 ANGLE，对卫生间进行填充，如图 13-65 所示。

Step 02 使用同样的方法填充厨房，如图 13-66 所示。

第 13 章 绘制三居室平面图

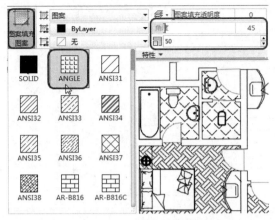

图 13-65 填充卫生间

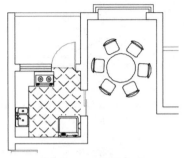

图 13-66 填充厨房

13.3 尺寸标注

三居室平面图制作完成后，最后对其进行尺寸标注即可，其具体操作步骤如下。

Step 01 在命令行中输入【LA】命令，新建【尺寸标注】图层，将【颜色】设置为【白】，将【尺寸标注】图层置为当前图层，如图 13-67 所示。

Step 02 在命令行中输入【D】命令，弹出【标注样式管理器】对话框，单击【新建】按钮，弹出【创建新标注样式】对话框，将【新样式名】设置为【尺寸标注】，然后单击【继续】按钮，如图 13-68 所示。

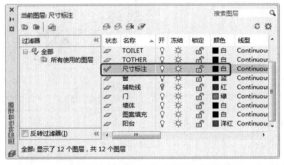

图 13-67 新建【尺寸标注】图层

图 13-68 创建新的标注样式

Step 03 切换至【线】选项卡，将【基线间距】设置为 50，将【超出尺寸线】和【起点偏移量】都设置为 50，如图 13-69 所示。

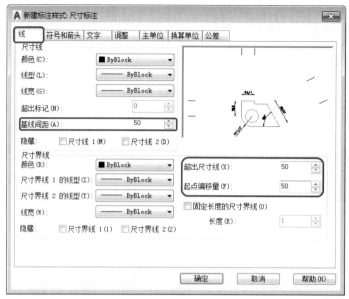

图 13-69　设置【线】参数

Step 04　切换至【符号和箭头】选项卡,将【箭头大小】设置为 250,如图 13-70 所示。

图 13-70　设置【符号和箭头】参数

Step 05　切换至【文字】选项卡,将【文字高度】设置为 250,如图 13-71 所示。
Step 06　切换至【调整】选项卡,选中【尺寸线上方,不带引线】单选按钮,如图 13-72 所示。
Step 07　切换至【主单位】选项卡,将【精度】设置为 0,单击【确定】按钮,如图 13-73 所示。
Step 08　返回至【标注样式管理器】对话框,将【尺寸标注】样式置为当前,如图 13-74 所示。
Step 09　使用【线性标注】和【快速标注】工具对三居室进行标注,效果如图 13-75 所示。

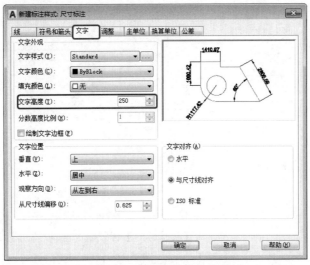

图 13-71 设置【文字】参数

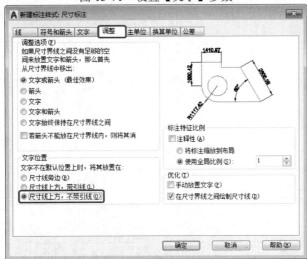

图 13-72 设置【调整】参数

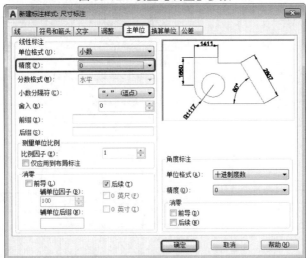

图 13-73 设置【主单位】参数

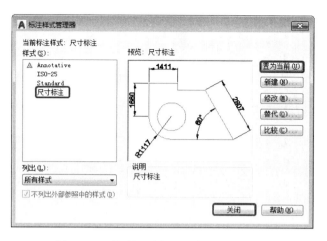

图 13-74 将【尺寸标注】样式置为当前

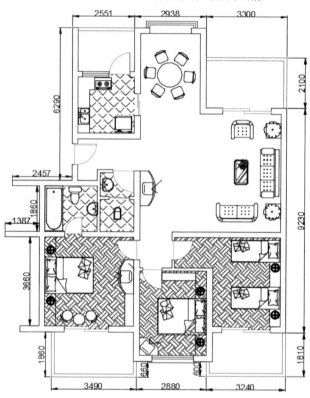

图 13-75 标注后的效果

第 14 章
绘制室内卫生间立面图

增值服务：扫码做测试题，并可观看讲解测试题的微课程。

本章主要介绍室内卫生间立面图的绘制，在掌握了相关的基础知识以后，运用实例来综合介绍室内卫生间的绘制方法和操作步骤。绘制卫生间立面图效果如图 14-1 所示。

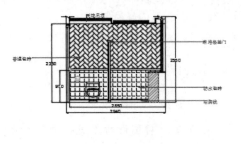
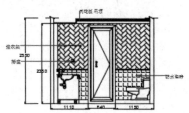
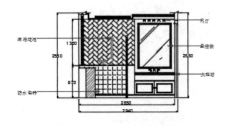
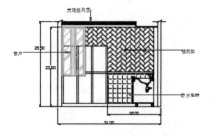

图 14-1　卫生间立面图

14.1　绘图准备

在绘制卫生间立面图之前，首先要做以下准备工作。

在命令行中输入【AYER】命令，弹出【图层特性管理器】选项板，在该选项板中单击【新建图层】按钮，新建图层并对其进行重命名，如图 14-2 所示。

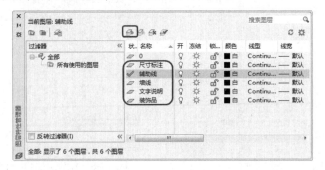

图 14-2　新建图层

14.2 绘制卫生间立面图 A

下面详细讲解如何绘制卫生间立面图 A 面墙，具体操作步骤如下。

Step 01 将【辅助线】图层置于当前图层。在命令行中输入【RECTANG】命令，绘制一个长度为 2 850、宽度为 2 350 的矩形，绘制效果如图 14-3 所示。然后在命令行中输入【EXPLODE】命令，将绘制的矩形分解。

Step 02 将【墙线】图层置于当前图层。在命令行中输入【OFFSET】命令，将矩形的最上面水平线向下偏移 1 350、1 380、1 460、2 250 的距离，将最右侧的垂直线向左偏移 200、500 的距离，偏移效果如图 14-4 所示。

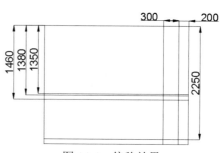

图 14-3　绘制矩形　　　　　　　　图 14-4　偏移效果

Step 03 在命令行中输入【TRIM】命令，按两次【Enter】键，对图形对象进行修剪，修剪效果如图 14-5 所示。

Step 04 在命令行中输入【OFFSET】命令，将修剪后的图形进行偏移，将靠上面的短线段向上偏移 20 的距离，将靠下面的线段向下偏移 20 的距离，偏移效果如图 14-6 所示。

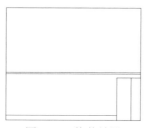

图 14-5　修剪效果　　　　　　　　图 14-6　偏移效果

Step 05 在命令行中输入【ARC】命令，绘制以两条平行线的距离为直径的圆弧，绘制效果如图 14-7 所示。

Step 06 在命令行中输入【RECTANG】命令，绘制一个长度为 60、宽度为 45 的矩形，并将其调整到合适的位置，调整效果如图 14-8 所示。

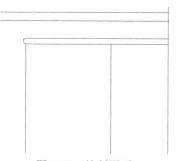
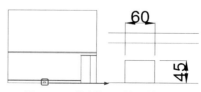

图 14-7　绘制圆弧　　　　　　　　图 14-8　绘制矩形并调整位置

Step 07 在命令行中输入【LINE】命令,以新绘制矩形的左上角侧端点为起点绘制一条长度为 1 760 的垂直线段,绘制效果如图 14-9 所示。

Step 08 在命令行中输入【OFFSET】命令,将新绘制的垂直线段向右偏移 25、35、60 的距离,偏移效果如图 14-10 所示。

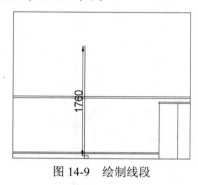
图 14-9 绘制线段

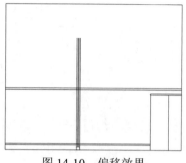
图 14-10 偏移效果

Step 09 在命令行中输入【TRIM】命令,按两次【Enter】键,对图形对象进行修剪,效果如图 14-11 所示。

Step 10 在命令行中输入【RECTANG】命令,绘制一个长度为 60、宽度为 45 的矩形,并将其调整到合适的位置,效果如图 14-12 所示。

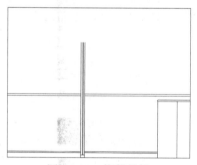
图 14-11 修剪效果

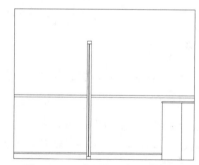
图 14-12 绘制矩形并调整位置

Step 11 在命令行中输入【OFFSET】命令,将最左侧的垂直线段向左偏移 45、90 的距离,偏移效果如图 14-13 所示。

Step 12 在命令行中输入【LINE】命令,将偏移后的线段连接封底,连接效果如图 14-14 所示。

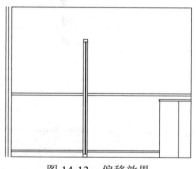
图 14-13 偏移效果

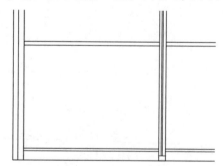
图 14-14 连接效果

Step 13 在命令行中输入【OFFSET】命令,将新绘制的水平线向上偏移 2 220、2 240、2 300、2 320 的距离,偏移效果如图 14-15 所示。

Step 14 在命令行中输入【TRIM】命令，对偏移后的图形对象进行修剪，效果如图 14-16 所示。

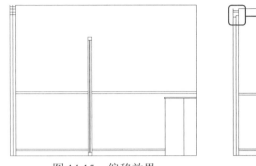

图 14-15 偏移效果

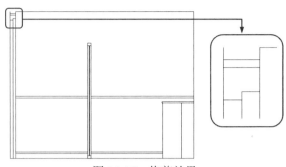

图 14-16 修剪效果

Step 15 在命令行中输入【PLINE】命令，绘制如图 14-17 所示的图形对象。

Step 16 在命令行中输入【LENGTHEN】命令，从左数将第一条垂直线段向上拉长 200 的距离，将第三条垂直线段向上拉长 176 的距离，拉长效果如图 14-18 所示。

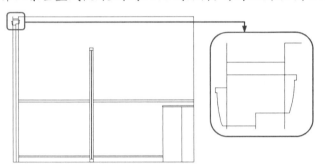

图 14-17 绘制图形对象

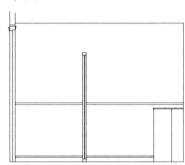

图 14-18 线段拉长效果

Step 17 执行【PLINE】命令，绘制如图 14-19 所示的图形对象。

Step 18 在命令行中输入【BREAK】命令，根据命令行的提示操作，打断于点最右侧的垂直线段，打断效果如图 14-20 所示。

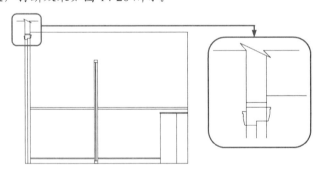

图 14-19 绘制图形对象

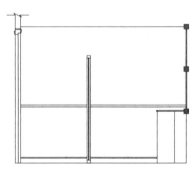

图 14-20 打断线段效果

Step 19 在命令行中输入【OFFSET】命令，将打断后的上面线段向左偏移 60、95、105、140 的距离，偏移效果如图 14-21 所示。

Step 20 在命令行中输入【TRIM】命令，对偏移的图形对象进行修剪，效果如图 14-22 所示。

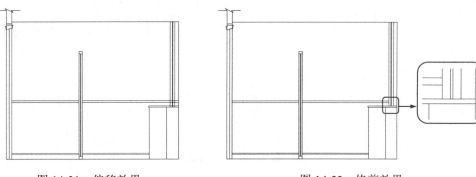

图 14-21　偏移效果　　　　　　　　图 14-22　修剪效果

Step 21 在命令行中输入【LENGTHEN】命令，将偏移得到的垂直线段向上拉长 90 的距离，将原偏移对象向上拉长 140 的距离，拉长效果如图 14-23 所示。

Step 22 在命令行中输入【RECTANG】命令，绘制一个长度为 80、宽度为 50 的矩形，并将其放置在合适的位置，调整位置效果如图 14-24 所示。

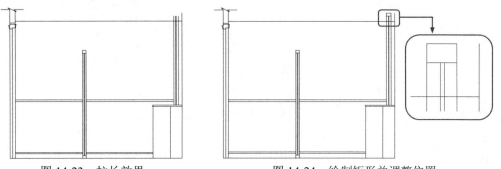

图 14-23　拉长效果　　　　　　　　图 14-24　绘制矩形并调整位置

Step 23 在命令行中输入【PLINE】命令，绘制如图 14-25 所示的图形对象。

Step 24 执行【PLINE】命令，绘制如图 14-26 所示的图形对象。

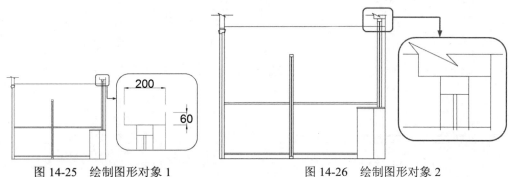

图 14-25　绘制图形对象 1　　　　　　图 14-26　绘制图形对象 2

Step 25 在命令行中输入【MLINE】命令，根据命令行的提示将多线比例设置为 20，以距离最上面的水平线上方 140 的距离作为起点，向右绘制 1 244 的距离，向下绘制 130 的距离，向右绘制 80 的距离，向上绘制 73 的距离，向右绘制 1 022 的距离，向下绘制 73 的距离，向右绘制 220 的距离，向上绘制 140，最后向右绘制 84 的距离，绘制完成后效果如图 14-27 所示。

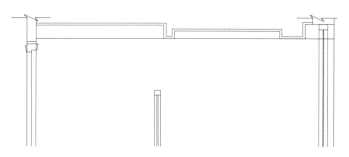

图 14-27 绘制多线效果

Step 26 在命令行中输入【PLINE】命令，绘制如图 14-28 所示的图形对象。

Step 27 在命令行中输入【LINE】命令，绘制如图 14-29 所示的水平线段。

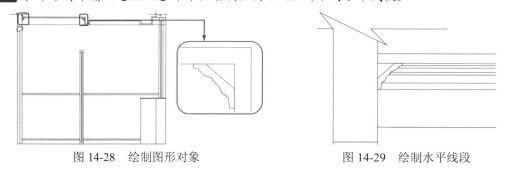

图 14-28 绘制图形对象　　　　　　图 14-29 绘制水平线段

Step 28 使用同样的方法绘制如图 14-30 所示的图形对象。

Step 29 将【装饰品】图层置于当前图层。打开配套资源中的素材\第 14 章\【绘制卫生间 A 装饰品.dwg】素材文件，并将其添加到合适的位置，效果如图 14-31 所示。

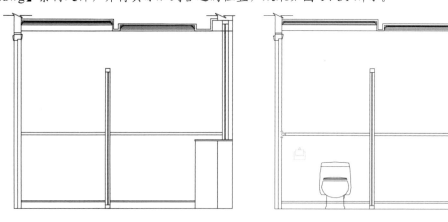

图 14-30 绘制图形对象　　　　　　图 14-31 添加素材效果

Step 30 在命令行中输入【HATCH】命令，根据命令行的提示执行【设置】命令，在弹出的【图案填充和渐变色】对话框中，单击【图案】选项后面的按钮，在弹出的【填充图案选项板】对话框中选择【ANGLE】选项，然后单击【确定】按钮，如图 14-32 所示。

Step 31 返回到【图案填充和渐变色】对话框，在【角度和比例】选项组中将【比例】设置为 20，然后单击【确定】按钮，如图 14-33 所示。

第 14 章 绘制室内卫生间立面图

图 14-32　选择【ANGLE】选项　　　　　图 14-33　设置填充参数

Step 32 设置完成后返回到绘图区中，单击需要填充的区域，填充效果如图 14-34 所示。

Step 33 执行【HATCH】命令，在【填充图案选项板】对话框中选择【JIS-LC-20A】选项，然后单击【确定】按钮，如图 14-35 所示。

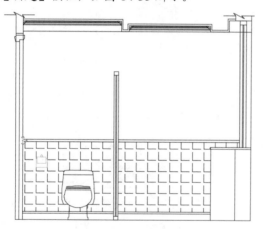

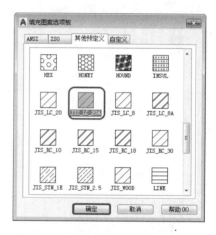

图 14-34　填充效果　　　　　　　　图 14-35　选择【JIS-LC-20A】选项

Step 34 返回到【图案填充和渐变色】对话框中将【颜色】设置为绿色，在【角度和比例】选项组中将【比例】设置为 3，然后单击【确定】按钮，如图 14-36 所示。

Step 35 设置完成后返回到绘图区中，单击需要填充的区域，填充后的显示效果如图 14-37 所示。

Step 36 执行【HATCH】命令，在【填充图案选项板】对话框中选择【AR-HBONE】选项，然后单击【确定】按钮，如图 14-38 所示。

Step 37 返回到【图案填充和渐变色】对话框，在【角度和比例】选项组中将【比例】设置为 1，然后单击【确定】按钮，如图 14-39 所示。

Step 38 设置完成后返回到绘图区中，单击需要填充的区域，填充后的显示效果如图 14-40 所示。

299

图 14-36 设置填充参数 1

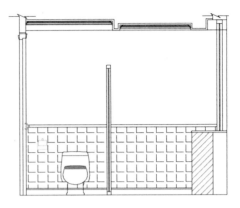

图 14-37 填充效果 1

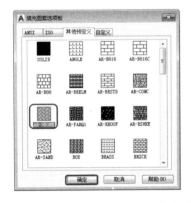

图 14-38 选择【AR-HBONE】选项

图 14-39 设置填充参数 2

Step 39 将【尺寸标注】图层置于当前图层。在命令行中输入【DIMSTYLE】命令，弹出【标注样式管理器】对话框，单击【新建】，在弹出的【创建新标注样式】对话框中将【新样式名】设置为【卫生间1尺寸标注】，然后单击【继续】按钮，如图 14-41 所示。

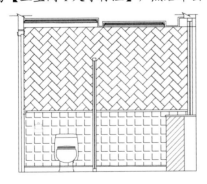

图 14-40 填充效果 2

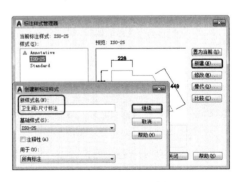

图 14-41 设置标注样式名

Step 40 在弹出的【新建标注样式：卫生间1尺寸标注】对话框中选择【线】选项卡，在【尺寸界线】组中将【超出尺寸线】设置为5，将【起点偏移量】设置为40，如图14-42所示。

Step 41 选择【符号和箭头】选项卡，在【箭头】组中将【第一个】设置为【建筑箭头】，将【箭头大小】设置为80，如图14-43所示。

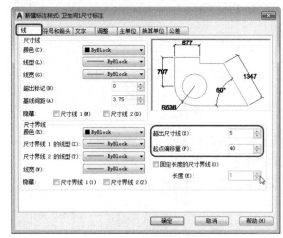
图 14-42　设置【线】参数

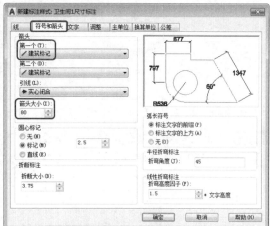
图 14-43　设置【符号和箭头】参数

Step 42 选择【文字】选项卡，在【文字外观】组中将【文字高度】设置为120；在【文字对齐】组中选中【水平】单选按钮，如图14-44所示。

Step 43 选择【主单位】选项卡，在【线性标注】组中将【精度】设置为0，如图14-45所示。

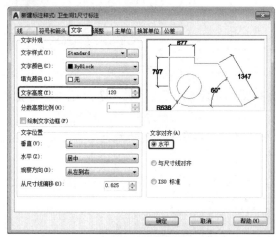
图 14-44　设置【文字】参数

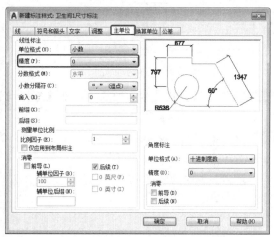
图 14-45　设置【主单位】参数

Step 44 设置完成后单击【确定】按钮，返回到【标注样式管理器】对话框中，单击【置为当前】按钮，然后单击【关闭】按钮，如图14-46所示。

Step 45 在命令行中输入【DIMLINEAR】命令，对图形进行尺寸标注，标注效果如图14-47所示。

Step 46 在命令行中输入【MLEADERSTYLE】命令，弹出【多重引线样式管理器】对话框，单击【新建】按钮，弹出【创建新多重引线样式】对话框，将【新样式名】设置为【卫生间标注】，然后单击【继续】按钮，如图14-48所示。

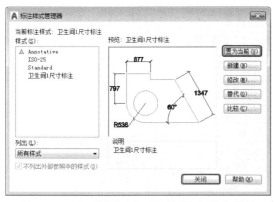

图 14-46 将【卫生间1尺寸标注】置为当前

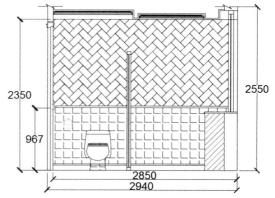

图 14-47 尺寸标注效果

Step 47 弹出【修改多重引线样式】对话框，选择【引线格式】选项卡，在【箭头】组中将【大小】设置为150，在【常规】组中将【颜色】设置为红色，如图14-49所示。

图 14-48 新建样式

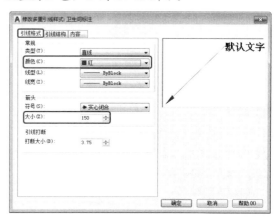

图 14-49 设置【引线格式】参数

Step 48 选择【引线结构】选项卡，在【基线设置】组中勾选【设置基线距离】复选框并将其参数设置为8，如图14-50所示。

Step 49 选择【内容】选项卡，在【文字选项】组中将【文字颜色】设置为红色，将【文字高度】设置为100，如图14-51所示。

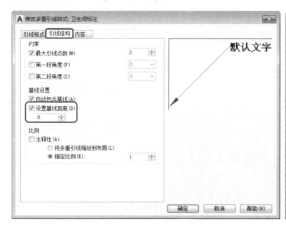

图 14-50 设置【引线结构】参数

图 14-51 设置【内容】参数

第 14 章 绘制室内卫生间立面图

Step 50 设置完成后单击【确定】按钮,返回到【多重引线样式管理器】对话框,在左侧列表中即可看到新建的引线样式,单击【置为当前】按钮,然后单击【关闭】按钮即可,如图 14-52 所示。

Step 51 将【文字说明】图层置为当前图层。在命令行中输入【MLEADER】命令,根据命令行提示进行操作,对图形对象进行文字标注,效果如图 14-53 所示。

图 14-52 显示新建样式

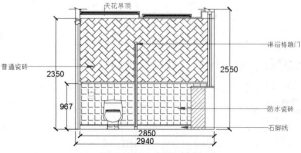

图 14-53 标注效果

14.3 绘制卫生间立面图 B

下面详细讲解如何绘制卫生间立面图 B,具体操作步骤如下。

Step 01 将【辅助线】图层置为当前图层。在命令行中输入【RECTANG】命令,绘制一个长度为 2 800、宽度为 2 380 的矩形,绘制效果如图 14-54 所示。然后在命令行中输入【EXPLODE】命令,将绘制矩形分解。

Step 02 将【墙线】图层置为当前图层。在命令行中输入【OFFSET】命令,将矩形上面的水平线向下偏移 40、1 350、1 380、1 530、2 260 的距离,将左侧的垂直线段向右偏移 650、910、1 750 的距离,效果如图 14-55 所示。

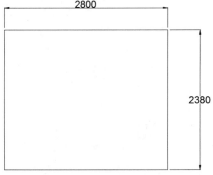

图 14-54 绘制矩形   图 14-55 偏移效果

Step 03 在命令行中输入【TRIM】命令,按两次【Enter】键确定,对图形对象进行修剪,效果如图 14-56 所示。

Step 04 在命令行中输入【RECTANG】命令,绘制一个长度为 700、宽度为 2 200 的矩形,然后将其调整到合适位置,如图 14-57 所示。

303

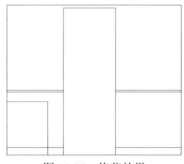

图 14-56　修剪效果

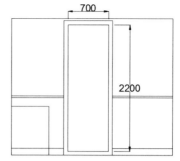

图 14-57　绘制矩形并调整位置

Step 05 在命令行中输入【OFFSET】命令，将绘制的矩形向内偏移 30、100 的距离，效果如图 14-58 所示。

Step 06 在命令行中输入【LINE】命令，将偏移矩形的 4 个端点进行连接，效果如图 14-59 所示。

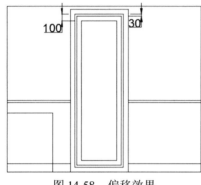

图 14-58　偏移效果

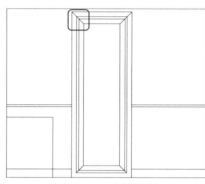

图 14-59　连接效果

Step 07 在命令行中输入【PLINE】命令，绘制如图 14-60 所示的多线段。

Step 08 在命令行中输入【CIRCLE】命令，绘制两个半径为 20 的圆，并对其位置进行调整，上下距离为 130，如图 14-61 所示。

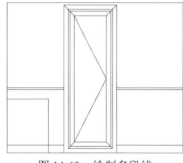

图 14-60　绘制多段线

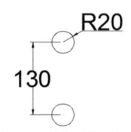

图 14-61　绘制圆并调整距离

Step 09 在命令行中输入【POLYGON】命令，分别以圆心为中心点，绘制内切于圆的正六边形，效果如图 14-62 所示。

Step 10 在命令行中输入【PLINE】命令，绘制如图 14-63 所示的梯形对象。

Step 11 在命令行中输入【LINE】命令，绘制连接两个圆心的直线段，如图 14-64 所示。

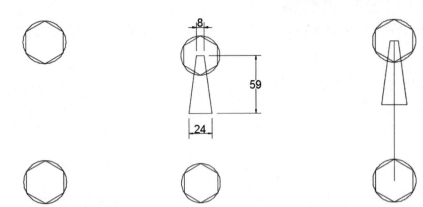

图 14-62 绘制正六边形　　图 14-63 绘制梯形对象　　图 14-64 绘制连接圆心的直线段

Step 12 在命令行中输入【MIRROR】命令，选择梯形对象作为镜像对象，以经过垂直线段中心点的水平线为镜像线，进行镜像，效果如图 14-65 所示。

Step 13 在命令行中输入【ARC】命令，根据命令行的提示绘制如图 14-66 所示的圆弧对象。

Step 14 在命令行中输入【MIRROR】命令，将绘制的圆弧以垂直线段为镜像线进行镜像操作，效果如图 14-67 所示。

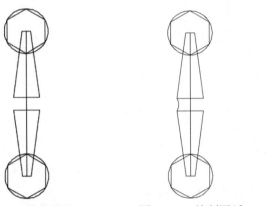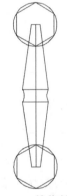

图 14-65 镜像效果 1　　图 14-66 绘制圆弧　　图 14-67 镜像效果 2

Step 15 绘制好门手柄后将其调整到合适的位置，调整效果如图 14-68 所示。

Step 16 在命令行中输入【OFFSET】命令，将如图 14-69 所示的选中线段向下偏移 20 的距离。

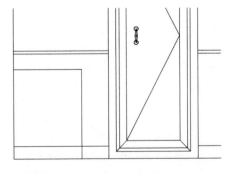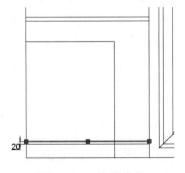

图 14-68 调整门手柄至合适位置　　图 14-69 偏移线段

Step 17 在命令行中输入【RECTANG】命令，绘制两个相同的矩形，将矩形长度设置为 80，宽度设置为 100，绘制完成后将其调整到合适的位置，如图 14-70 所示。

Step 18 在命令行中输入【LINE】命令，连接矩形的两个对角端点，效果如图14-71所示。

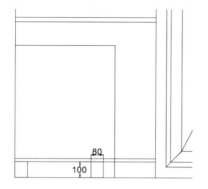

图 14-70　绘制矩形并调整位置

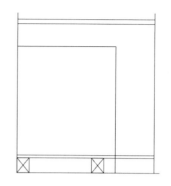

图 14-71　连接端点

Step 19 在命令行中输入【OFFSET】命令，将垂直线段向左偏移20的距离，效果如图14-72所示。

Step 20 在命令行中输入【TRIM】命令，对图形对象进行修剪，效果如图14-73所示。

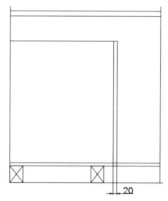

图 14-72　偏移效果1

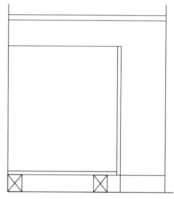

图 14-73　修剪效果2

Step 21 在命令行中输入【LINE】命令，绘制如图14-74所示的线段，每两个一组间距为15，组与组间的距离为35，如图14-74所示。

Step 22 在命令行中输入【TRIM】命令，对图形对象进行修剪，效果如图14-75所示。

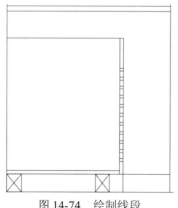

图 14-74　绘制线段

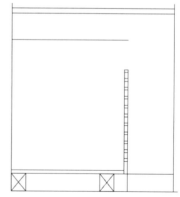

图 14-75　修剪效果3

Step 23 在命令行中输入【PLINE】命令，绘制如图14-76所示的图形对象。

Step 24 执行【PLINE】命令，绘制如图14-77所示的图形对象。

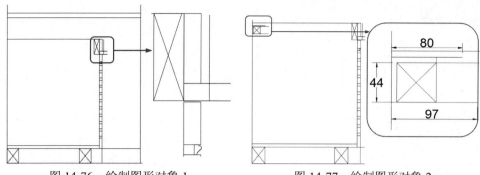

图 14-76　绘制图形对象 1　　　　　　图 14-77　绘制图形对象 2

Step 25 在命令行中输入【RECTANG】命令，绘制一个长度为 124、宽度为 20 的矩形，并将其调整到合适的位置，如图 14-78 所示。

Step 26 在命令行中输入【PLINE】命令，绘制如图 14-79 所示的图形对象。

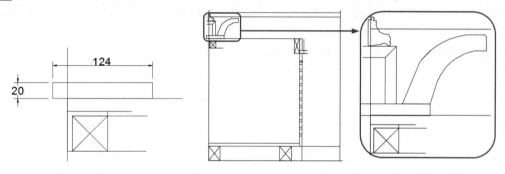

图 14-78　绘制矩形并调整位置　　　　　图 14-79　绘制图形对象 3

Step 27 执行【修剪】命令对其进行修剪。在命令行中输入【OFFSET】命令，将最右侧的垂直线段向右偏移 100 的距离，向左偏移 2 900、3 000 的距离，效果如图 14-80 所示。

Step 28 在命令行中输入【LINE】命令，在底端连接偏移的线段，效果如图 14-81 所示。

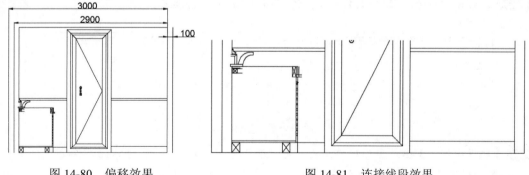

图 14-80　偏移效果　　　　　　　　图 14-81　连接线段效果

Step 29 在命令行中输入【LENGTHEN】命令，将新偏移线段以左右分为两组，分别将左侧线段向上拉长 170 的距离，将右侧线段向上拉长 140 的距离，效果如图 14-82 所示。

Step 30 在命令行中输入【PLINE】命令，绘制如图 14-83 所示的图形对象。

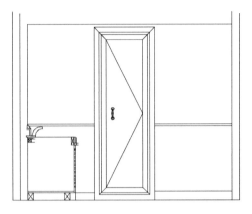
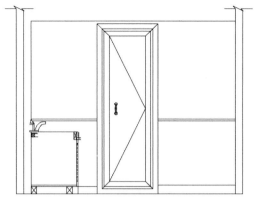

图 14-82 拉长线段后效果　　　　图 14-83 绘制图形对象 1

Step 31 在命令行中输入【MLINE】命令,根据命令行的提示操作,将多线比例设置为 20,从最上面的水平线与垂直线段的延伸交点为起点,向右绘制 650,向上绘制 130,向右绘制 2 250 的距离,效果如图 14-84 所示。

Step 32 在命令行中输入【PLINE】命令,绘制如图 14-85 所示的图形对象。

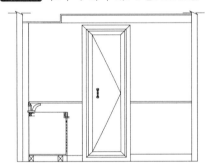
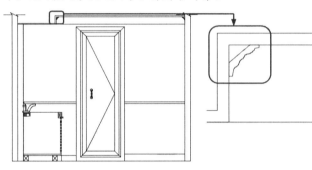

图 14-84 绘制多线效果　　　　图 14-85 绘制图形对象 2

Step 33 在命令行中输入【LINE】命令,绘制如图 14-86 所示的多线。

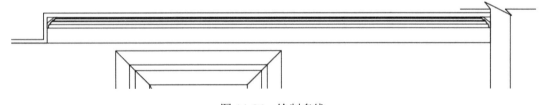

图 14-86 绘制多线

Step 34 将【装饰品】图层置为当前图层。打开配套资源中的素材\第 14 章\【绘制卫生间 B 装饰品.dwg】素材文件,并将其添加到合适的位置,效果如图 14-87 所示。

Step 35 在命令行中输入【HATCH】命令,根据命令行的提示执行【设置】命令,弹出【图案填充和渐变色】对话框,在该对话框的【类型和图案】组中将【图案】设置为【ANGLE】,在【角度和比例】组中将【比例】设置为 20,然后单击【确定】按钮,如图 14-88 所示。

第 14 章 绘制室内卫生间立面图

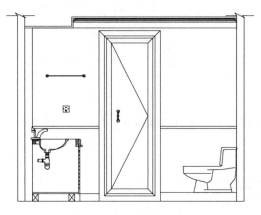

图 14-87 添加素材效果

图 14-88 设置填充参数

Step 36 返回到绘图区中，在需要填充的区域单击，即可对其进行填充，效果如图 14-89 所示。

Step 37 在命令行中输入【HATCH】命令，根据命令行的提示执行【设置】命令，弹出【图案填充和渐变色】对话框，在该对话框的【类型和图案】组中将【图案】设置为【AR-HBONE】，在【角度和比例】组中将【比例】设置为 1，然后单击【确定】按钮，如图 14-90 所示。

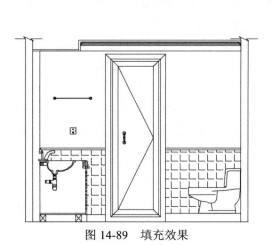

图 14-89 填充效果

图 14-90 设置填充参数

Step 38 返回到绘图区中，在需要填充的区域单击，即可对其进行填充，效果如图 14-91 所示。

Step 39 将【尺寸标注】图层置为当前图层。在命令行中输入【DIMLINEAR】命令，对图形对象进行尺寸标注，效果如图 14-92 所示。

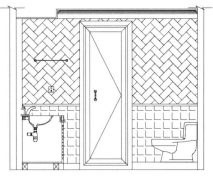

图 14-91 填充效果

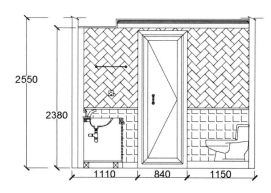

图 14-92 尺寸标注效果

Step 40 将【文字说明】图层置为当前图层。在命令行中输入【MLEADER】命令,对图形对象进行文字标注,效果如图 14-93 所示。

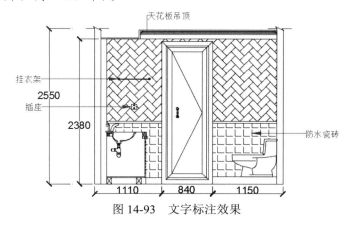

图 14-93 文字标注效果

14.4 绘制卫生间立面图 C

下面详细讲解如何绘制卫生间立面图 C,具体操作步骤如下。

Step 01 将【辅助线】图层置于当前图层。在命令行中输入【RECTANG】命令,绘制一个长度为 2 850,宽度为 2 350 的矩形,效果如图 14-94 所示。然后在命令行中输入【EXPLODE】命令,将绘制的矩形分解。

Step 02 将【墙线】图层置于当前图层。在命令行中输入【OFFSET】命令,将矩形的最上面水平线向下偏移 1 350、1 380、1 460、2 250 的距离,将最右侧的垂直线段向左偏移 1 200 的距离,将左侧的垂直线段向右偏移 200、500 的距离,效果如图 14-95 所示。

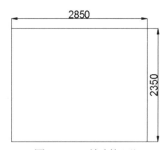

图 14-94 绘制矩形

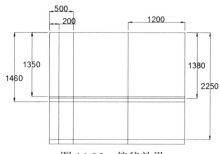

图 14-95 偏移效果

Step 03 在命令行中输入【TRIM】命令，按两次【Enter】键，对图形对象进行修剪，修剪效果如图 14-96 所示。

Step 04 在命令行中输入【OFFSET】命令，将修剪后的图形进行偏移，将靠上面的短线段向上偏移 20 的距离，将靠下面的线段向下偏移 20 的距离，偏移效果如图 14-97 所示。

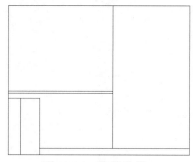

图 14-96　修剪效果 1

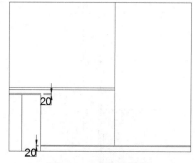

图 14-97　偏移效果

Step 05 在命令行中输入【ARC】命令，以两条平行线的距离为直径，绘制如图 14-98 所示的圆弧。

Step 06 在命令行中输入【RECTANG】命令，绘制一个长度为 60、宽度为 45 的矩形，并将其调整到合适的位置，效果如图 14-99 所示。

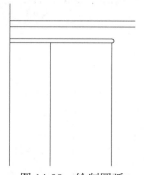

图 14-98　绘制圆弧

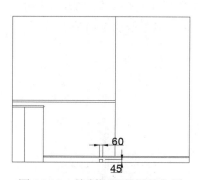

图 14-99　绘制矩形并调整位置

Step 07 在命令行中输入【LINE】命令，以新绘制矩形的左上角侧端点为起点绘制一条长度为 1 760 的垂直线段，然后在命令行中输入【OFFSET】命令，将新绘制的垂直线段向右偏移 25、35、60 的距离，偏移效果如图 14-100 所示。

Step 08 在命令行中输入【TRIM】命令，按两次【Enter】键，对图形对象进行修剪，修剪效果如图 14-101 所示。

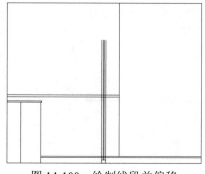

图 14-100　绘制线段并偏移

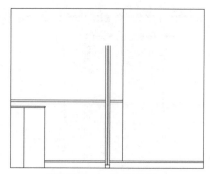

图 14-101　修剪效果 2

Step 09 在命令行中输入【RECTANG】命令，绘制一个长度为60、宽度为45的矩形，并将其调整到合适的位置，效果如图14-102所示。

Step 10 在命令行中输入【OFFSET】命令，将最右侧的垂直线段向右偏移45、90的距离，效果如图14-103所示。

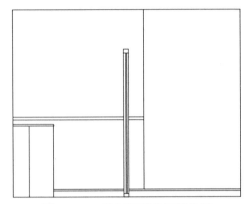

图 14-102　绘制矩形并调整位置　　　　　图 14-103　偏移效果

Step 11 在命令行中输入【LINE】命令，将偏移后的线段连接封底，效果如图14-104所示。

Step 12 在命令行中输入【OFFSET】命令，将新绘制的水平线向上偏移 2 220、2 240、2 300、2 320的距离，效果如图14-105所示。

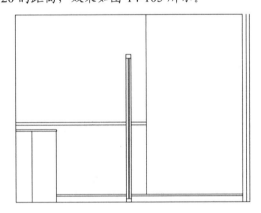 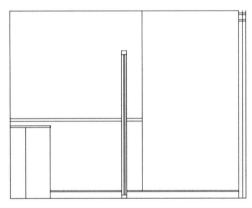

图 14-104　连接效果　　　　　　　　　图 14-105　偏移效果

Step 13 在命令行中输入【TRIM】命令，对偏移后的图形对象进行修剪，修剪效果如图 14-106 所示。

Step 14 在命令行中输入【PLINE】命令，绘制如图14-107所示的图形对象。

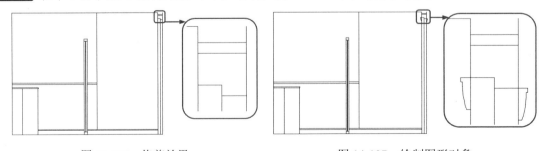

图 14-106　修剪效果　　　　　　　　　图 14-107　绘制图形对象

Step 15 在命令行中输入【LENGTHEN】命令,从右数将第一条垂直线段向上拉长 200 的距离,将第三条垂直线段向上拉长 176 的距离,效果如图 14-108 所示。

Step 16 在命令行中输入【PLINE】命令,绘制如图 14-109 所示的图形对象。

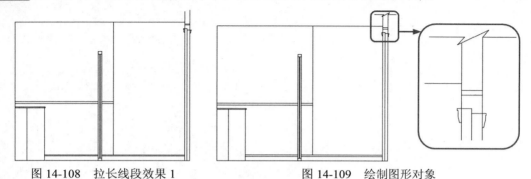

图 14-108 拉长线段效果 1　　　　　　　　图 14-109 绘制图形对象

Step 17 在命令行中输入【BREAK】命令,根据命令行的提示,打断于点最左侧的垂直线段,打断效果如图 14-110 所示。

Step 18 在命令行中输入【OFFSET】命令,将打断后的上面线段向右偏移 60、95、105、140 的距离,效果如图 14-111 所示。

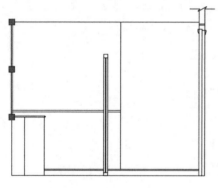 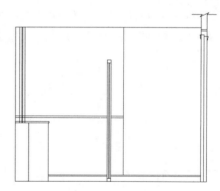

图 14-110 打断效果　　　　　　　　　　　图 14-111 偏移效果

Step 19 在命令行中输入【TRIM】命令,对偏移的图形对象进行修剪,效果如图 14-112 所示。

Step 20 在命令行中输入【LENGTHEN】命令,将偏移得到的垂直线段向上拉长 90 的距离,将原偏移对象向上拉长 140 的距离,效果如图 14-113 所示。

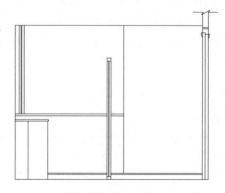 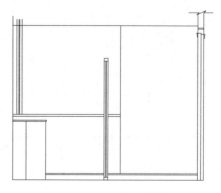

图 14-112 修剪效果　　　　　　　　　　　图 14-113 拉长线段效果 2

Step 21 在命令行中输入【RECTANG】命令,绘制一个长度为 80、宽度为 50 的矩形,并将其放置到合适的位置,效果如图 14-114 所示。

Step 22 在命令行中输入【PLINE】命令,绘制如图 14-115 所示的图形对象。

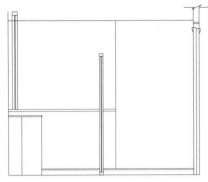

图 14-114 绘制矩形并调整位置

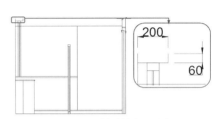

图 14-115 绘制图形对象 1

Step 23 在命令行中输入【MLINE】命令,根据命令行的提示将多线比例设置为 20,在距离最上面的水平线上方 140 的距离作为起点,向左绘制 1 244 的距离,向下绘制 130 的距离,向左绘制 80 的距离,向上绘制 73 的距离,向左绘制 1 022 的距离,向下绘制 73 的距离,向左绘制 220 的距离,向上绘制 140 的距离,最后向左绘制 84 的距离,绘制完成后效果如图 14-116 所示。

Step 24 在命令行中输入【PLINE】命令,绘制如图 14-117 所示的图形对象。

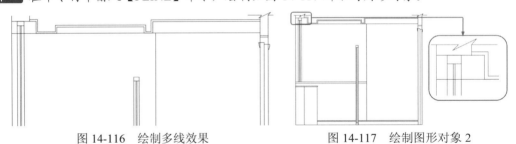

图 14-116 绘制多线效果　　　　　图 14-117 绘制图形对象 2

Step 25 在命令行中输入【PLINE】命令,绘制如图 14-118 所示的图形对象。

Step 26 在命令行中输入【LINE】命令,绘制如图 14-119 所示的水平线段。

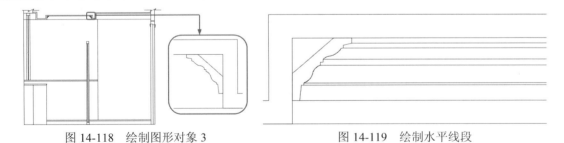

图 14-118 绘制图形对象 3　　　　　图 14-119 绘制水平线段

Step 27 使用同样的方法绘制如图 14-120 所示的图形对象。

Step 28 在命令行中输入【RECTANG】命令,绘制一个长度为 1 000、宽度为 1 360 的矩形,如图 14-121 所示。

图 14-120　绘制图形对象

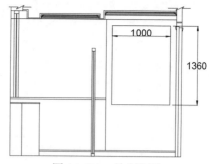
图 14-121　绘制矩形

Step 29 在命令行中输入【OFFSET】命令，将绘制的矩形分别向内偏移 15、30、45 的距离，效果如图 14-122 所示。

Step 30 在命令行中输入【LINE】命令，绘制几条倾斜线，如图 14-123 所示。

图 14-122　偏移效果 1

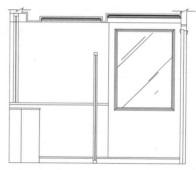
图 14-123　绘制倾斜线

Step 31 在距离绘制矩形下方 120 的距离处绘制一个长度为 1 200、宽度为 30 的矩形，如图 14-124 所示。然后在命令行中输入【EXPLODE】命令，将绘制的矩形打断。

Step 32 在命令行中输入【OFFSET】命令，将矩形的下面水平线向下偏移 15、45 的距离，如图 14-125 所示。

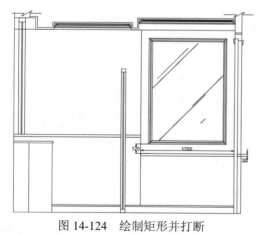
图 14-124　绘制矩形并打断

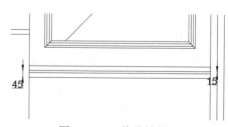
图 14-125　偏移效果 2

Step 33 在命令行中输入【RECTANG】命令，绘制两个长度为 600、宽度为 400 的矩形，并调整其位置，如图 14-126 所示。

Step 34 在命令行中输入【OFFSET】命令，将两个矩形分别向内偏移 60、80 的距离，偏移效果如图 14-127 所示。

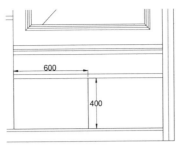
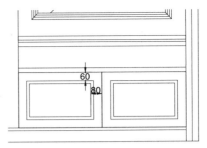

图 14-126 绘制矩形并调整位置　　　　图 14-127 偏移效果

Step 35 在命令行中输入【CIRCLE】命令,绘制两个半径为 10 的圆,效果如图 14-128 所示。

Step 36 将【装饰品】图层置于当前图层。打开配套资源中的素材\第 14 章\【绘制卫生间 C 装饰品.dwg】素材文件,并将其添加到合适的位置,效果如图 14-129 所示。

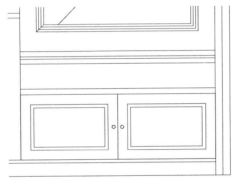
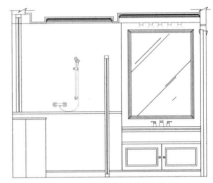

图 14-128 绘制圆　　　　图 14-129 添加素材效果

Step 37 在命令行中输入【HATCH】命令,根据命令行的提示执行【设置】命令,在弹出的【图案填充和渐变色】对话框中,将【图案】设置为【JIS-LC-20】选项,将【颜色】设置为绿色,将【比例】设置为 3,然后单击【确定】按钮,如图 14-130 所示。

Step 38 返回到绘图区中,单击需要填充的区域,填充后的显示效果如图 14-131 所示。

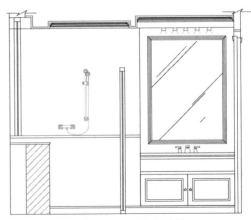

图 14-130 设置填充参数　　　　图 14-131 填充效果

第 14 章 绘制室内卫生间立面图

Step 39 执行【HATCH】命令,根据命令行的提示执行【设置】命令,在弹出的【图案填充和渐变色】对话框中,将【图案】设置为【ANGLE】,将【比例】设置为20,然后单击【确定】按钮,如图 14-132 所示。

Step 40 返回到绘图区中,单击需要填充的区域,填充后的显示效果如图 14-133 所示。

图 14-132 设置填充参数 1

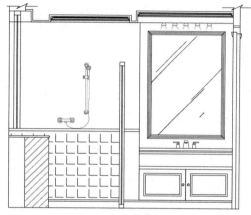
图 14-133 填充效果 1

Step 41 执行【HATCH】命令,根据命令行的提示执行【设置】命令,在弹出的【图案填充和渐变色】对话框中,将【图案】设置为【AR-HBONE】,将【比例】设置为1,然后单击【确定】按钮,如图 14-134 所示。

Step 42 返回到绘图区中,单击需要填充的区域,填充后的显示效果如图 14-135 所示。

图 14-134 设置填充参数 2

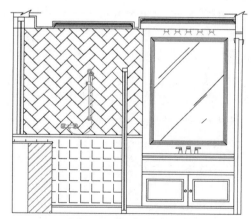
图 14-135 填充效果 2

Step 43 将【尺寸标注】图层置为当前图层。在命令行中输入【DIMLINEAR】命令,对图形进行尺寸标注,标注效果如图 14-136 所示。

Step 44 将【文字说明】图层置为当前图层。在命令行中输入【MLEADER】命令,根据命令行提示进行操作,对图形对象进行文字标注,标注效果如图 14-137 所示。

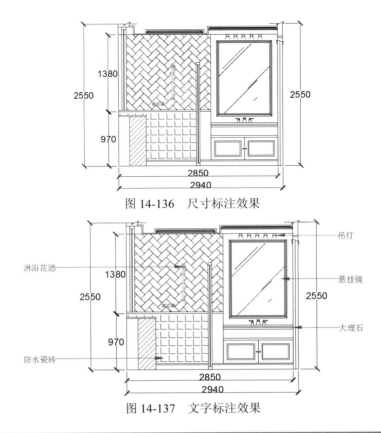

图 14-136 尺寸标注效果

图 14-137 文字标注效果

14.5 绘制卫生间立面图 D

下面详细讲解如何绘制卫生间立面图 D，具体操作步骤如下。

Step 01 将【辅助线】图层置为当前图层。在命令行中输入【RECTANG】命令，绘制一个长度为 2 800、宽度为 2 380 的矩形，效果如图 14-138 所示。然后在命令行中输入【EXPLODE】命令，将矩形分解。

Step 02 将【墙线】图层置为当前图层。在命令行中输入【OFFSET】命令，将矩形上面的水平线段向下偏移 575、1 350、1 380、1 460、1 530、2 280 的距离，将右侧的垂直线段向左偏移 650、1 400、2 100 的距离，效果如图 14-139 所示。

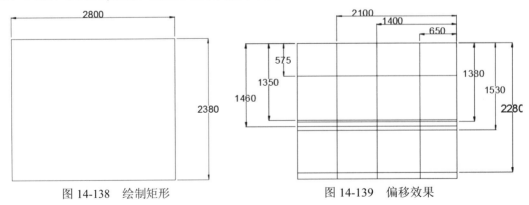

图 14-138 绘制矩形　　　　图 14-139 偏移效果

Step 03 在命令行中输入【TRIM】命令，按两次【Enter】键确定，对图形对象进行修剪，效果如图 14-140 所示。

Step 04 在命令行中输入【OFFSET】命令，将修剪后的从下数第 3 条水平线向下偏移 730 的距离，效果如图 14-141 所示。

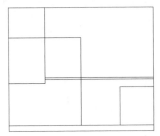
图 14-140 修剪效果 1

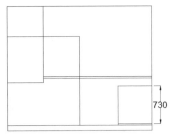
图 14-141 偏移效果 2

Step 05 在命令行中输入【RECTANG】命令，绘制两个相同的矩形，将矩形长度设置为 80、宽度设置为 100，绘制完成后将其调整到合适的位置，如图 14-142 所示。

Step 06 在命令行中输入【LINE】命令，连接矩形的两个对角端点，效果如图 14-143 所示。

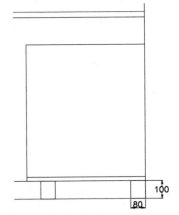
图 14-142 绘制矩形并调整位置

图 14-143 连接对角点

Step 07 在命令行中输入【OFFSET】命令，将左侧的垂直线段向右偏移 20 的距离。

Step 08 在命令行中输入【TRIM】命令，对图形对象进行修剪，效果如图 14-145 所示。

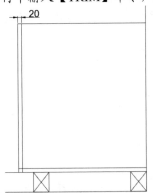
图 14-144 偏移效果 2

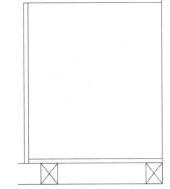
图 14-145 修剪效果 2

Step 09 在命令行中输入【LINE】命令，绘制如图 14-146 所示的线段，每两个一组间距为 15，组与组间的距离为 35，效果如图 14-146 所示。

Step 10 在命令行中输入【TRIM】命令，对图形对象进行修剪，效果如图 14-147 所示。

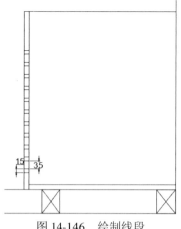
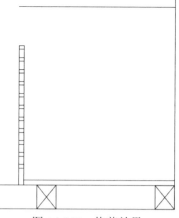

图 14-146 绘制线段　　　　　　　　　　图 14-147 修剪效果

Step 11 在命令行中输入【PLINE】命令，绘制如图 14-148 所示的图形对象。

Step 12 执行【PLINE】命令，绘制如图 14-149 所示的图形对象。

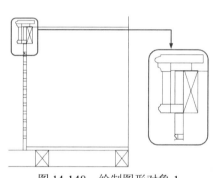
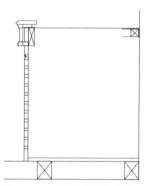

图 14-148 绘制图形对象 1　　　　　　　图 14-149 绘制图形对象 2

Step 13 执行【PLINE】命令，绘制如图 14-150 所示的图形对象。

Step 14 在命令行中输入【OFFSET】命令，将最左侧的垂直线段向左偏移 100 的距离，向右偏移 2 900、3 000 的距离，效果如图 14-151 所示。

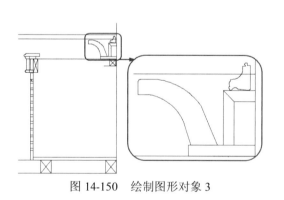
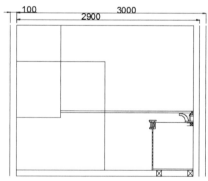

图 14-150 绘制图形对象 3　　　　　　　图 14-151 偏移效果

Step 15 在命令行中输入【LINE】命令，在底端连接偏移的线段，效果如图 14-152 所示。

Step 16 在命令行中输入【LENGTHEN】命令，将新偏移线段以左右分为两组，分别将右侧线段向上拉长 170 的距离，将左侧线段向上拉长 140 的距离，效果如图 14-153 所示。

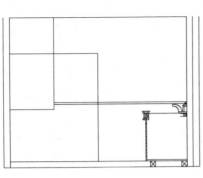
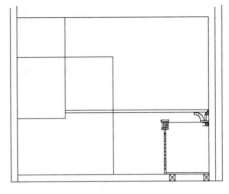

图 14-152　连接效果　　　　　　图 14-153　拉长效果

Step 17 在命令行中输入【PLINE】命令，绘制如图 14-154 所示的图形对象。

Step 18 在命令行中输入【MLINE】命令，根据命令行的提示，将多线比例设置为 20，以最上面的水平线与垂直线段的延伸交点为起点，向左绘制 640，向上绘制 130，向左绘制 2 250 的距离，效果如图 14-155 所示。

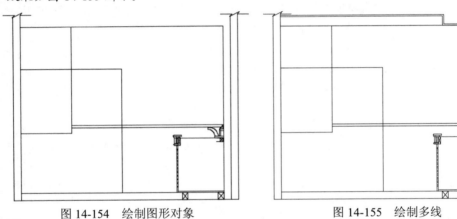

图 14-154　绘制图形对象　　　　　　图 14-155　绘制多线

Step 19 在命令行中输入【PLINE】命令，绘制如图 14-156 所示的图形对象。

Step 20 在命令行中输入【LINE】命令，绘制如图 14-157 所示的图形对象。

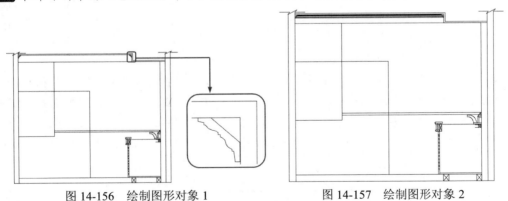

图 14-156　绘制图形对象 1　　　　　　图 14-157　绘制图形对象 2

Step 21 在命令行中输入【OFFSET】命令，将位于中间的垂直线段首先向左偏移 50 的距离，再以偏移得到的线段向左偏移 400 的距离，依次循环偏移 3 次，效果如图 14-158 所示。

Step 22 将【装饰品】图层置为当前图层。打开配套资源中的素材\第 14 章\【绘制卫生间 D 装饰品.dwg】素材文件,并将其添加到合适的位置,效果如图 14-159 所示。

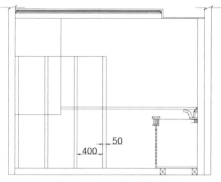

图 14-158 偏移效果

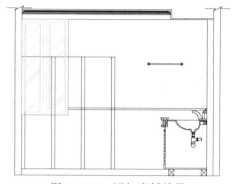

图 14-159 添加素材效果

Step 23 在命令行中输入【HATCH】命令,根据命令行的提示执行【设置】命令,弹出【图案填充和渐变色】对话框,在该对话框的【类型和图案】组中将【图案】设置为【ANGLE】,在【角度和比例】组中将【比例】设置为 20,然后单击【确定】按钮,如图 14-160 所示。

Step 24 返回到绘图区中,在需要填充的区域单击,即可对其进行填充,效果如图 14-161 所示。

图 14-160 设置填充参数

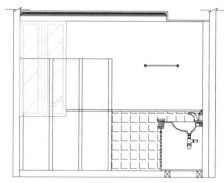

图 14-161 填充效果

Step 25 在命令行中输入【HATCH】命令,根据命令行的提示执行【设置】命令,弹出【图案填充和渐变色】对话框,在该对话框的【类型和图案】组中将【图案】设置为【AR-HBONE】,在【角度和比例】组中将【比例】设置为 1,然后单击【确定】按钮,如图 14-162 所示。

Step 26 返回到绘图区中,在需要填充的区域单击,即可对其进行填充,填充效果如图 14-163 所示。

图 14-162 设置填充参数

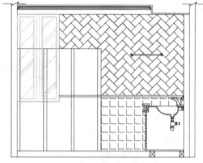

图 14-163 填充效果

Step 27 将【尺寸标注】图层置为当前图层。在命令行中输入【DIMLINEAR】命令，对图形对象进行尺寸标注，效果如图 14-164 所示。

Step 28 将【文字说明】图层置为当前图层。在命令行中输入【MLEADER】命令，对图形对象进行文字标注，效果如图 14-165 所示。

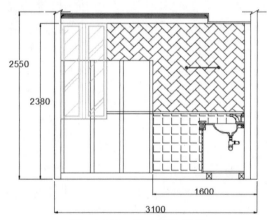

图 14-164 尺寸标注效果

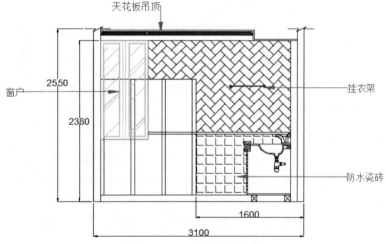

图 14-165 文字标注效果

增值服务：扫码做测试题，并可观看讲解测试题的微课程。

第 15 章 绘制剖面图和节点详图

本章将重点讲解剖面图和节点详图的绘制。其中，首先讲解剖面图的绘制，其次详细讲解详图的绘制，包括推拉门详图、柱子详图和窗槛详图的绘制，通过几个实例能熟练掌握详图的绘制要点。

15.1 绘制客厅剖面图

剖面图用以表示房屋内部的结构或构造形式、分层情况和各部位的联系、材料及其高度等，是与平、立面图相互配合的不可缺少的重要图样之一。剖面图的数量是根据房屋的具体情况和施工实际需要而决定的。剖切面一般横向，即平行于侧面，必要时也可纵向，即平行于正面，效果如图 15-1 所示。

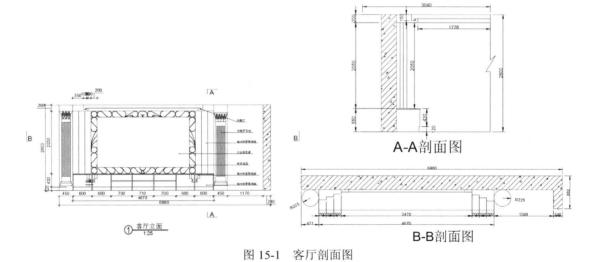

图 15-1　客厅剖面图

15.1.1　绘制客厅 A-A 剖面图

下面讲解如何绘制客厅 A-A 剖面图，其具体操作步骤如下。

Step 01 打开配套资源中的素材\第 15 章\【剖面图-素材.dwg】素材文件，如图 15-2 所示。

Step 02 按【Ctrl+Shift+S】组合键，弹出【图形另存为】对话框，设置其保存路径，将【文件名】设置为【客厅剖面图】，单击【保存】按钮即可，如图 15-3 所示。

Step 03 在命令行中输入【REC】命令，绘制一个长度为 3 040、宽度为 2 800 的矩形，如图 15-4 所示。

第 15 章 绘制剖面图和节点详图

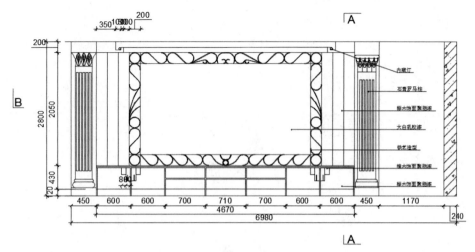

图 15-2 打开素材文件

图 15-3 【另存为】图形文件

图 15-4 绘制矩形

Step 04 使用【分解】工具,将矩形进行分解,将左侧的线段删除,将下方的线段颜色设置为蓝色,选择上侧边,右击,在弹出的快捷菜单中执行【特性】命令,如图 15-5 所示。

Step 05 打开【特性】选项板,单击【颜色】右侧的【ByLayer】,在弹出的下拉列表中执行【选择颜色】命令,如图 15-6 所示。

图 15-5 执行【特性】命令   图 15-6 执行【选择颜色】命令

325

Step 06 在【颜色】下方输入 234，单击【确定】按钮，如图 15-7 所示。

Step 07 将【特性】选项板关闭，使用【偏移】工具，将上侧边向下依次偏移 100、100，设置偏移后的颜色为【ByLayer】，如图 15-8 所示。

图 15-7　设置颜色

图 15-8　偏移直线

Step 08 将右侧边向左偏移 1728，然后使用【多段线】工具，指定 A 点作起点，向上引导鼠标输入 100，向左引导鼠标输入 50，向下引导鼠标输入 50，向左引导鼠标输入 100，向上引导鼠标输入 150，如图 15-9 所示。

Step 09 将多段线的颜色设置为 234，使用【修剪】工具，修剪线段，如图 15-10 所示。

图 15-9　绘制多段线　　　　　　　　　　　图 15-10　修剪线段

Step 10 指定 A 点作为起点，向左引导鼠标输入 500，将【颜色】设置为 96，如图 15-11 所示。

Step 11 使用【圆】工具，绘制一个半径为 20 的圆，将其放置到如图 15-12 所示的位置处。

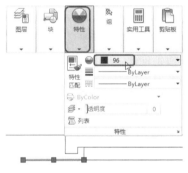

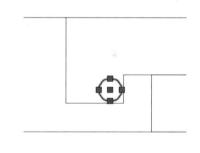

图 15-11　设置线段的颜色　　　　　　　　　图 15-12　绘制圆

Step 12 使用【偏移】工具，将右侧的线段依次向左偏移 1 988、80、80、80、370，如图 15-13 所示。

Step 13 使用【多段线】工具，指定 A 点作为起点，向右引导鼠标输入 530，向上引导鼠标输入 120，向右引导鼠标输入 20，向上引导鼠标输入 410，向左引导鼠标输入 550，如图 15-14 所示。

Step 14 使用【多段线】工具和【圆弧】工具，绘制如图 15-15 所示的对象，将绘制的对象和 A、B 线段的颜色设置为 234。

Step 15 使用【修剪】工具，修剪对象，如图 15-16 所示。

图 15-13　偏移线段

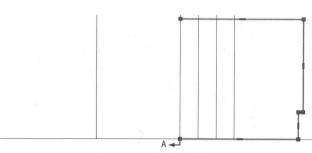
图 15-14　绘制多段线

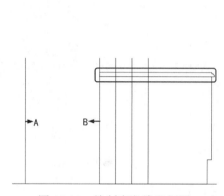
图 15-15　绘制多段线和圆弧

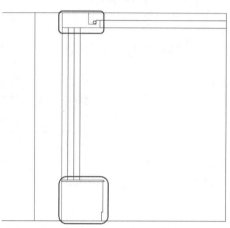
图 15-16　修剪对象

Step 16 在命令行中输入【HA】命令，将【图案填充图案】设置为【ANSI31】，将【填充图案比例】设置为 30，如图 15-17 所示。

Step 17 使用【图案填充】工具，将【图案填充图案】设置为【AR-CONC】，将【填充图案比例】设置为 2，如图 15-18 所示。

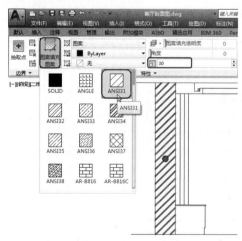
图 15-17　填充图案 1

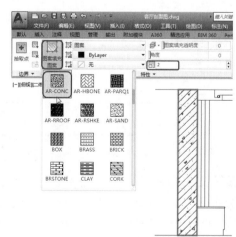
图 15-18　填充图案 2

Step 18 使用【多段线】工具，绘制多段线，如图 15-19 所示。

Step 19 使用【修剪】工具，修剪对象，如图 15-20 所示。

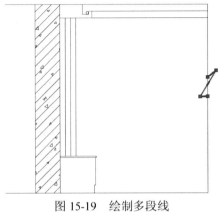
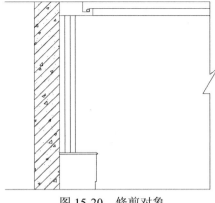

图 15-19　绘制多段线　　　　　　　图 15-20　修剪对象

15.1.2　绘制客厅 B-B 剖面图

下面讲解如何绘制客厅 B-B 剖面图，其具体操作步骤如下。

Step 01　在命令行中输入【REC】命令，分别绘制 6980×370 和 240×510 的矩形，如图 15-21 所示。

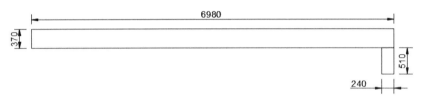

图 15-21　绘制矩形 1

Step 02　在命令行中输入【TR】命令，修剪对象，如图 15-22 所示。

图 15-22　修剪对象

Step 03　使用【矩形】工具，绘制一个长度为 4 670、宽度为 550 的矩形，将其放置到如图 15-23 所示的位置处。

图 15-23　绘制矩形并调整其位置

Step 04　使用【矩形】工具，绘制两个长度为 200、宽度为 60 的矩形，如图 15-24 所示。

Step 05　使用【多段线】工具，绘制多段线，如图 15-25 所示。

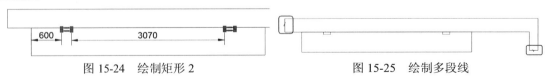

图 15-24　绘制矩形 2　　　　　　　图 15-25　绘制多段线

Step 06　使用【修剪】工具，修剪对象，如图 15-26 所示。

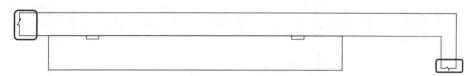

图 15-26　修剪对象

Step 07 选择绘制的所有对象，将其颜色设置为 234，如图 15-27 所示。

图 15-27　更改对象的颜色

Step 08 使用【多段线】工具，参照如图 15-28 所示的参数来绘制多段线。

图 15-28　绘制多段线

Step 09 使用【圆】工具，绘制两个半径为 225 的圆，将其放置到适当的位置处，将圆的【颜色】设置为【颜色 96】，如图 15-29 所示。

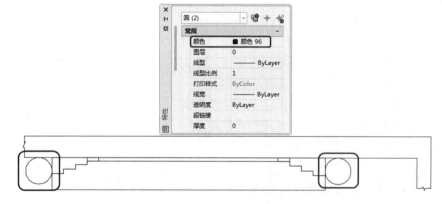

图 15-29　绘制圆并更改圆的颜色

Step 10 在命令行中输入【HA】命令，将【图案填充图案】设置为【ANSI31】，将【填充图案比例】设置为 30，如图 15-30 所示。

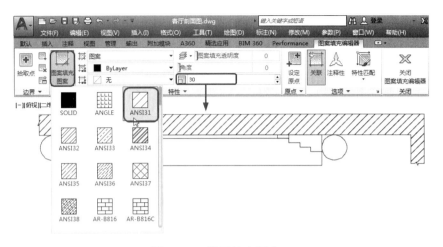

图 15-30 设置填充图案 1

Step 11 执行【图案填充】命令,将【图案填充图案】设置为【AR-CONC】,将【图案填充比例】设置为 2,如图 15-31 所示。

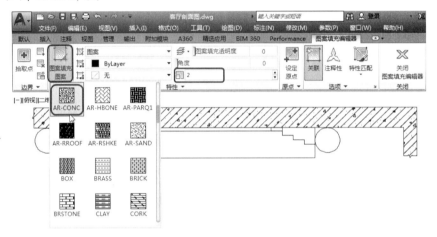

图 15-31 设置填充图案 2

Step 12 使用【多行文字】工具,将【文字高度】设置为 250,然后输入多行文字,如图 15-32 所示。

15.1.3 标注对象

下面讲解如何标注对象,其具体操作步骤如下。

Step 01 在命令行中输入 D 命令,弹出【标注样式管理器】对话框,单击【新建】按钮,弹出【创建新标注样式】对话框,将【新样式名】设置为【剖面图标注】,然后单击【继续】按钮,如图 15-33 所示。

图 15-32 输入多行文字

Step 02 切换至【线】选项卡,将【超出尺寸线】和【起点偏移量】都设置为 50,如图 15-34 所示。

Step 03 切换至【符号和箭头】选项卡,将【箭头大小】设置为 100,如图 15-35 所示。

Step 04 切换至【文字】选项卡,将【文字高度】设置为 80,如图 15-36 所示。

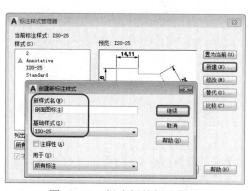

图 15-33 创建新的标注样式

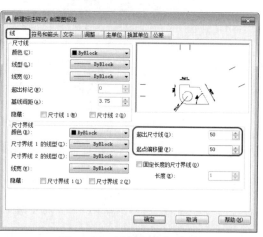

图 15-34 设置【线】参数

图 15-35 设置【符号和箭头】参数

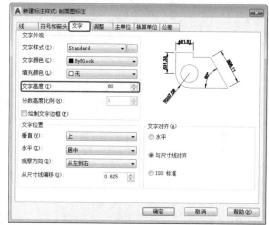

图 15-36 设置【文字】参数

Step 05 切换至【调整】选项卡，选中【尺寸线上方，不带引线】单选按钮，如图 15-37 所示。
Step 06 切换至【主单位】选项卡，将【精度】设置为 0，单击【确定】按钮，如图 15-38 所示。

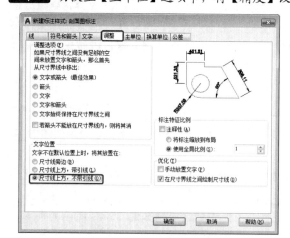

图 15-37 设置【调整】参数

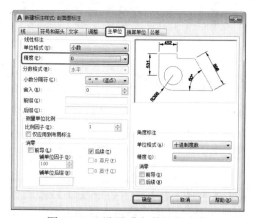

图 15-38 设置【主单位】参数

Step 07 返回至【标注样式管理器】对话框，将【剖面图标注】样式置为当前，如图 15-39 所示。
Step 08 使用【线性标注】和【快速标注】工具对剖面图进行标注，最终效果如图 15-40 所示。

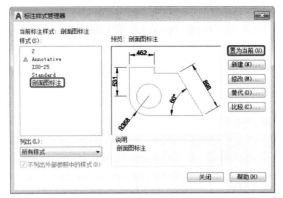

图 15-39 将【剖面图标注】样式置为当前

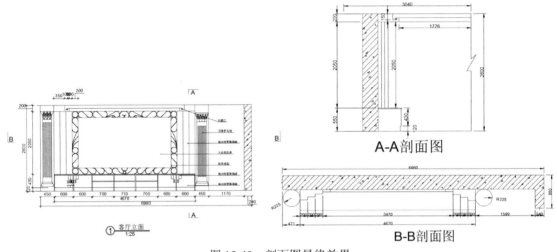

图 15-40 剖面图最终效果

15.2 绘制详图

详图用来反映节点处构件代号、连接材料、连接方法及对施工安装等方面的内容，更重要的是表达节点处配置的受力钢筋或构造钢筋的规格、型号、性能和数量，总之结构节点是用来保证建筑节点在该位置可以传递的荷载，并且安全可靠。本节将通过 3 个实例来重点讲解详图的绘制方法。

15.2.1 绘制厨房玻璃推拉门大样详图

玻璃推拉门在日常生活中随处可见，本案例讲解厨房玻璃推拉门大样详图的制作，效果如图 15-41 所示。具体操作方法如下。

Step 01 新建空白图纸，打开【图层特性管理器】选项板，新建如图 15-42 所示的图层，并将【详图】图层设为当前图层。

Step 02 使用【直线】工具，按【F8】键开启正交模式，根据标注绘制如图 15-43 所示的圆形，并将颜色修改为蓝色，将颜色设为颜色 8。

Step 03 使用【偏移】工具，将选中的直线向外偏移 20、40，如图 15-44 所示，并将偏移的直线的颜色修改为绿色。

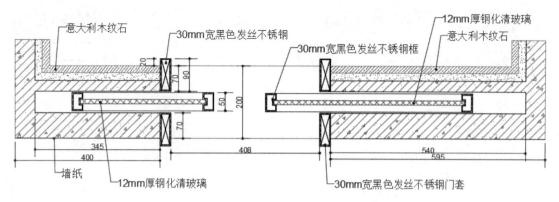

图 15-41 厨房玻璃推拉门大详图

Step 04 使用【修剪】工具将多余的线条删除，并使用【直线】工具，对图形封口，将颜色设置为 8，完成后的效果如图 15-45 所示。

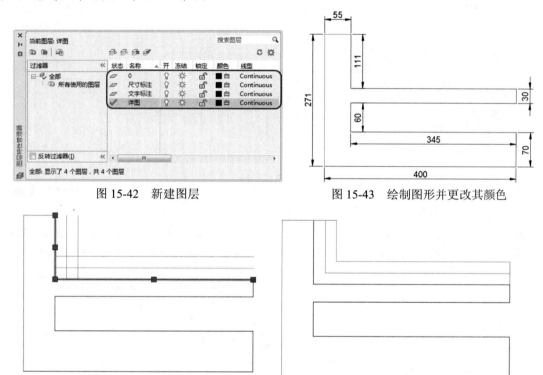

图 15-42 新建图层　　　　　　　图 15-43 绘制图形并更改其颜色

图 15-44 偏移直线　　　　　　　图 15-45 修剪对象

Step 05 使用【图案填充】工具，将【图案填充图案】设为【ANSI31】，将【图案填充颜色】设为颜色 8，将【填充图案比例】设为 5，进行填充，效果如图 15-46 所示。

Step 06 使用【图案填充】工具，将【图案填充图案】设为【AR-CONC】，【图案填充颜色】设为颜色 8，【填充图案比例】设为 0.4，对 Step 05 填充的区域继续填充，完成后的效果如图 15-47 所示。

Step 07 使用【图案填充】工具，将【图案填充图案】设为【AR-SAND】，将【图案填充颜色】设为洋红，将【填充图案比例】设为 0.3，效果如图 15-48 所示。

Step 08 使用【图案填充】工具，将【图案填充图案】设为【ANSI33】，将【图案填充颜色】设为颜色 8，将【填充图案比例】设为 2，填充后效果如图 15-49 所示。

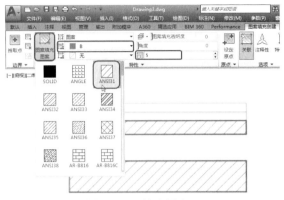

图 15-46　填充图案 1

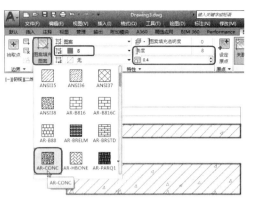

图 15-47　填充图案 2

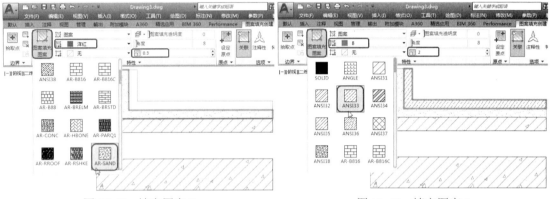

图 15-48　填充图案 3　　　　　　　　图 15-49　填充图案 4

Step 09 在场景的空白位置使用【矩形】工具绘制长度为 30、宽度为 90 的矩形，并使用【偏移】工具，将矩形向内偏移 3，完成后的效果如图 15-50 所示。

Step 10 使用【直线】工具，连接矩形的两个角点，并使用【图案填充】工具，进行填充，将【图案填充图案】设为【ANSI34】，【图案填充颜色】设为颜色 8，【填充图案比例】设为 0.5，如图 15-51 所示。

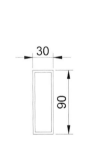

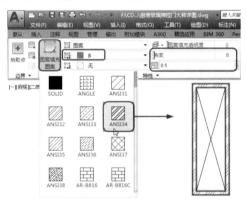

图 15-50　偏移对象　　　　　　　　　图 15-51　填充对象

Step 11 选择 Step 10 的对象进行编组，然后将其进行复制并将其调整到如图 15-52 所示的位置。

Step 12 在场景的空白位置使用【直线】工具，根据标注绘制如图 15-53 所示的直线。

Step 13 选择【合并】工具，将 Step 12 创建的所有直线合并，使用【偏移】工具将合并的图形向内偏移 3，如图 15-54 所示。

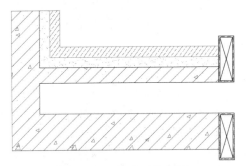
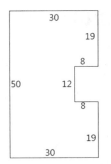

图 15-52　移动对象位置　　　　　　图 15-53　绘制直线

Step 14 使用【图案填充】工具，将【图案填充图案】设为【ANSI34】，【图案填充颜色】设为颜色 8，【填充图案比例】设为 0.5，如图 15-55 所示。

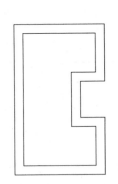
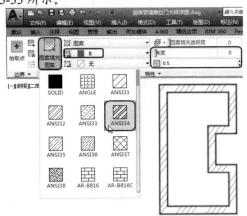

图 15-54　偏移对象　　　　　　图 15-55　填充对象

Step 15 使用【直线】工具，捕捉端点绘制长度为 331 的直线，并将其颜色修改为红色，如图 15-56 所示。

Step 16 利用【镜像】工具，将直线左侧的对象，以直线中点为基点进行镜像，如图 15-57 所示。

图 15-56　绘制直线并更改颜色　　　　　　图 15-57　镜像对象

Step 17 使用【直线】工具，捕捉端点进行绘制，将颜色修改为洋红，如图 15-58 所示。

Step 18 使用【图案填充】工具，将【图案填充图案】设为【ANSI37】，【图案填充颜色】设为颜色 8，【填充图案比例】设为 4，如图 15-59 所示。

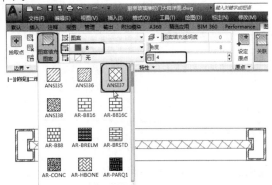

图 15-58　绘制直线并更改颜色　　　　　　图 15-59　设置图案填充

Step 19 将 Step 18 创建的对象进行编组,然后将其移动至如图 15-60 所示的位置。

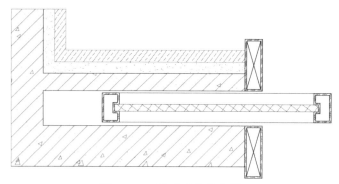

图 15-60 移动对象的位置

Step 20 使用同样的方法创建其他部分,效果如图 15-61 所示。

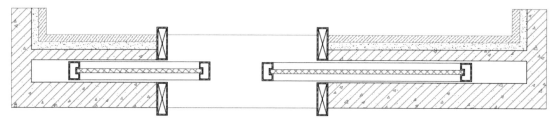

图 15-61 创建完成后的效果

Step 21 将当前图层设为【尺寸标注】图层,在菜单栏执行【格式】|【标注样式】命令,弹出【标注样式管理器】对话框,单击【新建】按钮,弹出【创建新标注样式】对话框,将【新样式名】设为【尺寸标注】,【基础样式】设为【ISO-25】,并单击【继续】按钮,如图 15-62 所示。

Step 22 切换到【线】选项卡,在【尺寸线】组中将【颜色】设为红色,【基线间距】设为 10,将【尺寸界线】组中的【颜色】设为红色,将【超出尺寸线】和【起点偏移量】分别设为 20、10,如图 15-63 所示。

图 15-62 创建新标注样式

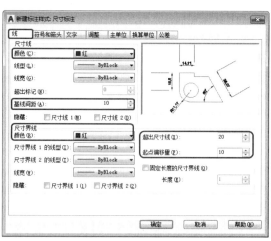

图 15-63 设置【线】参数

Step 23 切换到【符号和箭头】选项卡,在【箭头】组中将【第一个】和【第二个】设为点,【箭头大小】设为 5,如图 15-64 所示。

Step 24 切换到【文字】选项卡,将【文字颜色】设为红色,【文字高度】设为 15,【文字对齐】设为与尺寸线对齐,如图 15-65 所示。

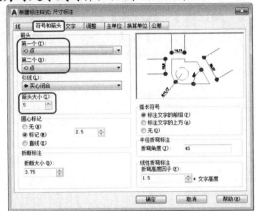

图 15-64 设置【符号和箭头】参数

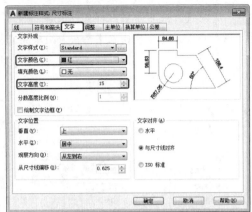

图 15-65 设置【文字】参数

Step 25 切换到【调整】选项卡,在【文字位置】组中选中【尺寸线上方,不带引线】单选按钮,如图 15-66 所示。

Step 26 切换到【主单位】选项卡,将【精度】设为 0,如图 15-67 所示,单击【确定】按钮,返回到【标注样式管理器】对话框,单击【置为当前】按钮,然后单击【关闭】按钮。

图 15-66 设置【调整】参数

图 15-67 设置【主单位】参数

Step 27 使用【线性标注】和【连续标注】工具对创建的立面图进行标注,如图 15-68 所示。

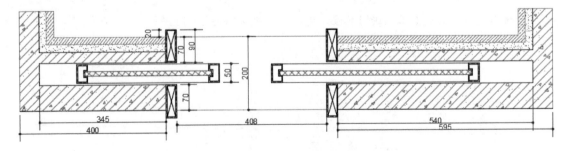

图 15-68 标注对象

Step 28 在命令行中输入【MLEADERSTYLE】命令,将当前图层设为【文字标注】,在菜单栏中执行【格式】|【多重引线样式】命令,弹出【多重引线样式管理器】对话框,单击【新建】

按钮,弹出【创建新多重引线样式】对话框,将【新样式名】设为【文字标注】,【基础样式】设为【Standard】,单击【继续】按钮,如图15-69所示。

Step 29 进入【修改多重引线样式:文字标注】对话框,切换到【引线格式】选项卡,在【常规】组中将【颜色】设为红色,在【箭头】组中将【符号】设为点,【大小】设为5,如图15-70所示。

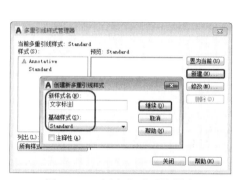
图 15-69 创建多重引线样式

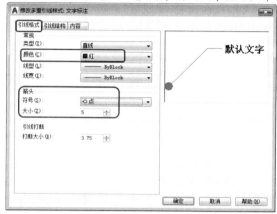
图 15-70 设置【引线格式】参数

Step 30 在【引线结构】选项卡中将【设置基线距离】设为20,如图15-71所示。

Step 31 切换到【内容】选项卡,将【文字颜色】设为红色,【文字高度】设为20,如图15-72所示,并单击【确定】按钮,返回到【多重引线样式管理器】对话框,单击【置为当前】和【关闭】按钮。

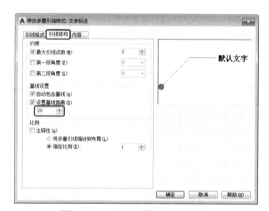
图 15-71 设置【引线结构】

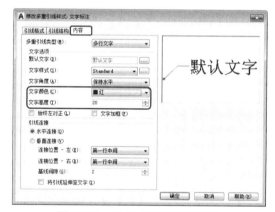
图 15-72 设置文字高度和颜色

Step 32 使用【多重引线】工具进行标注,完成后的效果如图15-73所示。

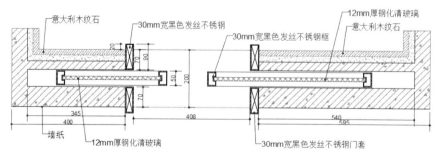
图 15-73 完成标注后效果

15.2.2 绘制柱子详图

下面通过实例讲解如何绘制柱子详图，具体操作步骤如下。

Step 01 在命令行中输入【RECTANG】命令，绘制一个长度为 36、宽度为 1 880 的矩形，绘制效果如图 15-74 所示。

Step 02 选择绘制的矩形右击，在弹出的快捷菜单中执行【特性】命令，如图 15-75 所示。

Step 03 弹出【特性】选项板，在【颜色】组中将其设置为【绿】色，如图 15-76 所示。

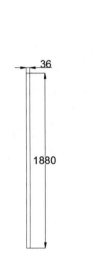  

图 15-74 绘制矩形 1　　　图 15-75 执行【特性】命令　　　图 15-76 设置颜色效果

Step 04 在命令行中输入【COPY】命令，将绘制的矩形进行复制，并将其调整至距离为 528 的位置处，如图 15-77 所示。

Step 05 在命令行中输入【LINE】命令，绘制如图 15-78 所示的直线段。

Step 06 在命令行中输入【RECTANG】命令，绘制一个长度为 178、宽度为 1 880 的矩形，如图 15-79 所示，并在【特性】选项板中设置其颜色为红色。

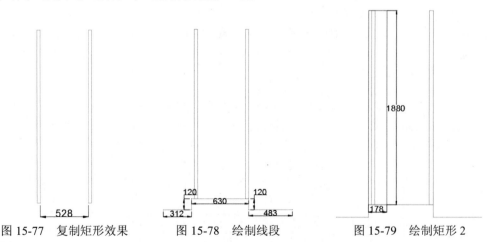

图 15-77 复制矩形效果　　　图 15-78 绘制线段　　　图 15-79 绘制矩形 2

Step 07 在命令行中输入【LINE】命令，在距离新绘制的矩形右侧 53 的距离处绘制一条长度为 1 880 的垂直线段，如图 15-80 所示。

Step 08 在命令行中输入【OFFSET】命令，经绘制的垂直线段向右偏移 12、28、44 的距离，偏移效果如图 15-81 所示。

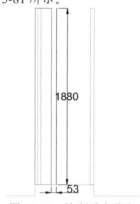

图 15-80 绘制垂直线段

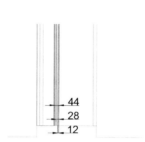

图 15-81 偏移效果

Step 09 在【特性】选项板中，将偏移距离为 28 的垂直线段的颜色设置为【颜色 8】，如图 15-82 所示。

Step 10 在命令行中输入【OFFSET】命令，将修改颜色的垂直线段向右偏移 122 的距离，偏移效果如图 15-83 所示。

图 15-82 设置线段颜色

图 15-83 偏移效果 1

Step 11 在命令行中输入【LENGTHEN】命令，将偏移得到的线段分别向上和向下拉长 65 的距离，偏移效果如图 15-84 所示。

Step 12 在命令行中输入【OFFSET】命令，将左侧最下面的水平线段向上偏移 50 的距离，偏移效果如图 15-85 所示。

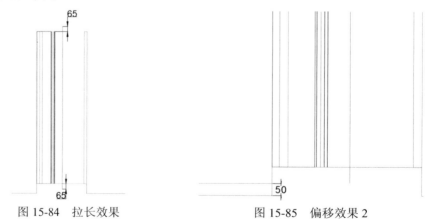

图 15-84 拉长效果　　　　图 15-85 偏移效果 2

Step 13 在命令行中输入【RECTANG】命令，绘制一个长度为 20、宽度为 10 的矩形，并调整其位置，如图 15-86 所示。

Step 14 在命令行中输入【LINE】命令，以矩形的左下角端点为起点绘制一条长度为 1 950 的垂直线段，如图 15-87 所示。

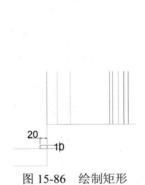

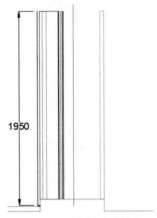

图 15-86　绘制矩形　　　　　　　　　图 15-87　绘制垂直线段

Step 15 在命令行中输入【OFFSET】命令，将新绘制的垂直线段向右偏移 753、828、840 的距离，效果如图 15-88 所示。

Step 16 将偏移距离为 753 的线段通过【特性】选项板将其颜色设置为红色，如图 15-89 所示。

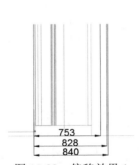

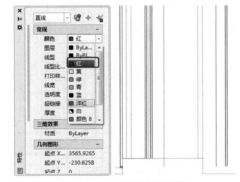

图 15-88　偏移效果 1　　　　　　　　图 15-89　设置线段颜色

Step 17 在命令行中输入【OFFSET】命令，将右侧下面的水平线段向上偏移 50、82 的距离，效果如图 15-90 所示。

Step 18 在命令行中输入【TRIM】命令，对偏移的图形对象进行修剪，效果如图 15-91 所示。

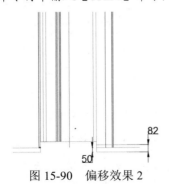

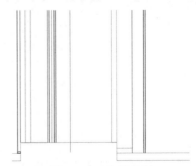

图 15-90　偏移效果 2　　　　　　　　图 15-91　修剪效果

Step 19 在命令行中输入【LINE】命令,在距离垂直线段底端 570 的距离处绘制一条长度为 502 的水平线段,如图 15-92 所示。

Step 20 在命令行中输入【OFFSET】命令,将绘制水平线段向上偏移 32、532、564、1 064、1 096 距离,效果如图 15-93 所示。

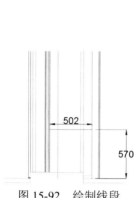
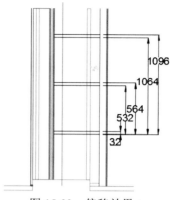

图 15-92　绘制线段　　　　　　　图 15-93　偏移效果 1

Step 21 在命令行中输入【RECTANG】命令,绘制一个长度为 1 226、宽度为 1 204 的矩形,如图 15-94 所示。然后在命令行中输入【EXPLODE】命令,将绘制的矩形分解。

Step 22 将右侧的垂直线段和下面的水平线段删除。然后在命令行中输入【OFFSET】命令,将两条线段向内偏移 25 的距离,效果如图 15-95 所示。

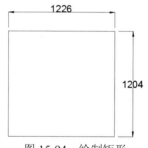
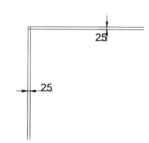

图 15-94　绘制矩形　　　　　　　图 15-95　偏移效果 2

Step 23 在命令行中输入【TRIM】命令,对偏移的图形对象进行修剪,效果如图 15-96 所示。

Step 24 在命令行中输入【PEDIT】命令,将修剪后的图形对象转换为多段线。然后在命令行中输入【OFFSET】命令,将其向内偏移 25 的距离,效果如图 15-97 所示。然后在命令行中输入【EXPLODE】命令,将多段线分解。

图 15-96　修剪效果　　　　　　　图 15-97　偏移效果 3

Step 25 将偏移后的图形对象在【特性】选项板中设置为红色,如图 15-98 所示。

Step 26 在命令行中输入【RECTANG】命令,绘制一个长度为 600、宽度为 36 的矩形,如图 15-99

所示。

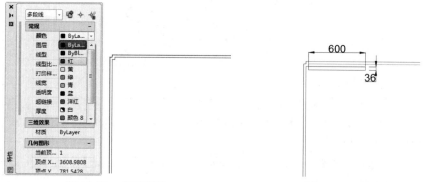

图 15-98　设置颜色　　　　　图 15-99　绘制矩形 1

Step 27 在命令行中输入【RECTANG】命令，绘制一个长度为 24、宽度为 528 的矩形，如图 15-100 所示。

Step 28 在命令行中输入【MIRROR】命令，选择 Step 27 绘制的矩形为镜像对象，以下面矩形的中心线为镜像线进行镜像，镜像效果如图 15-101 所示。

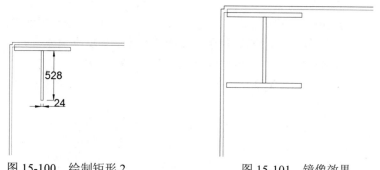

图 15-100　绘制矩形 2　　　　图 15-101　镜像效果

Step 29 在命令行中输入【TRIM】命令，对图形对象进行修剪，效果如图 15-102 所示。

Step 30 在命令行中输入【FILLET】命令，根据命令行的提示将圆角半径设置为 39，圆角效果如图 15-103 所示。

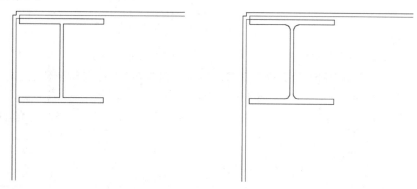

图 15-102　修剪效果　　　　图 15-103　圆角效果

Step 31 在命令行中输入【OFFSET】命令，将红色水平线和垂直线段分别向下和向右偏移 177 的距离，效果如图 15-104 所示。

Step 32 在命令行中输入【TRIM】命令，对图形对象进行修剪，效果如图 15-105 所示。

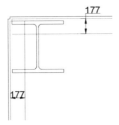

图 15-104 偏移效果 1　　　　　图 15-105 修剪效果

Step 33 在命令行中输入【OFFSET】命令，将修剪后的线段分别向下和向右偏移 6、24、41 的距离，效果如图 15-106 所示。

Step 34 将偏移后的线段通过【特性】选项板将其颜色设置为【Bylayer】，显示效果如图 15-107 所示。

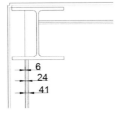
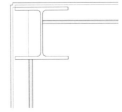

图 15-106 偏移效果 2　　　　　图 15-107 显示颜色效果

Step 35 在命令行中输入【RECTANG】命令，分别绘制一个长度为 864、宽度为 12 的矩形和一个长度为 12、宽度为 554 的矩形，并调整其位置，如图 15-108 所示。

Step 36 在命令行中输入【LINE】命令，绘制一条倾斜线，并在【特性】选项板中将其颜色设置为红色，如图 15-109 所示。

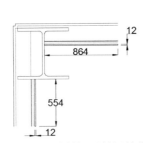
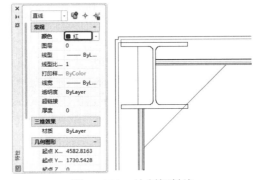

图 15-108 绘制矩形并调整位置　　　　　图 15-109 绘制倾斜线

Step 37 在命令行中输入【OFFSET】命令，将绘制的倾斜线向下偏移 75、84 的距离，然后通过【特性】选项板设置其颜色，效果如图 15-110 所示。

Step 38 在命令行中输入【LENGTHEN】命令，将偏移的线段向两侧拉长，效果如图 15-111 所示。

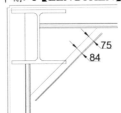
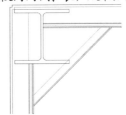

图 15-110 偏移效果 3　　　　　图 15-111 拉长效果

Step 39 在命令行中输入【TRIM】命令，对图形对象进行修剪，效果如图 15-112 所示。

Step 40 在命令行中输入【PLINE】命令，绘制如图 15-113 所示的多线段。

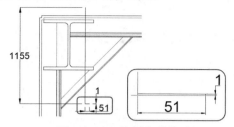

图 15-112　修剪效果　　　　　　　图 15-113　绘制多段线

Step 41 选择【工】字形的图形对象，在【特性】选项板中将其颜色设置为绿色，如图 15-114 所示。

Step 42 在菜单栏中执行【格式】|【多线样式】命令，如图 15-115 所示。

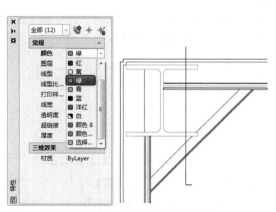

图 15-114　设置图形对象颜色　　　　　图 15-115　执行【多线样式】命令

Step 43 弹出【多线样式】对话框，在该对话框中单击【新建】按钮，弹出【创建新的多线样式】对话框，在该对话框中将【新样式名】设置为【多线】，然后单击【继续】按钮，如图 15-116 所示。

Step 44 弹出【新建多线样式：多线】对话框，在该对话框中勾选【直线】的【起点】和【端点】复选框，将【颜色】设置为【青】，然后单击【确定】按钮，如图 15-117 所示。

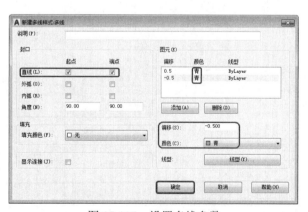

图 15-116　新建多线样式　　　　　　图 15-117　设置多线参数

Step 45 返回到【多线样式】对话框中，可预览多线样式，单击【置为当前】按钮，如图 15-118 所示。

Step 46 在命令行中输入【MLINE】命令，根据命令行的提示将【多线比例】设置为 1，绘制如

图 15-119 所示的多线。

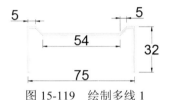

图 15-118 预览效果　　　　　图 15-119 绘制多线 1

Step 47 执行【MLINE】命令，绘制如图 15-120 所示的多线。

Step 48 通过执行【复制】、【旋转】命令，然后将 Step 46 绘制的多线调整到合适的位置，如图 15-21 所示。然后在命令行中执行【PLINE】命令，根据命令行的提示将【半宽】设置为 8，将需要填充的区域进行封闭处理，如图 15-121 所示。

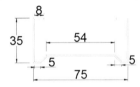

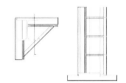

图 15-120 绘制多线 2　　　　　图 15-121 复制、旋转效果

Step 49 在命令行中输入【HATCH】命令，根据命令行的提示执行【设置】命令，弹出【图案填充和渐变色】对话框，在该对话框中将【图案】设置为【AR-CONC】，将【比例】设置为 0.5，然后单击【确定】按钮，如图 15-122 所示。

Step 50 返回到绘图区中，选择需要填充的区域单击进行填充，填充效果如图 15-123 所示。

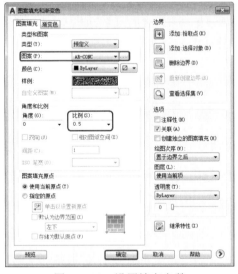

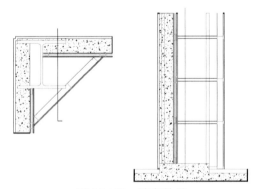

图 15-122 设置填充参数　　　　　图 15-123 填充效果

Step 51 在命令行中输入【HATCH】命令,根据命令行的提示执行【设置】命令,弹出【图案填充和渐变色】对话框,在该对话框中将【图案】设置为【ANSI37】,将【比例】设置为 10,然后单击【确定】按钮,如图 15-124 所示。

Step 52 返回到绘图区中,选择需要填充的区域单击进行填充,填充效果如图 15-125 所示。

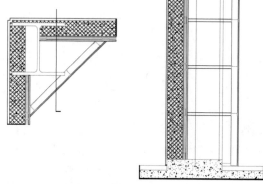

图 15-124 设置填充参数 1　　　　图 15-125 填充效果 1

Step 53 在命令行中输入【HATCH】命令,根据命令行的提示执行【设置】命令,弹出【图案填充和渐变色】对话框,在该对话框中将【图案】设置为【AR-SAND】,将【比例】设置为 0.5,然后单击【确定】按钮,如图 15-126 所示。

Step 54 返回到绘图区中,选择需要填充的区域单击进行填充,填充效果如图 15-127 所示。

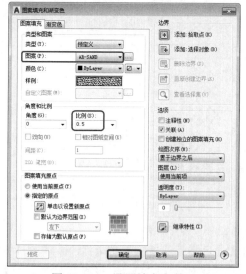
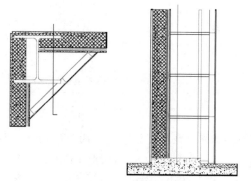

图 15-126 设置填充参数 2　　　　图 15-127 填充效果 2

Step 55 在命令行中输入【HATCH】命令,根据命令行的提示执行【设置】命令,弹出【图案填充和渐变色】对话框,在该对话框中将【图案】设置为【JIS_LC_20】,将【比例】设置为 0.5,然后单击【确定】按钮,如图 15-128 所示。

Step 56 返回到绘图区中,选择需要填充的区域单击进行填充,填充效果如图 15-129 所示。

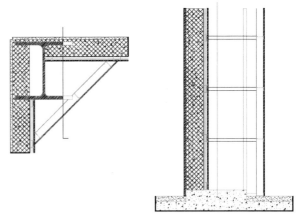

图 15-128　设置填充参数 1　　　　图 15-129　填充效果 1

Step 57 在命令行中输入【HATCH】命令，根据命令行的提示执行【设置】命令，弹出【图案填充和渐变色】对话框，在该对话框中将【图案】设置为【JIS_LC_20】，将【角度】设置为 45°，将【比例】设置为 0.5，然后单击【确定】按钮，如图 15-130 所示。

Step 58 返回到绘图区中，选择需要填充的区域单击进行填充，填充效果如图 15-131 所示。

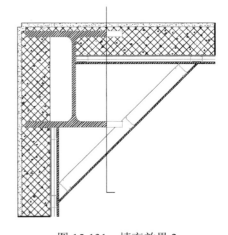

图 15-130　设置填充参数 2　　　　图 15-131　填充效果 2

Step 59 填充完成后将绘制的封闭多线删除，删除效果如图 15-132 所示。

Step 60 在命令行中输入【DIMSTYLE】命令，弹出【标注样式管理器】对话框，在该对话框中单击【新建】按钮，弹出【创建新标注样式】对话框，在该对话框中将【新样式名】设置为【柱子详图标注】，然后单击【继续】按钮即可，如图 15-133 所示。

第 15 章 绘制剖面图和节点详图

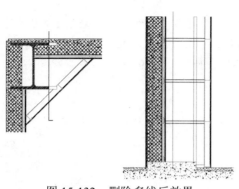

图 15-132　删除多线后效果　　　图 15-133　新建标注样式

Step 61　弹出【新建标注样式：柱子详图标注】对话框，选择【符号和箭头】选项卡，在【箭头】组中将【箭头大小】设置为 60，如图 15-134 所示。

Step 62　选择【文字】选项卡，在【文字外观】组中将【文字高度】设置为 80，如图 15-135 所示。

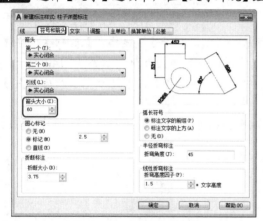 

图 15-134　设置箭头参数　　　　　　图 15-135　设置文字参数

Step 63　选择【主单位】选项卡，在【线性标注】组中将【精度】设置为 0，如图 15-136 所示。

Step 64　设置完成后单击【确实】按钮，返回到【标注样式管理器】对话框可看到新建的【柱子详图标注】样式，单击【置为当前】按钮，最后单击【关闭】按钮，如图 15-137 所示。

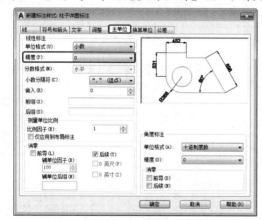 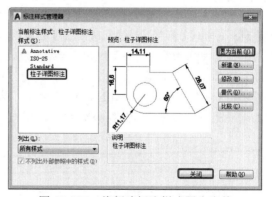

图 15-136　设置【主单位】参数　　　图 15-137　将新建标注样式置为当前

Step 65　在命令行中输入【DIMLINEAR】命令，对图形对象进行尺寸标注，标注效果如图 15-138

349

所示。

Step 66 在命令行中输入【MLEADERSTYLE】命令，弹出【多重引线样式管理器】对话框，在该对话框中单击【新建】按钮，弹出【创建新多重引线样式】对话框，在该对话框中将【新样式名】设置为【柱子详图标注】，然后单击【继续】按钮，如图15-139所示。

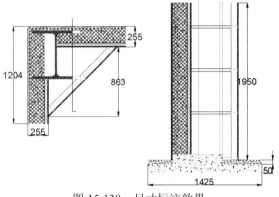

图15-138 尺寸标注效果　　　　　图15-139 新建标注样式

Step 67 弹出【修改多重引线样式：柱子详图标注】对话框，选择【引线格式】选项卡，在【常规】组中将【颜色】设置为红色，在【箭头】组中将【大小】设置为60，如图15-140所示。

Step 68 选择【内容】选项卡，在【文字选项】组中将【文字颜色】设置为红色，然后单击【确定】按钮，如图15-141所示。

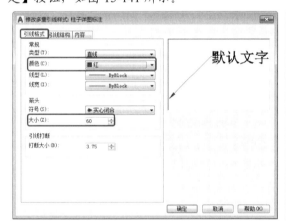

图15-140 设置【引线格式】参数　　　图15-141 设置文字颜色

Step 69 返回到【多重引线样式管理器】对话框可看到新建样式，单击【置为当前】按钮，然后单击【关闭】按钮，如图15-142所示。

Step 70 在命令行中输入【MLEADER】命令，然后对图形对象进行文字标注，效果如图15-143所示。

图15-142 将新建标注样式置为当前

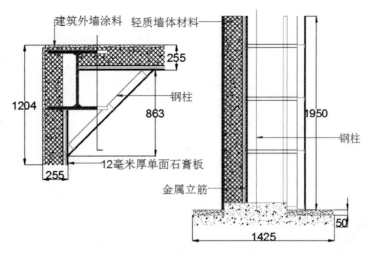

图 15-143 文字标注效果

15.2.3 绘制窗槛详图

下面讲解如何绘制窗槛，效果如图 15-144 所示，其具体操作步骤如下。

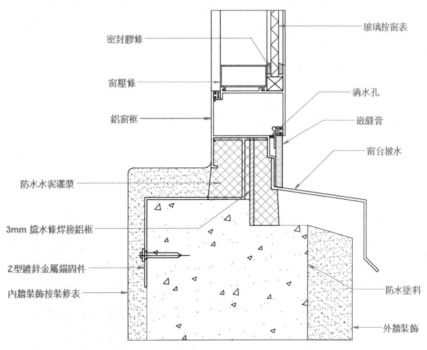

图 15-144 窗槛详图

Step 01 新建图纸文件，在命令行中输入 LINE 命令，按【Enter】键确定，根据命令行提示输入（2481,1282），按【Enter】键确认，然后再次输入（@175,0），按两次【Enter】键完成绘制，如图 15-145 所示。

Step 02 选中绘制的直线，右击，在弹出的快捷菜单中选择【特性】命令，如图 15-146 所示。

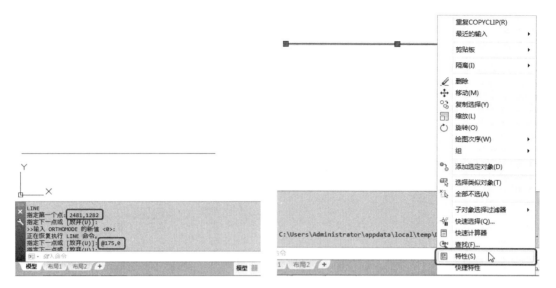

图 15-145 绘制直线　　　　　　　　　　图 15-146 选择【特性】命令

Step 03 在【特性】选项板中将【颜色】设置为【红】,设置后的效果如图 15-147 所示。

Step 04 在命令行中输入 PLINE 命令,按【Enter】键确认,在绘图区中捕捉直线左侧的端点为基点,根据命令行提示输入(@0,110),按【Enter】键确认,输入(@80,0),按【Enter】键确认,输入(@0,-20),按【Enter】键确认,输入(@45,0),按【Enter】键确认,输入(@0,-90),按两次【Enter】键完成多线的绘制,如图 15-148 所示。

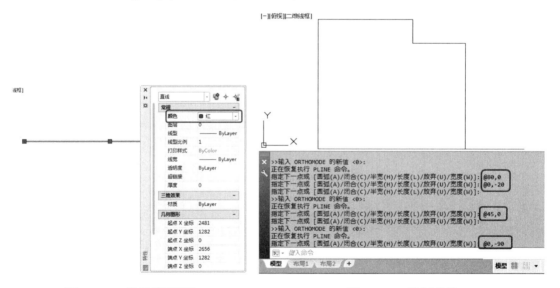

图 15-147 设置线型颜色　　　　　　　　图 15-148 绘制多线

Step 05 选中绘制的对象,在命令行中执行【M】命令,以直线左侧端点为基点,根据命令行提示输入(@15,0),按【Enter】键完成移动,如图 15-149 所示。

Step 06 在命令行中输入【HATCH】命令,按【Enter】键确认,在绘图区中拾取内部点,根据命令行提示输入 T,按【Enter】键确认,在弹出的对话框中将【图案】设置为【AR-CONC】,将【颜色】设置为【蓝】,将【比例】设置为 0.2,如图 15-150 所示。

第 15 章 绘制剖面图和节点详图

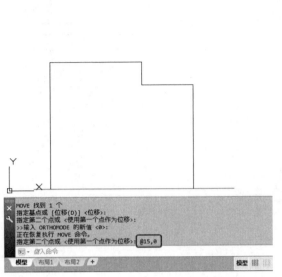

图 15-149 移动对象后的效果　　　　　图 15-150 设置图案填充参数

Step 07 设置完成后，单击【确定】按钮，再次按【Enter】键完成图案填充，效果如图 15-151 所示。

Step 08 在绘图区中选中前面绘制的多段线，右击，在弹出的快捷菜单中选择【特性】命令，在弹出的【特性】选项板中将【颜色】设置为【颜色253】，如图 15-152 所示。

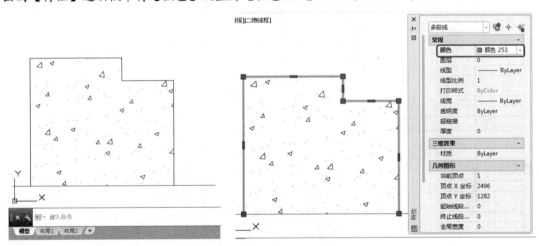

图 15-151 填充图案后的效果　　　　　图 15-152 设置多线颜色

Step 09 在命令行中输入【REC】命令，按【Enter】键确认，拾取如图 15-153 所示的端点为基点，根据命令行提示输入（@3,68.4），按【Enter】键完成绘制，如图 15-153 所示。

Step 10 选中绘制的矩形，在【特性】选项板中将【颜色】设置为【蓝】，如图 15-154 所示。

Step 11 在命令行中执行【HATCH】命令，在新绘制的矩形中进行拾取，根据命令行提示输入 T，按【Enter】键确认，将【图案】设置为【ANSI31】，将【颜色】设置为【颜色 254】，将【比例】设置为 0.8，如图 15-155 所示。

Step 12 设置完成后，单击【确定】按钮，然后再按【Enter】键确认，完成图案填充，效果如图 15-156 所示。

中文版 AutoCAD 2017 室内设计从入门到精通

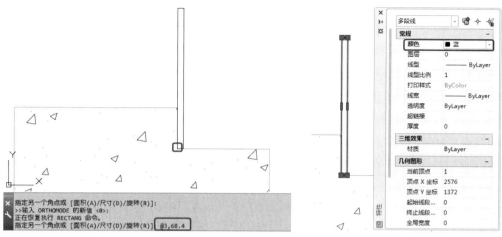

图 15-153　绘制矩形　　　　　　　　　　图 15-154　设置矩形颜色

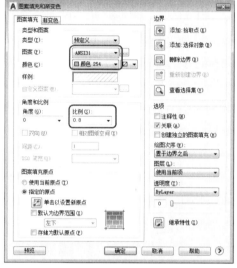 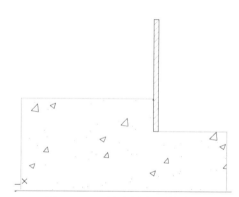

图 15-155　设置图案填充　　　　　　　　图 15-156　填充图案后的效果

Step 13 在命令行中执行【PLINE】命令，在绘图区中指定起点，根据命令行提示输入（@0,48.4），按【Enter】键确定，输入（@-28.4,0），按【Enter】键确定，输入（@0，-2），按【Enter】键确定，输入（@1.6,0），按【Enter】键确定，输入（@0，-0.8），按【Enter】键确定，输入（@-1.6,0），按【Enter】键确定，输入（@0，-19），按【Enter】键确定，输入（@3.4,0），按【Enter】键确定，输入（@0，-1.6），按【Enter】键确定，输入（@-5,0），按【Enter】键确定，输入（@-2.5，-25），按【Enter】键确定，输入（@32.5,0），按两次【Enter】键完成绘制，效果如图 15-157 所示。

Step 14 在命令行中执行【FILLET】命令，根据命令行提示输入 2，按【Enter】键确定，输入 0.4，输入 m，按【Enter】键确定，在绘图区中对多段线进行圆角，效果如图 15-158 所示。

Step 15 在命令行中执行【HATCH】命令，在绘图区中拾取内部点，根据命令行提示输入 T，按【Enter】键确定，在弹出的对话框中将【图案】设置为【ANSI37】，将【颜色】设置为【颜色254】，将【比例】设置为 1.56，如图 15-159 所示。

Step 16 设置完成后，单击【确定】按钮，按【Enter】键完成图案填充，效果如图 15-160 所示。

第 15 章 绘制剖面图和节点详图

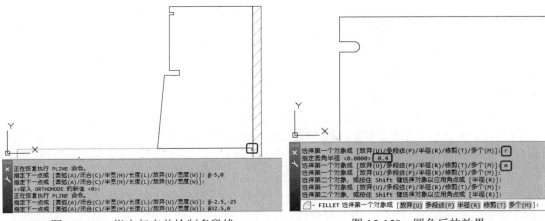

图 15-157 指定起点并绘制多段线　　　　　图 15-158 圆角后的效果

图 15-159 设置图案填充

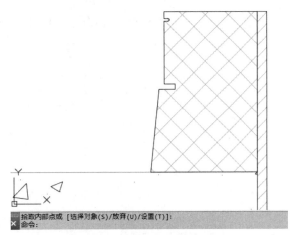

图 15-160 填充图案后的效果

Step 17 在命令行中执行【PLINE】命令，在绘图区中指定起点，根据命令行提示输入（@0,68.4），按【Enter】键确定，输入（@10.4,0），按【Enter】键确定，输入（@0，-15.5），按【Enter】键确定，输入（@3，-0.4），按【Enter】键确定，输入（@0，-24.5），按【Enter】键确定，输入（@4.7，0），按【Enter】键确定，输入（@1.4，-28），按【Enter】键确定，输入（@-19.5,0），按两次【Enter】键完成绘制，效果如图 15-161 所示。

Step 18 在命令行中执行【HATCH】命令，在绘图区中拾取内部点，按【Enter】键完成图案填充，如图 15-162 所示。

Step 19 在命令行中执行【PLINE】命令，在绘图区中指定起点，根据命令行提示输入（@-41.8,0），按【Enter】键确定，输入（@0，-2），按【Enter】键确定，输入（@22.4,0），按【Enter】键确定，输入（@0，-44.4），按【Enter】键确定，输入（@-76,0），按【Enter】键确定，输入（@0，-70.4），按【Enter】键确定，输入（@2,0），按【Enter】键确定，输入（@0,68.4），按【Enter】键确定，输入（@76,0），按【Enter】键确定，输入（@0,46.4），按【Enter】键确定，输入（@17.4,0），按【Enter】键确定，输入（@0,2），按两次【Enter】键完成绘制，效果如图 15-163 所示。

355

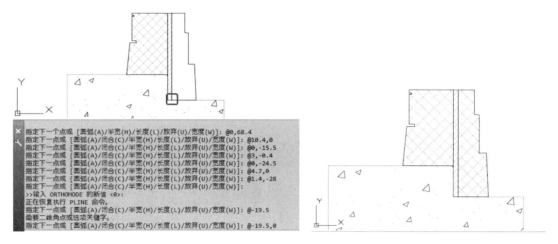

图 15-161 指定起点并绘制多段线　　　　图 15-162 填充图案后的效果

Step 20 在命令行中输入【LINETYPE】命令，按【Enter】键确定，在弹出的对话框中单击【加载】按钮，在弹出的对话框中选择【HIDDEN】，如图 15-164 所示。

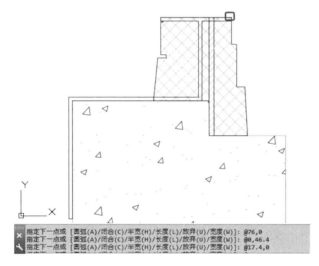

图 15-163 指定起点并绘制多段线　　　　图 15-164 选择线型

Step 21 选择后，单击【确定】按钮，在【线型管理器】对话框中选择新加载的线型，单击【确定】按钮，在绘图区中选择上面步骤所绘制的对象，在【特性】选项板中将【线型】设置为【HIDDEN】，将【线型比例】设置为 0.1，如图 15-165 所示。

Step 22 在命令行中执行【PLINE】命令，在绘图区中以红色直线左侧的端点为起点，根据命令行提示输入（@0,135），按【Enter】键确定，输入（@65,0），按【Enter】键确定，输入（@0,5），按两次【Enter】键完成绘制，效果如图 15-166 所示。

Step 23 在命令行中执行【FILLET】命令，根据命令行提示输入 2，按【Enter】键确定，根据命令行提示输入 5，按【Enter】键确定，输入 m，按【Enter】键确定，在绘图区中对绘制的多段线进行圆角，如图 15-167 所示。

Step 24 使用同样的方法再在绘图区中绘制一个如图 15-168 所示的多段线，并选中新绘制的两个图形，在【特性】选项板中将【颜色】设置为【蓝】，如图 15-168 所示。

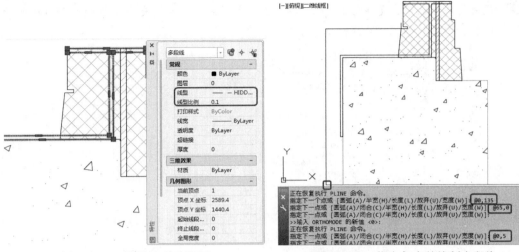

图 15-165　设置线型及比例　　　图 15-166　指定起点并绘制多段线

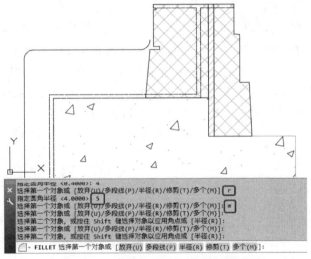

图 15-167　对多段线进行圆角后的效果

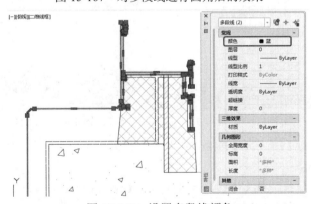

图 15-168　设置多段线颜色

Step 25 在命令行中执行【HATCH】命令，根据命令行提示在绘图区中拾取内部点，根据命令行提示输入 T，按【Enter】键确定，在弹出的对话框中将【图案】设置为【AR-SAND】，将【颜色】设置为【蓝】，将【比例】设置为 0.1，如图 15-169 所示。

Step 26 设置完成后，单击【确定】按钮，按【Enter】键完成图案填充，效果如图 15-170 所示。

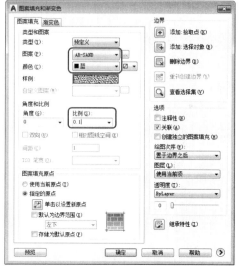

图 15-169　设置填充参数

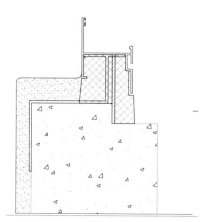

图 15-170　填充图案后的效果

Step 27 在命令行中执【REC】命令，在绘图区中以红色直线右侧的端点为矩形的第一个角点，根据命令行提示输入（@-35,90），按【Enter】键完成矩形的绘制，如图 15-171 所示。

Step 28 在命令行中执行【CHAMFER】命令，在绘图区中选择新绘制矩形上方的边，根据命令行提示输入 d，按【Enter】键确定，输入 34.5，按【Enter】键确定，输入 10，按【Enter】键确定，然后在绘图区中选择矩形右侧的边，将其进行倒角，效果如图 15-172 所示。

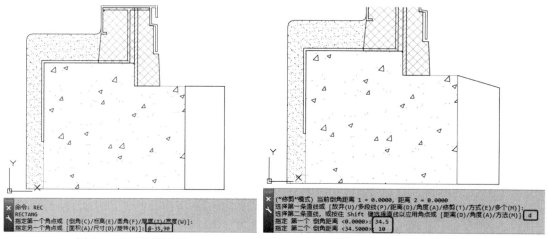

图 15-171　绘制矩形　　　　　　　　　　　图 15-172　倒角后的效果

Step 29 在命令行中执行【HATCH】命令，根据命令行提示在绘图区中拾取内部点，填充图案后的效果如图 15-173 所示。

Step 30 选择倒角后的对象，在【特性】选项板中将【颜色】设置为【红】，如图 15-174 所示。

Step 31 在命令行中执行【PLINE】命令，在绘图区中指定起点，根据命令行提示输入（@-2,0），按【Enter】键确定，输入（@0，-24.2），按【Enter】键确定，输入（@4.7,0），按【Enter】键确定，输入（@68，-10），按【Enter】键确定，输入（@0，-44），按【Enter】键确定，输入（@10.5，-10.5），按【Enter】键确定，输入（@1.4,1.4），按【Enter】键确定，输入（@-10,10），

按【Enter】键确定，输入（@0,45），按【Enter】键确定，输入（@-71,10.105），按【Enter】键确定，输入（@-1.6,0），按【Enter】键确定，输入（@0,22.195），按两次【Enter】键完成绘制，并将其【颜色】设置为【蓝】，效果如图15-175所示。

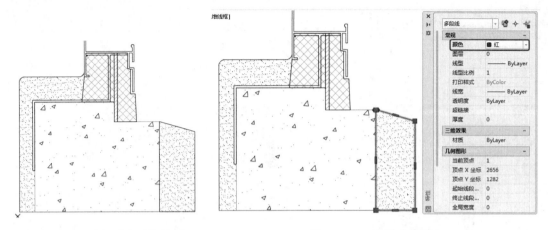

图15-173 填充图案后的效果　　　　　图15-174 设置对象颜色

Step 32 根据前面所介绍的方法在绘图区中绘制如图15-176所示的图形，并对其进行相应的设置。

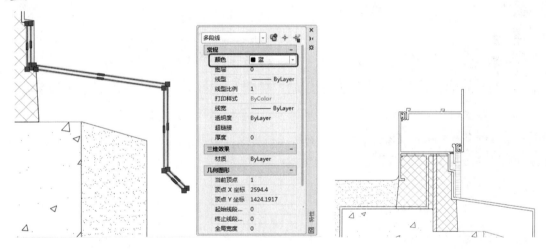

图15-175 指定起点并绘制多段线　　　　图15-176 绘制其他图形后的效果

Step 33 在命令行中执行【REC】命令，在绘图区中指定矩形的第一个角点，根据命令行提示输入（@35.9,17），按【Enter】键完成矩形的绘制，效果如图15-177所示。

Step 34 选中新绘制的矩形，在命令行中执行【OFFSET】命令，将其向内偏移0.8，偏移后的效果如图15-178所示。

Step 35 再在命令行中执行【REC】命令，在绘图区中指定矩形的第一个角点，根据命令行提示输入（@2.4,-0.8），按【Enter】键完成矩形的绘制，如图15-179所示。

Step 36 在命令行中执行【REC】命令，在绘图区中指定矩形的第一个角点，根据命令行提示输入（@-0.8,2.6），按【Enter】键完成绘制，如图15-180所示。

Step 37 在命令行中执行【REC】命令，在绘图区中指定矩形的第一个角点，根据命令行提示输入（@2.4,0.8），按【Enter】键完成矩形的绘制，如图15-181所示。

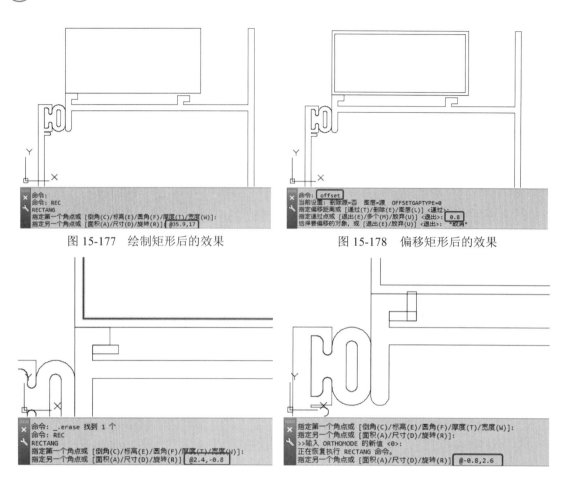

图 15-177 绘制矩形后的效果　　　　图 15-178 偏移矩形后的效果

图 15-179 绘制矩形 1　　　　图 15-180 绘制矩形 2

Step 38 在命令行中执行【REC】命令，在绘图区中指定矩形的第一个角点，根据命令提示输入（@-0.8,3.5），按【Enter】键完成矩形的绘制，如图 15-182 所示。

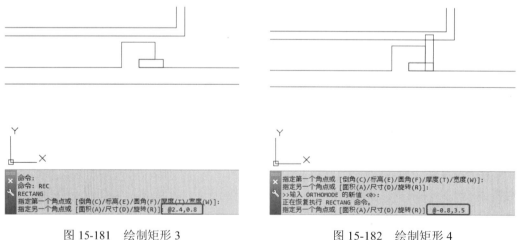

图 15-181 绘制矩形 3　　　　图 15-182 绘制矩形 4

Step 39 在绘图区中选择如图 15-183 所示的矩形。

Step 40 在命令行中执行【TRIM】命令，在绘图区中对选中的矩形进行修剪，效果如图 15-184 所示。

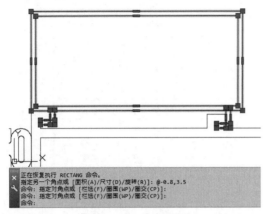
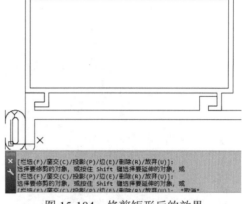

图 15-183　选择矩形　　　　　　　　　图 15-184　修剪矩形后的效果

Step 41 再次选中修剪后的对象,在【特性】选项板中将【颜色】设置为【蓝】,如图 15-185 所示。

Step 42 在命令行中执行【REC】命令,在绘图区中指定矩形的第一个角点,根据命令行提示输入(@-12.5,11),按【Enter】键完成绘制,效果如图 15-186 所示。

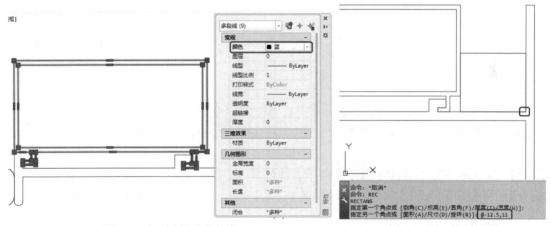

图 15-185　设置对象颜色　　　　　　　　　图 15-186　绘制矩形

Step 43 在命令行中输入【LINE】命令,按【Enter】键确定,以新绘制矩形的左上角端点为基点,根据命令行提示输入(@12.5,-11),按两次【Enter】键完成绘制,效果如图 15-187 所示。

Step 44 在命令行中执行【LINE】命令,以矩形右上角端点为基点,根据命令行提示输入(@-12.5,-11),按两次【Enter】键完成直线的绘制,效果如图 15-188 所示。

Step 45 在命令行中执行【REC】命令,在绘图区中指定矩形的第一个角点,根据命令行提示输入(@3.25,8.5),按【Enter】键完成绘制,效果如图 15-189 所示。

Step 46 选中绘制的矩形,在命令行中执行【CHAMFER】命令,在绘图区中选择矩形上方的边作为第一条直线,根据命令行提示输入 d,按【Enter】键确定,输入 3.25,按【Enter】键确定,输入 1.5,按【Enter】键确定,然后再将绘图区中左侧的邻边作为第二条直线,倒角后的效果如图 15-190 所示。

Step 47 继续选中倒角后的矩形,在命令行中输入【M】命令,按【Enter】键确定,以矩形左下角的端点为基点,根据命令行提示输入(@0,2),按【Enter】键完成移动,效果如图 15-191 所示。

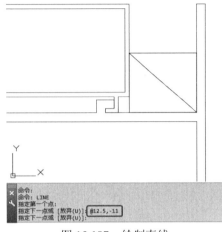

图 15-187 绘制直线

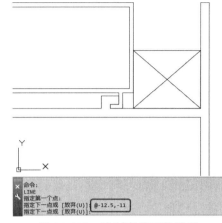

图 15-188 绘制直线后的效果

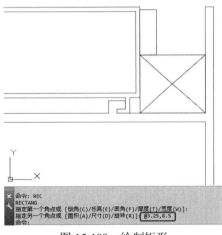

图 15-189 绘制矩形

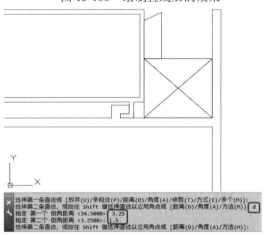

图 15-190 倒角后的效果

Step 48 在命令行中执行【HATCH】命令,在绘图区中拾取内部点,根据命令行提示输入 T,按【Enter】键确定,在弹出的对话框中将【图案】设置【ANSI37】,将【颜色】设置为【颜色 254】,将【比例】设置为 0.42,如图 15-192 所示。

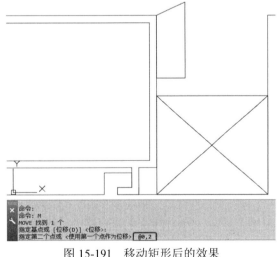

图 15-191 移动矩形后的效果

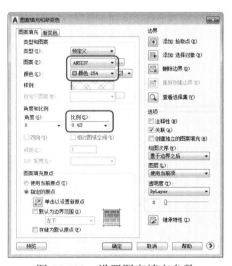

图 15-192 设置图案填充参数

Step 49 设置完成后，单击【确定】按钮，按【Enter】键完成图案填充，效果如图 15-193 所示。

Step 50 在绘图区中选择倒角后的矩形及填充的图案，在命令行中执行【MIRROR】命令，在绘图区中对选中的对象进行镜像，镜像后的效果如图 15-194 所示。

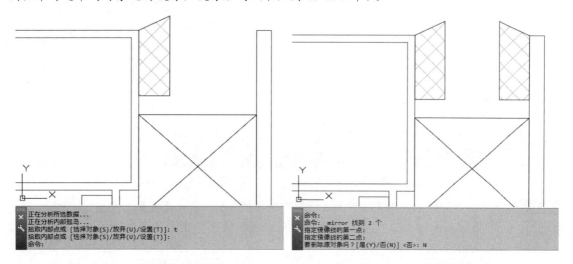

图 15-193　填充图案后的效果　　　　　　图 15-194　镜像后的效果

Step 51 在命令行中执行【REC】命令，在绘图区中指定矩形的一个角点，根据命令提示输入（@6，52），按【Enter】键完成矩形的绘制，效果如图 15-195 所示。

Step 52 选中绘制的矩形，在命令行中执行【M】命令，根据命令提示输入（@0，-2），按【Enter】键完成移动，效果如图 15-196 所示。

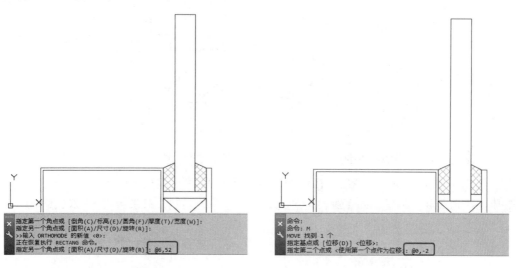

图 15-195　绘制矩形　　　　　　图 15-196　移动矩形后的效果

Step 53 选中 Step 52 中的矩形，在命令行中执行【TRIM】命令，根据命令提示在绘图区中对选中的对象进行修剪，修剪后的效果如图 15-197 所示。

Step 54 选中 Step 53 中的对象，在命令行中执行 CHAMFER 命令，根据命令提示输入 a，按【Enter】键确定，输入 1，按【Enter】键确定，输入 45，按【Enter】键确定，输入 m，按【Enter】键确定，在绘图区中对选中的对象进行倒角，效果如图 15-198 所示。

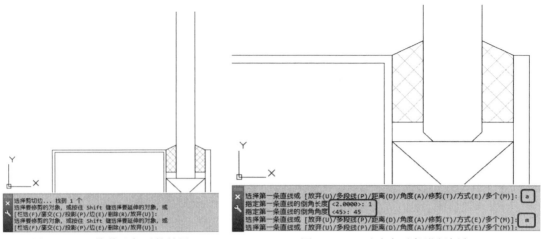

图 15-197 修剪对象后的效果　　　　图 15-198 对选中对象进行倒角

Step 55 选中倒角后的对象,在【特性】选项板中将【颜色】设置为【蓝】,如图 15-199 所示。

Step 56 选中 Step 55 中的对象,右击,在弹出的快捷菜单中选择【绘图次序】|【置于对象之下】命令,如图 15-200 所示。

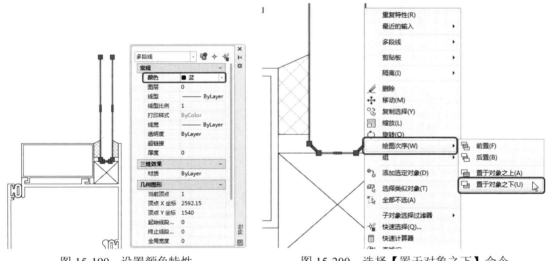

图 15-199 设置颜色特性　　　　图 15-200 选择【置于对象之下】命令

Step 57 执行 Step 56 命令后,在绘图区中选择参照的对象,如图 15-201 所示。

Step 58 选择完成后,按【Enter】键,即可完成绘图次序的调整,效果如图 15-202 所示。

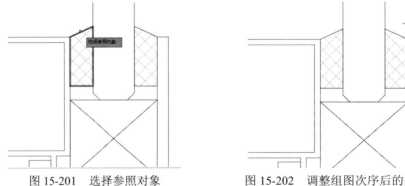

图 15-201 选择参照对象　　　　图 15-202 调整绘图次序后的效果

Step 59 在命令行中执行【LINE】命令,在绘图区中指定直线的起点,根据命令提示输入(@0,43),按两次【Enter】键完成绘制,效果如图15-203所示。

Step 60 选中绘制后的直线,在命令行中执行【OFFSET】命令,将选中直线分别向左偏移1.6、14.1、50,偏移后的效果如图15-204所示。

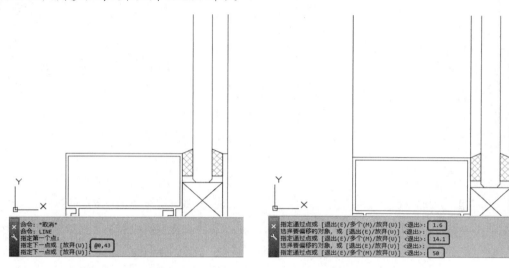

图 15-203 绘制直线　　　　　　　　图 15-204 偏移直线后的效果

Step 61 在命令行中执行【LINE】命令,在绘图区中指定直线起点,根据命令提示输入(@0,63),按两次【Enter】键确认,如图15-205所示。

Step 62 在命令行中执行【LINE】命令,指定直线的起点,根据命令提示输入(@57,0),按两次【Enter】键完成绘制,效果如图15-206所示。

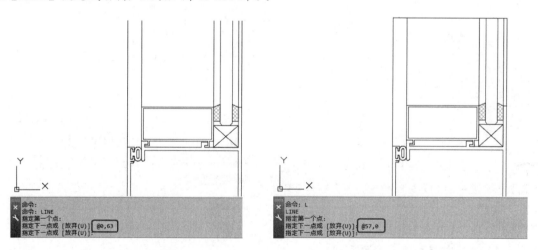

图 15-205 绘制直线　　　　　　　　图 15-206 绘制水平直线

Step 63 选中绘制的直线,在【特性】选项板中将【颜色】设置为【红】,如图15-207所示。

Step 64 根据前面所介绍的方法绘制其他对象,绘制后的效果如图15-208所示。

Step 65 在命令行中输入【MLEADERSTYLE】命令,弹出【多重引线样式管理器】对话框,单击【新建】按钮,弹出【创建新多重引线样式】对话框,将【新样式名】设置为【多重引线】,如图15-209所示。

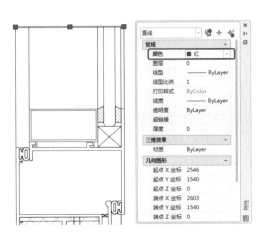

图 15-207　设置直线颜色

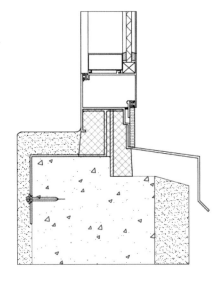

图 15-208　绘制其他对象后的效果

Step 66 弹出【修改多重引线样式：多重引线】对话框，切换至【引线格式】选项卡，将【颜色】设置为【绿】，将【箭头】选项组中的【大小】设置为 5，如图 15-210 所示。

图 15-209　创建新样式名

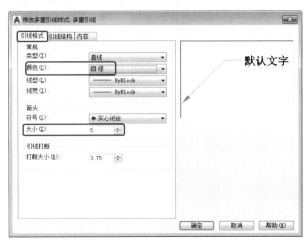

图 15-210　设置【引线格式】参数

Step 67 切换至【引线结构】选项卡，将【基线设置】选项组中的【设置基线距离】设置为 25，如图 15-211 所示。

Step 68 切换至【内容】选项卡，将【文字颜色】设置为【绿】，将【文字高度】设置为 10，单击【确定】按钮，如图 15-212 所示。

Step 69 返回至【多重引线样式管理器】对话框，选择【多重引线】样式，单击【置为当前】按钮，然后关闭该对话框即可，如图 15-213 所示。

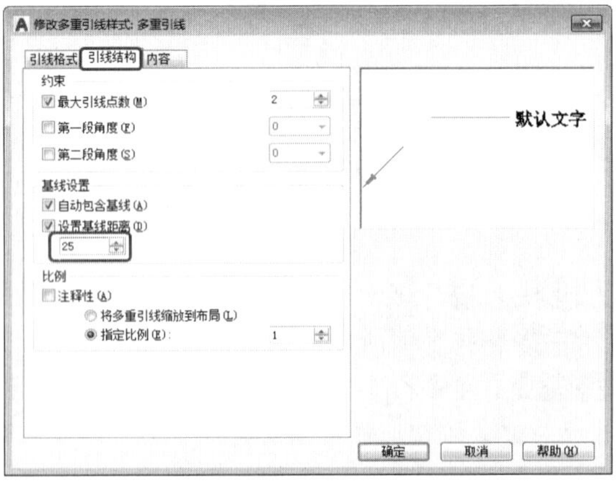

图 15-211　设置【引线结构】参数

Step 70 在命令行中输入【MLEADER】命令,对图形进行标注,将多重引线中的文字加粗,如图 15-214 所示。

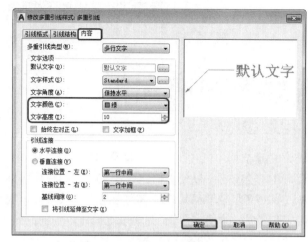

图 15-212 设置【内容】参数

图 15-213 将【多重引线】样式置为当前

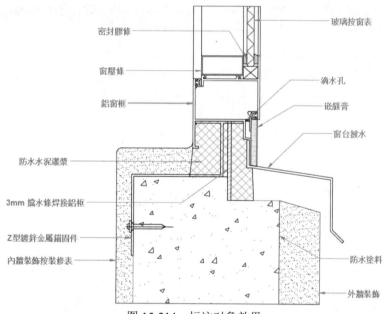

图 15-214 标注对象效果

增值服务：扫码做测试题，并可观看讲解测试题的微课程。

第 16 章 绘制灯光照明图纸

照明设计是相对室内环境自然采光而言的，它是依据不同建筑室内空间环境中的所需照度，正确选用照明方式与灯具类型来为人们提供良好的光照条件，以使人们在建筑室内空间环境中能够获得最佳的视觉效果，同时还能够获得某种气氛和意境，增强其建筑室内空间表现效果及审美感受的一种设计处理手法。本章将重点介绍室内照明系统的基本知识，并通过对设计范例的制作，可使读者对室内照明系统设计有一个初步的了解。

16.1 绘制平面布置图

本例就是在建筑平面图的基础上，根据建筑设计的要求，进行相应的配电设计和照明设计。本章以绘制某小办公楼室内的电气图纸为例，讲述运用 AutoCAD 2017 绘制照明电路图的方法，并介绍相应的操作命令和建筑电气设计的基础知识，其效果如图 16-1 所示。

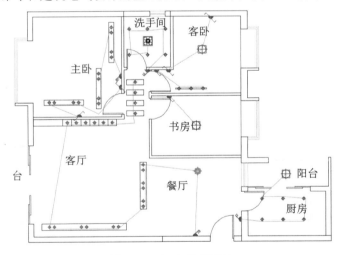

图 16-1 灯光照明图纸

通过下面的实例操作，来增加绘图的感性认识，在此之前首先需要做好绘图的前期准备，具体操作步骤如下。

Step 01 单击【快速访问工具栏】中的【新建】按钮，弹出【选择样板】对话框，在对话框中选择【acadiso.dwt】样板，如图 16-2 所示，单击【打开】按钮，新建一个图形文件。

Step 02 在菜单栏中执行【格式】|【图层】命令，打开【图层特性管理器】选项板，如图 16-3 所示。

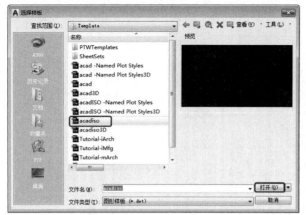

图 16-2 【选择样板】对话框

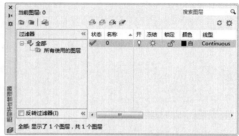

图 16-3 【图层特性管理器】选项板

Step 03 设置各个图层的名称、颜色和线型等,可以参考如图 16-4 所示进行设置。

Step 04 在状态栏上右击【对象捕捉】按钮,在弹出的快捷菜单中选择【对象捕捉设置】命令,弹出【草图设置】对话框,切换到【对象捕捉】选项卡,按照图 16-5 所示勾选相应的复选框,用户可以将其全选,完成后单击【确定】按钮。

图 16-4 设置图层参数 　　　　　　　　　图 16-5 【草图设置】对话框

Step 05 使用【直线】工具,先绘制轴线,再进行尺寸标注,如图 16-6 和图 16-7 所示。

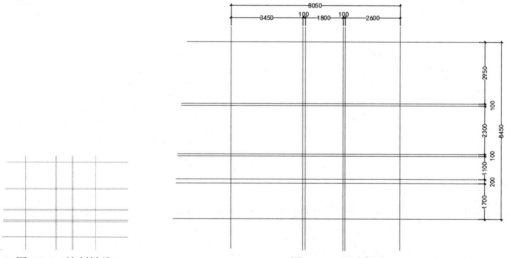

图 16-6 绘制轴线 　　　　　　　　　图 16-7 尺寸标注

Step 06 根据以前所学的绘图方法，绘制建筑平面图，先绘制墙线，再加上门窗，最后进行文字标注，如图 16-8 所示。

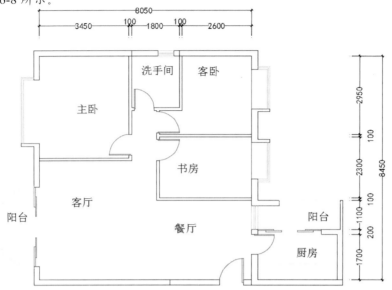

图 16-8　绘制建筑平面图并进行文字标注

Step 07 使用【直线】、【修剪】、【图案填充】工具，将室内的家具绘制在建筑图上，便于理解电气符号的位置。最后将轴线图层隐藏，完成建筑平面图的绘制，如图 16-9 所示。

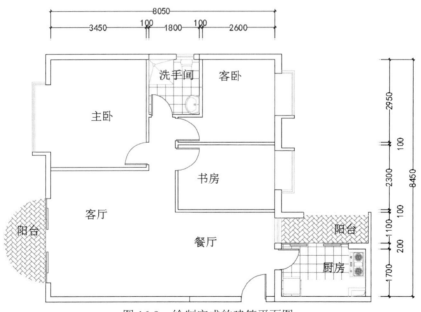

图 16-9　绘制完成的建筑平面图

 提　示

在实际工程图纸的绘制过程中，水电专业的图纸不需要重新绘制建筑图，而是在建筑专业提供的条件图的基础上进行修改。

在实际工程图纸的绘制过程中，建筑专业提供的条件图中家具的位置对于电气图纸的绘制起到重要的作用，电气设备的布置不需要满足建筑家具布置使用的要求。

16.2 绘制供电平面图

供电平面图在实际工程的设计中，是在建筑专业的建筑平面图的基础上删除不需要的部分，再根据相关电路知识和规范，以及业主的要求，绘制每个房间的电路插座的位置。

供电平面图是将所需要的开关和插座按照设计的要求在建筑平面图的基础上表示出来。开关和插座的安装也分为明装和暗装两种，明装时先用塑料膨胀圈和螺栓将木台固定在墙上，然后将开关或者插座安装在木台上；安装时将开关盒或者插座盒按照图纸要求的位置埋在墙体内，等到敷线完毕后再接线，然后将开关或者插座，以及面板用螺钉固定在开关盒或者插座盒上。在安装开关时，注意潮湿的房间不宜安装，一定要安装时，要采用防水型开关。另外，开关及插座的安装高度规范有明确的要求，见表 16-1。

表 16-1 开关和插座安装高度表

标 示	名 称	距 地 高 度/mm	备 注
a	跷板开关	1 300～1 400	
b	拉线开关	2 000～3 000	
c	电源插座	≥1 800	
d	电源插座		儿童活动场所需要带保护门
d	电话插座	300	
d	电视插座		
e	壁扇	≥1 800	

绘制供电平面图的具体操作步骤如下。

Step 01 将 16.1 节绘制的平面布置图进行复制，然后打开配套资源中的素材\第 16 章\【电气图例.dwg】素材文件，将其复制到场景中，如图 16-10 所示。

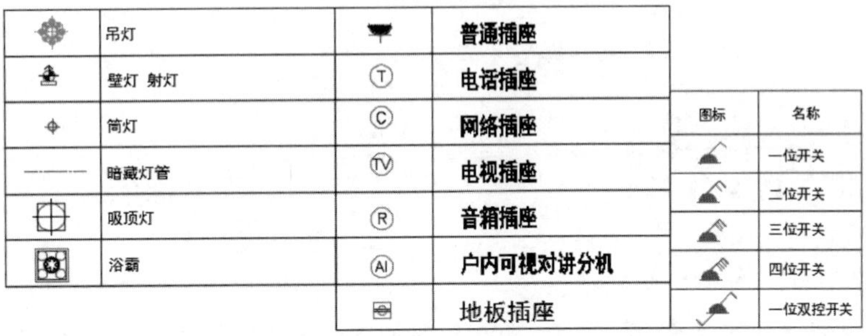

图 16-10 将素材文件复制到场景中的效果

Step 02 利用【旋转】【复制】【镜像】工具，将相应的插座添加到场景中，如图 16-11 所示。

Step 03 将当前图层设为【电气】图层，在场景的空白位置处，使用【矩形】工具，绘制长度为 360、宽度为 130 的矩形，利用【直线】工具连接矩形的两个角点，并将其颜色设为洋红，如图 16-12 所示。

Step 04 选择【图案填充】工具，将【图案】设为【SOLID】，将【图案填充颜色】设为【洋红】，并对其进行填充，如图 16-13 所示。

Step 05 使用【直线】工具，以矩形的中点向下绘制垂直长度为 340、水平长度为 680 的相互垂直的直线，并将线段的颜色设置为洋红色，如图 16-14 所示。

Step 06 使用【单行文字】工具，将行【高度】设为 200，输入文字【配电箱】，将颜色设为洋红，如图 16-15 所示。

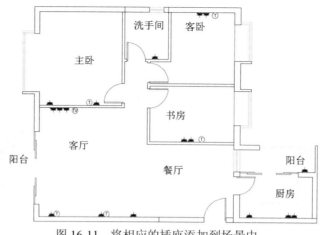

图 16-11 将相应的插座添加到场景中

图 16-12 绘制矩形和直线

图 16-13 填充对象

Step 07 选择 Step 06 创建的对象，右击，在弹出的快捷菜单中选择【组】|【组】命令，将其编组，并放置到如图 16-16 所示的位置。

图 16-14 绘制垂直线段

图 16-15 绘制单行文字

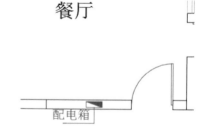

图 16-16 调整对象的位置

Step 08 打开配套资源中的素材\第 16 章\【电气图例.dwg】素材文件，选择相应的图例复制到场景中，如图 16-17 所示。

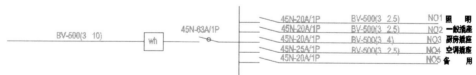

图 16-17 将素材文件复制到场景中

Step 09 使用【多段线】工具，将插座相连，将多段线颜色设为绿色，如图 16-18 所示。

Step 10 利用【直线】和【单行文字】工具，将【文字高度】设为 100，【颜色】设为青色，如图 16-19 所示。

第 16 章　绘制灯光照明图纸

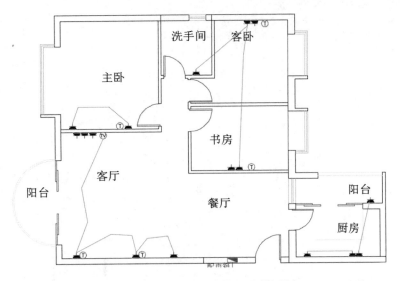

图 16-18　绘制多段线并更改其颜色

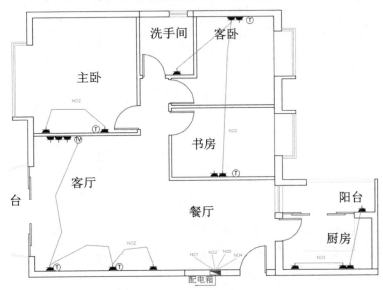

图 16-19　绘制直线和并设置单行文字

16.3　绘制灯具布置图

灯具布置图根据名字就可以理解，其主要讲解开关和灯的分布，通过不同的房间将开关和灯添加到相应的位置，然后把照明的灯具用连线连接起来。主要是绘制每个房间的光源，以及相应的控制器的位置。

Step 01 选择平面布置图，对其进行复制，绘制灯具布置图，在电气图例表中选择开关图例并将其添加到场景中，使用【复制】【镜像】【旋转】工具对开关图例进行调整，如图 16-20 所示。

Step 02 在图纸的空白位置，使用【矩形】工具，绘制长度为 3 250、宽度为 250 的矩形，颜色设为蓝色，如图 16-21 所示，并使用【分解】工具将其分解。

Step 03 使用【偏移】工具，将 Step 02 绘制的矩形右侧边以偏移后的直线为偏移对象，偏移距离为 350，如图 16-22 所示。

373

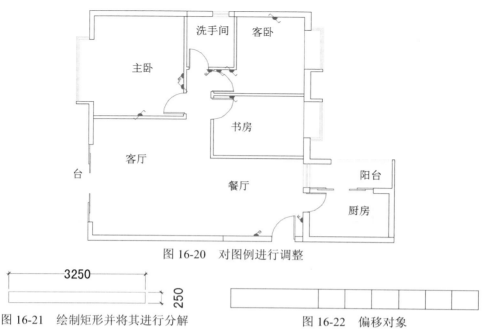

图 16-20 对图例进行调整

图 16-21 绘制矩形并将其进行分解　　图 16-22 偏移对象

Step 04 在图例表中选择筒灯对象，使用【复制】工具将其复制到矩形中，如图 16-23 所示。

Step 05 对创建的对象进行编组，并将其复制到如图 16-24 所示的客厅位置。

图 16-23 将筒灯对象复制到合适的位置　　图 16-24 复制对象到合适位置

Step 06 使用【矩形】工具，绘制长度为 3 300、宽度为 250 的矩形，将颜色设为蓝色，在如图 16-25 所示的位置捕捉墙线的角点进行绘制。

Step 07 使用【移动】工具，选择 Step 06 创建的矩形，以矩形的左下角度为基点，在命令行中输入（@300,250），调整位置，如图 16-26 所示。

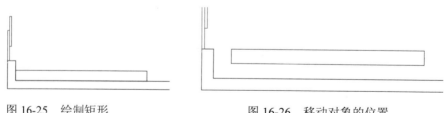

图 16-25 绘制矩形　　图 16-26 移动对象的位置

Step 08 使用【分解】工具将矩形进行分解，使用【偏移】工具，以偏移后的直线为偏移对象，依次向右偏移 300、200、1050、200、1 050、200，如图 16-27 所示。

Step 09 使用【复制】工具，选择筒灯对象，将其复制到偏移直线的中点位置，然后将偏移的直线删除，如图 16-28 所示。

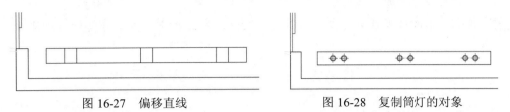

图 16-27 偏移直线　　　　　　　　图 16-28 复制筒灯的对象

Step 10 使用【矩形】工具绘制长度为 250、宽度为 1 800 的矩形，选择筒灯图例将其复制到矩形上侧边的中心位置，如图 16-29 所示。

Step 11 选择 Step 10 添加的筒灯，使用【复制】工具，将其向下复制，复制距离为 100、300、800、1 000、1 500、1 700，并将 Step 10 添加的筒灯删除，如图 16-30 所示。

Step 12 选择上一步创建的灯带，调整其位置，如图 16-31 所示。

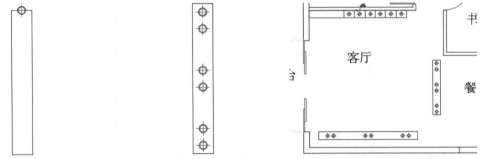

图 16-29 复制筒灯至合适位置　图 16-30 复制筒灯并删除上侧边筒灯　图 16-31 调整后的位置

Step 13 在图例表中选择吊灯对象，将其复制到餐厅指定位置，如图 16-32 所示。

Step 14 选择厨房的下侧墙线，使用【偏移】工具将其向上偏移 625、1 425，如图 16-33 所示。

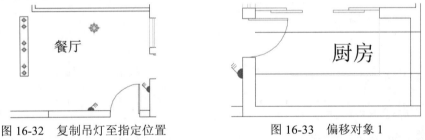

图 16-32 复制吊灯至指定位置　　　　　图 16-33 偏移对象 1

Step 15 选择厨房的右侧墙线，使用【偏移】工具，将其向左偏移，偏移距离分别为 850、1 650、2 450，添加辅助线，如图 16-34 所示。

Step 16 在图例表中选择筒灯对象，将其复制到辅助线的交点位置，并将辅助线删除，如图 16-35 所示。

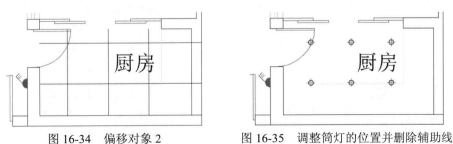

图 16-34 偏移对象 2　　　　　图 16-35 调整筒灯的位置并删除辅助线

Step 17 使用【直线】工具，连接墙线的两个角点，绘制辅助线，如图 16-36 所示。

Step 18 在图例中选择吸顶灯对象,将其复制到辅助线的交点位置,并将辅助线删除,如图 16-37 所示。

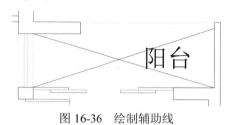

图 16-36　绘制辅助线　　　　　图 16-37　调整吸顶灯放置并删除辅助线

Step 19 使用【直线】工具,连接书房墙线的两个交点,绘制辅助线,如图 16-38 所示。

Step 20 选择吸顶灯对象,将其复制到辅助线的交点位置,并将辅助线删除,如图 16-39 所示。

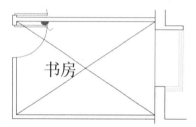 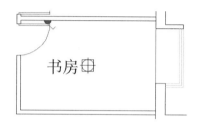

图 16-38　绘制辅助线　　　　　图 16-39　将吸顶灯对象放置到合适的位置

Step 21 使用同样的方法,在客卧室中添加吸顶灯,如图 16-40 所示。

Step 22 使用【矩形】工具,绘制长度为 1 200、宽度为 50 的矩形,将矩形颜色修改为红色,选择筒灯对象,将其复制到矩形的中心位置,如图 16-41 所示。

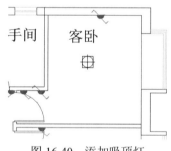 

图 16-40　添加吸顶灯　　　　　图 16-41　绘制矩形并调整筒灯的位置

Step 23 选择 Step 22 添加的筒灯,使用【复制】工具,将筒灯向两侧复制,复制距离为 465,完成后的效果如图 16-42 所示。

Step 24 选择 Step 23 创建的对象,调整其位置,如图 16-43 所示。

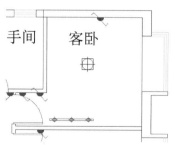

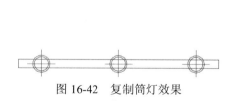

图 16-42　复制筒灯效果　　　　　图 16-43　调整对象的位置

Step 25 使用【直线】工具，沿洗手间上侧墙线绘制直线，使用【偏移】工具，将直线向下偏移 475、1 475，如图 16-44 所示。

Step 26 选择筒灯对象将其复制到辅助线的中点位置，如图 16-45 所示。

图 16-44　偏移对象

图 16-45　复制筒灯

Step 27 使用【复制】工具，将 Step 26 添加的筒灯对象分别向两侧复制，将复制距离设为 700，并将辅助线删除，如图 16-46 所示。

Step 28 选择图例表中的浴霸，将其添加到洗手间的中心位置，如图 16-47 所示。

图 16-46　复制对象并删辅助线

图 16-47　调整浴霸的位置

Step 29 使用【矩形】工具，在空白位置绘制长度为 1 550、宽度为 200 的矩形，将其颜色设为蓝色，并选择筒灯对象添加到矩形的左侧边的中点位置，如图 16-48 所示。

Step 30 使用【复制】工具，将 Step 29 添加的筒灯对象向右复制，复制距离分别为 200、400、1 150、1 350，并将 Step 29 添加的筒灯对象删除，如图 16-49 所示。

图 16-48　绘制矩形并添加筒灯

图 16-49　复制筒灯并删右侧边筒灯

Step 31 对 Step 30 创建的灯带对象进行编组，并复制，利用【旋转】工具进行调整，完成后的效果如图 16-50 所示。

Step 32 使用同样的方法，绘制走廊中的灯带，效果如图 16-51 所示。

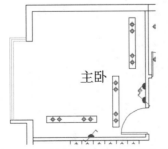
图 16-50　旋转对象并调整其位置

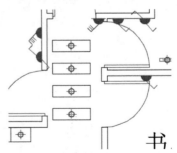
图 16-51　绘制走廊中的灯带

Step 33 使用【直线】工具，将开关和灯具进行连接，将连接线的颜色设为绿色，最终效果如图 16-52 所示。

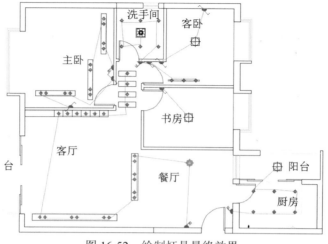

图 16-52　绘制灯具最终效果